高等职业教育土木建筑类专业新形态教材

建筑工程招投标与合同管理

主　编　文　真　张瀚兮　曾康燕
副主编　杨应刚　王子龙　漆　文
　　　　赖　笑　黄　川

北京理工大学出版社
BEIJING INSTITUTE OF TECHNOLOGY PRESS

内 容 提 要

本书以最新的建筑工程招投标与合同法律、法规、标准文本为依据，结合建筑工程招投标与合同管理的实际案例编写。本书共分为 9 个项目，包括：建筑工程招投标基础，建筑工程项目招标，建筑工程项目投标，建筑工程项目开标、评标与定标，建筑工程招投标的发展，建筑工程施工合同，建筑工程施工合同管理，建筑工程施工合同索赔以及国际工程招投标与合同条件。每个项目以任务清单的形式开展，学习内容中穿插了大量的实际案例。

本书可作为高等院校土木工程类相关专业的教材，也可作为建筑工程施工技术及管理人员参考用书。

图书在版编目（CIP）数据

建筑工程招投标与合同管理 / 文真，张瀚兮，曾康燕主编. -- 北京 : 北京理工大学出版社，2023.8

ISBN 978-7-5763-2745-8

Ⅰ. ①建… Ⅱ. ①文… ②张… ③曾… Ⅲ. ①建筑工程－招标 ②建筑工程－投标 ③建筑工程－经济合同－管理 Ⅳ. ①TU723

中国国家版本馆CIP数据核字（2023）第153700号

出版发行 / 北京理工大学出版社有限责任公司
社　　址 / 北京市丰台区四合庄路 6 号院
邮　　编 / 100070
电　　话 / （010）68914775（总编室）
（010）82562903（教材售后服务热线）
（010）68944723（其他图书服务热线）
网　　址 / http://www.bitpress.com.cn
经　　销 / 全国各地新华书店
印　　刷 / 北京紫瑞利印刷有限公司
开　　本 / 787 毫米 ×1092 毫米　1/16
印　　张 / 17
字　　数 / 430 千字
版　　次 / 2023 年 8 月第 1 版　2023 年 8 月第 1 次印刷
定　　价 / 58.00 元

责任编辑 / 江　立
文案编辑 / 江　立
责任校对 / 周瑞红
责任印制 / 王美丽

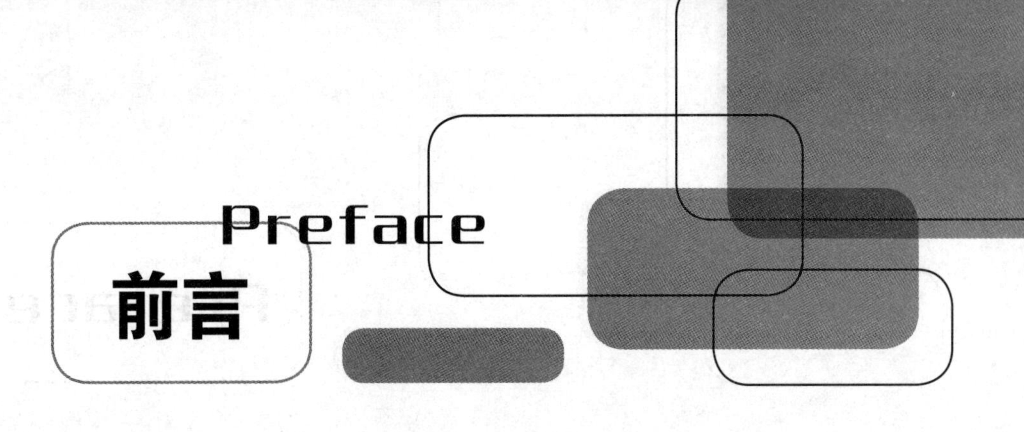

前言

本书配套数字化辅助教学资源，根据党的二十大精神以及《中华人民共和国职业教育法》和《国家职业教育改革实施方案》提出的“建设一大批校企‘双元’合作开发的国家规划教材，倡导使用新型活页式、工作手册式教材并配套开发信息化资源”要求编写。本书主要具有以下特点：

（1）本书以颁布的《中华人民共和国招标投标法》《中华人民共和国招标投标法实施条例》（2019 年版）、《中华人民共和国民法典》为编写依据，结合重庆建筑市场现状，经过企业调研，由企业与学校合作编写而成。

（2）本书“以就业为导向，以培养学生综合职业能力为本位，以岗位需要为依据，满足学生职业生涯发展需求”内容上突出“职业性、实用性、适用性”，以探究式、体验式学习设计为组织形式，体现“项目导向、任务驱动”的教学原则，让学生在具体工程项目的招标文件、投标文件和合同等文件编制过程中掌握相关的技能与基础理论，以更好地适应“校企合作、工学结合”的人才培养模式。

（3）将“立德树人”贯穿教育教学全过程，实现全程育人、全方位育人的目标。在每个任务中根据课程内容恰当地融入了课程思政元素，贯彻“立德树人”的中心思想。

（4）为便于教学，本书配套数字化辅助教学资源。

（5）本书采用项目教学法，以任务驱动教学模式开展教学，根据课程设置融入课程思政元素，引导学生树立远大理想，培养职业道德和工匠精神。通过本课程的学习，学生能养成良好的职业素质，应用相关规范，结合实际项目编制招投标与合同管理相关文件。

本书由重庆建筑科技职业学院文真、张瀚兮、曾康燕担任主编，重庆丰盾工程管理咨询有限公司杨应刚、重庆康盛筑远工程管理有限公司王子龙、四川建筑职业技术学院漆文、成都理工大学工程技术学院赖笑、重庆建筑科技职业学院黄川担任副主编。其中，项目1、4由曾康燕负责编写，项目2、3由张瀚兮负责编写，项目5由杨应刚和王子龙负责编写，项目6由漆文负责编写，项目7、8由文真负责编写，项目9由赖笑负责编写，黄川负责习题部分编写。文真负责全书统稿、修撰。

由于编者学识有限，书中难免存在不妥之处，恳请各位读者提出宝贵意见。

编　者

Contents

目录

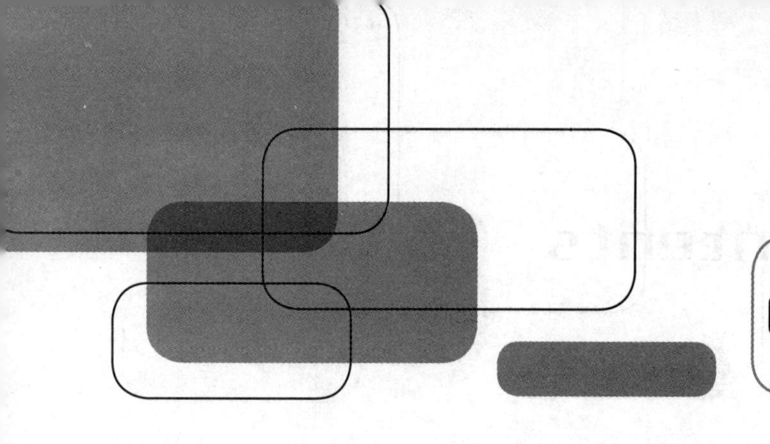

Contents

Contents

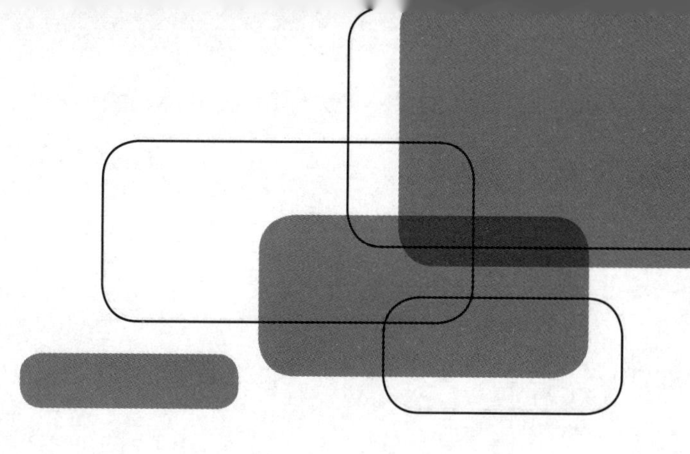

Contents

Contents

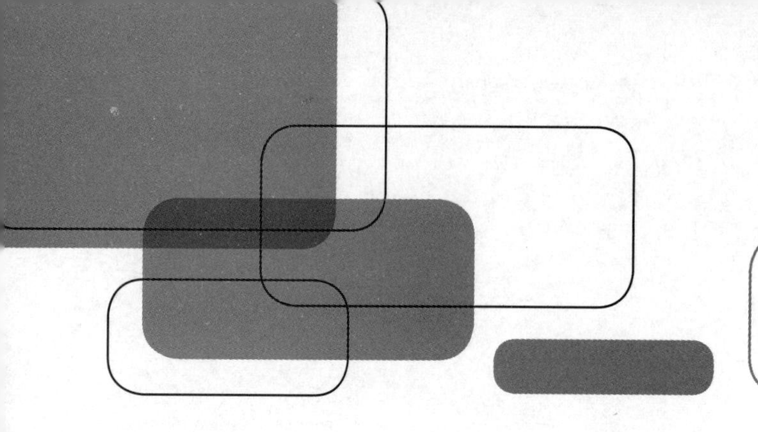

Contents

项目 1

建筑工程招投标基础

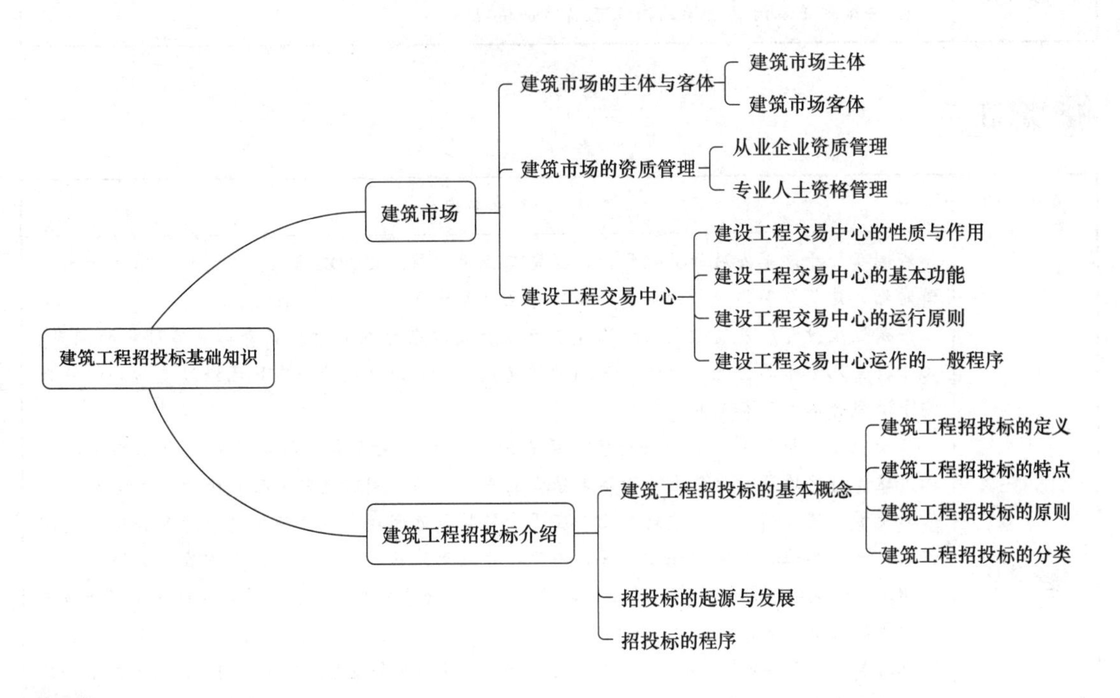

思政元素

对于公共资源交易领域而言，要正确处理政府与市场的关系，充分发挥市场在资源配置中的决定性作用，利用市场化手段实现公共资源配置效益和效率的最大化；要更好地发挥政府作用，完善宏观经济治理，提升交易平台的公信力，实现效率和公平的有机统一；要优化市场体系，营造各类市场主体公开、公平、公正参与竞争，受到法律同等保护的营商环境。

坚持制度创新，推进交易透明化。公共资源交易要素资源相对集中、社会关注度高、敏感性强，必须强化底线思维，确保交易的公开、公平、公正。坚持“以制度管人，用流程管事，依靠科技防控交易风险”的总体思路。

坚持管理创新，推进配置市场化。为推动公共资源交易平台整合共享，按照“应进必进”“能进则进”的原则，将交易平台覆盖范围扩大到适合以市场化方式配置的各类公共资源，积极破除公共资源交易领域的区域壁垒。

坚持科技创新，推进服务精细化。公共资源交易平台是政府与市场实现有效连接的桥梁和纽带。要充分运用大数据、物流网、云计算、区块链等信息技术，进一步促进公共资源交易数字化转型，优化营商环境，提高社会满意度。

学习目标

知识目标	1. 了解建设工程交易中心的性质和基本功能； 2. 掌握招投标的概念和特点
能力目标	1. 熟悉建筑市场的资质管理； 2. 熟悉建设工程交易中心运作的一般程序
素质目标	1. 培养职业道德、职业技能的执业能力； 2. 培养刚正不阿的情操，树立正确的价值观

任务清单

项目名称	任务清单内容
任务情境	我国正处于改革发展的关键阶段，也是工业化、信息化、城镇化、市场化、国际化的关键时期，建筑业面临着新的形势和挑战。主要表现在以下几个方面。 一是过度投资和产能过剩：中国建筑市场长期以来存在着过度投资和产能过剩的问题。由于过去几十年的快速城市化和基础设施建设，一些地区的建筑市场已经过度饱和，导致竞争激烈并影响了企业的盈利能力。 二是地方保护主义：在一些地方，存在地方保护主义现象，限制了外地企业的市场准入。这使得跨地区的建筑企业面临着很大的竞争压力，同时也阻碍了市场的整体发展。 三是资金链问题：一些建筑企业存在资金链紧张的问题。由于市场竞争激烈和项目周期较长，一些企业在资金管理方面存在困难，导致无法按时完成项目或面临破产风险。 四是低价竞标和恶性竞争：为了获取项目，一些企业采取低价竞标策略，这导致了建筑市场的恶性竞争现象。低价竞标不仅降低了企业的盈利能力，也可能影响工程质量和安全。 五是工程质量和安全问题：一些工程存在质量问题和安全隐患。尽管中国建筑行业在过去几十年取得了显著的发展，但在一些案例中，仍出现了建筑质量不达标或者安全事故的问题。 六是环境可持续性问题：中国建筑市场在过去存在一些环境可持续性问题。过去的高能耗、高排放的建筑模式已经引起了环境保护部门的关注。近年来，政府已经采取了一系列措施，鼓励绿色建筑和可持续发展，但在市场推广和实施方面仍面临一些挑战。 面对如此庞大的各类企业和从业人员，要落实每个市场主体的法律责任，做到有法必依、违法必究，也给我们带来了很大挑战
任务要求	从以上形势分析可以看出，建筑市场发展机遇和挑战共存。你打算在今后的学习中如何要求自己呢？
任务思考	（1）目前我国的建筑市场存在哪些问题？ （2）建筑业面临着哪些挑战？ （3）建筑市场的完善与招投标有何关系？
任务总结	

任务1　建筑市场

建筑市场是建筑工程市场的简称，是进行建筑商品和相关要素交换的市场，主要以建筑工程承发包交易活动为主要内容。建筑市场有狭义和广义之分。狭义的建筑市场是指交易建筑商品的场所。由于建筑商品体形庞大、无法移动，不可能集中在一定的地方交易，所以一般意义上的建筑市场为无形市场，没有固定交易场所。它主要通过招标投标（简称招投标）等手段，完成建筑商品交易。当然，交易场所随建筑工程的建设地点和成交方式不同而变化。广义的建筑市场是指建筑商品供求关系的总和，包括狭义的建筑市场、建筑商品的需求程度、建筑商品交易过程中形成的各种经济关系等。

1.1　建筑市场的主体

建筑市场的主体是指参与建筑商品生产交易过程的各方，主要有业主（建设单位或发包人）、承包商、工程咨询服务机构等；建筑市场的客体是指一定量的可供交换的商品和服务，它包括有形的建筑产品（建筑物、构筑物）和无形的建筑产品（咨询、监理等智力型服务）。

视频：建筑市场的主体

1. 业主

业主是指既有某项工程建设需求，又具有该项工程建设相应的建设资金和各种准建手续，在建筑市场中发包工程建设的勘察、设计、施工、监理任务，并最终得到建筑产品的政府部门、企事业单位或个人。

在我国工程建设中，业主也称为建设单位，只有在发包工程或组织工程建设时才称为市场主体，故又称为发包人或招标人。因此，业主方作为市场主体具有不确定性。在我国，有些地方和部门曾提出要对业主实行技术资质管理制度，以改善当前业主行为不规范的问题。但无论是从国际惯例还是从国内实践来看，对业主资格实行审查约束都是不成立的，对其行为进行约束和规范，只能通过法律和经济的手段去实现。

（1）项目业主的产生主要有以下三种方式：

1）业主即原企业或单位。企业或机关、事业单位投资的新建、扩建、改建工程，则该企业或单位为项目业主。

2）业主是联合投资董事会。由不同投资方参股或共同投资的项目，则业主是共同投资方组成的董事会或管理委员会。

3）业主是各类开发公司。开发公司自行融资或由投资方协商组建或委托开发的工程管理公司也可称为业主。

（2）业主在项目建设过程中的主要职能如下：

1）建设项目可行性研究与决策。

2）建设项目的资金筹措与管理。

3）办理建设项目的有关手续（如征地、建筑许可等）。

4）建设项目的招标与合同管理。

5）建设项目的施工与质量管理。

6）建设项目的竣工验收与试运行。

7）建设项目的统计及文档管理。

2. 承包商

承包商是指拥有一定数量的建设装备、流动资金、工程技术经济管理人员及一定数量的工人，取得建设行业相应资质证书和营业执照的，能够按照业主的要求提供不同形态的建筑产品并最终得到相应工程价款的建设施工企业。

相对于业主，承包商作为建筑市场的主体，是长期和持续存在的。因此，无论是按照国际惯例还是国内惯例，对承包商一般要实行从业资格管理。承包商从事建筑生产，一般需要具备四个方面的条件：一是拥有符合国家规定的注册资本；二是拥有与其资质等级相适应且具有注册执业资格的专业技术和管理人员；三是拥有从事相应建筑活动所应有的技术装备；四是经资格审查合格，已取得资质证书和营业执照。

承包商可按其所从事的专业分为土建、水电、道路、港口、铁路、市政工程等专业公司。在市场经济条件下，承包商需要通过市场竞争（招标）取得施工项目，需要依靠自身的实力去赢得市场，承包商的实力主要包括以下四个方面：

（1）技术方面的实力。有精通本行业的工程师、预算师、项目经理、合同管理等专业人员队伍；有工程设计、施工专业装备，能解决各类工程施工中的技术难题；有承揽不同类型项目施工的经验。

（2）经济方面的实力。具有相当的周转资金用于工程准备及备料，具有一定的融资和垫付资金的能力；具有相当的固定资产和为完成项目需购入大型设备所需的资金；具有支付各种担保和保险的能力及能承担相应风险的能力；承担国际工程尚需具备筹集外汇的能力。

（3）管理方面的实力。建筑承包市场属于买方市场，承包商为打开局面，往往需要低利润报价取得项目，在成本控制上下功夫，向管理要效益，并采用先进的施工方法提高工作效率和技术水平，因此必须具有一批技术能力过硬的项目经理和管理专家。

（4）信誉方面的实力。承包商一定要有良好的信誉，它将直接影响企业的生存与发展。要建立良好的信誉，必须遵守法律法规，承担国外工程要按国际惯例办事，保证工程质量、安全、工期，并认真履约。

承包商投标工程必须根据本企业的施工力量、机械装备、技术力量、施工经验等方面的条件，选择适用于发挥自己优势的项目，避开企业不擅长或缺乏经验的项目，做到扬长避短，避免给企业带来不必要的风险和损失。

1.2 建筑市场的客体

建筑市场的客体一般称为建筑产品，是建筑市场的交易对象，既包括有形建筑产品，也包括无形产品——各类智力型服务。

建筑产品不同于一般工业产品，因为建筑产品本身及其生产过程，具有不同于其他工业产品的特点。在不同的生产交易阶段，建筑产品表现为不同的形态，可以是咨询公司提供的咨询报告、咨询意见或其他服务；可以是勘察设计单位提供的设计方案、施工图纸、勘察报告；可以是生产厂家提供的混凝土构件，还包括承包商生产的房屋和各类构筑物。

1. 建筑产品的特点

（1）建筑生产和交易的统一性。

(2) 建筑产品的单件性。

(3) 建筑产品的整体性和分部分项工程的相对独立性。

(4) 建筑生产的不可逆性。

(5) 建筑产品的社会性。

2. 建筑市场的商品属性

过去受计划经济体制影响，工程建设由工程指挥部管理，工程任务由行政部门分配，建筑产品价格由国家规定，抹杀了建筑产品的商品属性。改革开放以后，由于推行了一系列以市场为取向的改革措施，建筑企业成为独立的生产单位，建设投资由国家拨款改为多种渠道筹措，市场竞争代替行政分配任务，建筑产品价格也走向由市场形成，建筑产品的商品属性观念已为大家所认识，成为建筑市场发展的基础，并推动了建筑市场的价格机制、竞争机制和供求机制的形成，使实力强、素质好、经营好的企业在市场上更具竞争性，能够快速发展，实现资源的优化配置，提高全社会的生产力水平。

3. 工程建设标准的法定性

建筑产品的质量不仅关系承发包双方的利益，也关系到国家和社会的公共利益。正是由于建筑产品的这种特殊性，其质量标准是以国家标准、国家规范等形式颁布实施的。从事建筑产品生产必须遵守这些标准规范的规定，违反这些标准规范将受到国家法律的制裁。

工程建设标准涉及面很宽，包括房屋建筑、交通运输、水利、电力、通信、采矿冶炼、石油化工、市政公用设施等方面。

工程建设标准的对象是工程勘察、设计、施工、验收、质量检验等各个环节中需要统一的技术要求。它包括以下五个方面的内容：

(1) 工程建设勘察、设计、施工及验收等的质量要求和方法；

(2) 与工程建设有关的安全、卫生、环境保护的技术要求；

(3) 工程建设的术语、符号、代号、计量与单位、建筑模数和制图方法；

(4) 工程建设的试验、检验和评定方法；

(5) 工程建设的信息技术要求。

在具体形式上，工程建设标准包括标准、规范、规程等。工程建设标准的独特作用，一方面，通过有关的标准规范为相应的专业技术人员提供了需要遵循的技术要求和方法；另一方面，由于标准的法律属性和权威属性，保证了从事工程建设的有关人员按照规定执行，从而为保证工程质量打下了基础。

1.3 建筑市场的资质管理

建筑活动的专业性、技术性都很强，而且建筑工程投资大、周期长，一旦发生问题，将给社会和人民的生命财产安全造成极大损失。因此，为保证建筑工程的质量和安全，对从事建设活动的单位和专业技术人员必须实行从业资格管理，即资质管理制度。

视频：从业企业资质管理

1. 从业企业资质管理

在建筑市场中，围绕工程建设活动的主体主要有三方，即业主、承包商、工程咨询服务机构。《中华人民共和国建筑法》规定，对从事建筑活动的施工企业、勘察单位、设计单位和工程咨询机构（含监理单位）实行资质管理。

（1）建筑业企业（承包商）资质管理。建筑业企业（承包商）是指从事土木工程、建筑工程、线路管道及设备安装工程、装修工程等的新建、扩建、改建活动的企业。我国的建筑业企业分为施工总承包企业、专业承包企业和劳务分包企业。施工总承包企业又可按工程性质分为房屋、公路、铁路、港口、水利、电力、矿山、冶金、化工石油、市政公用、通信、机电 12 个类别；专业承包企业又根据工程性质和技术特点划分为 60 个类别；劳务分包企业按技术特点划分为 13 个类别。

从事房屋建筑工程施工总承包企业及与之相关的专业承包企业和劳务分包企业资质等级在《建筑业企业资质等级标准》中大致是如下划分的。

1）工程施工总承包企业资质等级分为特级、一级、二级、三级。

2）施工专业承包企业资质等级基本上分为一级、二级、三级。一级，如建筑防水工程；有的专业没有三级，如电梯安装工程。

3）劳务分包企业资质等级基本上分为一级、二级，但是有的作业不分级，如水暖电安装作业、抹灰作业和油漆作业。

这三类企业的资质等级标准，由国家建设部统一组织制定和发布。

（2）工程勘察设计企业资质管理。我国建筑工程勘察设计资质分为工程勘察资质和工程设计资质。工程勘察资质分为工程勘察综合资质、工程勘察专业资质、工程勘察劳务资质；工程设计资质分为工程设计综合资质、工程设计行业资质、工程设计专项资质。

（3）建筑工程施工咨询单位资质管理。我国对工程咨询单位实行资质管理。目前，已有明确资质等级评定条件的有工程监理、招标代理、工程造价咨询机构等。

1）工程监理企业。其资质等级划分为甲级、乙级和丙级三个级别。丙级监理单位只能监理本地区、本部门的三等工程；乙级监理单位只能监理本地区、本部门的二、三等工程；甲级监理单位可以跨地区、跨部门监理一、二、三等工程。

2）工程招标代理机构。其资质等级划分为甲级和乙级。甲级招标代理机构承担工程的范围和地区不受限制；乙级招标代理机构只能承担工程投资额（不含征地费、大市政配套费与拆迁补偿）3 000 万元以下的工程招标代理业务，地区不受限制。

3）工程造价咨询机构。其资质等级划分为甲级和乙级。甲级工程造价咨询机构承担工程的范围和地区不受限制；乙级工程造价咨询机构在本省、自治区、直辖市行政区范围内承接中、小型建筑项目的工程造价咨询业务。工程造价咨询机构的资质评定条件包括注册资金、专业技术人员和业绩三个方面的内容，不同资质等级的标准均有具体规定。

2. 专业人士资格管理

在建筑市场中，把具有从事工程造价咨询资格的专业工程师称为专业人士。建筑行业尽管有完善的建筑法规，但如果没有专业人士的知识和技能的支持，政府难以对建筑市场进行有效的管理。由于他们的工作水平对工程项目建设成败具有重要的影响，因此对专业人士的资格条件有很高要求。

（1）注册建造师。注册建造师是指通过考核认定或考试合格取得中华人民共和国建造师资格证书，并按照规定注册，取得中华人民共和国建造师注册证书和执业印章，担任施工单位项目负责人及从事相关活动的专业技术人员。

注册建造师分为一级注册建造师和二级注册建造师。一级注册建造师可担任大、中、小型工程施工项目负责人；二级注册建造师可以担任中、小型工程施工项目负责人。其中，大、中型工程施工项目负责人和技术负责人不得由一名注册建造师兼任。注册建造师不得同时担任两个及以上建筑工程施工项目负责人和项目技术负责人。

注册建造师要在其注册证书所注明的专业范围内从事建筑工程施工管理活动。工程施工项目负责人和技术负责人须由本专业注册建造师担任。

（2）注册造价工程师。注册造价工程师是指通过土木建筑工程或安装工程专业造价工程师职业资格考试取得造价工程师职业资格证书或通过资格认定、资格互认，注册后，从事工程造价活动的专业人员。注册造价工程师分为一级注册造价工程师和二级注册造价工程师。

1）一级注册造价工程师执业范围包括建设项目全过程的工程造价管理与工程造价咨询等，具体工作内容：项目建议书、可行性研究投资估算与审核，项目评价造价分析；建筑工程设计概算、施工预算编制和审核；建筑工程招投标文件工程量和造价的编制与审核；建筑工程合同价款、结算价款、竣工决算价款的编制与管理；建筑工程审计、仲裁、诉讼、保险中的造价鉴定，工程造价纠纷调解；建筑工程计价依据、造价指标的编制与管理；与工程造价管理有关的其他事项。

2）二级注册造价工程师协助一级注册造价工程师开展相关工作，并可以独立开展以下工作：建筑工程工料分析、计划、组织与成本管理，施工图预算、设计概算编制；建筑工程量清单、最高投标限价、投标报价编制；建筑工程合同价款、结算价款和竣工决算价款的编制。

国务院住房城乡建设主管部门对全国注册造价工程师的注册、执业活动实施统一监督管理，负责实施全国一级注册造价工程师的注册，并负责建立全国统一的注册造价工程师注册信息管理平台；国务院有关专业部门按照国务院规定的职责分工，对本行业注册造价工程师的执业活动实施监督管理。省、自治区、直辖市人民政府住房城乡建设主管部门对本行政区域内注册造价工程师的执业活动实施监督管理，并实施本行政区域二级注册造价工程师的注册。

（3）注册监理工程师。注册监理工程师是指经考试取得中华人民共和国监理工程师资格证书，并按照规定注册，取得中华人民共和国注册监理工程师注册执业证书和执业印章，从事工程监理及相关业务活动的专业技术人员。

注册监理工程师可以从事工程监理、工程经济与技术咨询、工程招标与采购咨询、工程项目管理服务及国务院有关部门规定的其他业务。工程监理活动中形成的监理文件由注册监理工程师按照规定签字盖章后方可生效。修改经注册监理工程师签字盖章的工程监理文件，应当由该注册监理工程师进行；因特殊情况，该注册监理工程师不能进行修改的，应当由其他注册监理工程师修改，并签字、加盖执业印章，对修改部分承担责任。因工程监理事故及相关业务造成的经济损失，聘用单位应当承担赔偿责任；聘用单位承担赔偿责任后，可依法向负有过错的注册监理工程师追偿。

1.4　建设工程交易中心

视频：建设工程交易中心

建筑工程从投资性质上可分为两大类：一类是国家投资项目；另一类是私人投资项目。在西方发达国家中，私人投资占了绝大多数，工程项目管理是业主自己的事情，政府只是监督他们是否依法建设；对国有投资项目，一般设置专门的管理部门，代为行使业主的职能。

在我国，政府部门、国有企业、事业单位投资在社会投资中占有主导地位。建设单位使用的资产都是国有投资，由于国有资产管理体制的不完善和建设单位内部管理制度的薄弱，很容易造成工程发包中的不正之风和腐败现象。针对上述情况，近几年我国出现了建设工程交易中心。将所有代表国家或国有企事业投资的业主请进建设工程交易中心进行招标，设置专门的监督机构，这是我国解决国有建设项目交易透明度问题和加强建筑市场管理的一种独特方式。

1. 建设工程交易中心的性质与作用

（1）建设工程交易中心的性质。建设工程交易中心是经政府主管部门批准的，为建筑工程交易活动提供服务的场所。它不是政府管理部门，也不是政府授权的监督机构，本身并不具备监督管理职能。

建设工程交易中心又不是一般意义上的服务机构，其设立需要得到政府或政府授权主管部门的批准，并非任何单位和个人可随意成立；它不以营利为目的，旨在为建立公开、公正、平等竞争的招投标制度服务，只可经批准收取一定的服务费，工程交易行为不能在场外进行。

（2）建设工程交易中心的作用。按照我国有关规定，对于全部使用国有资金投资，以及国有资金投资占控股或主导地位的房屋建筑工程项目和市政工程项目，必须在建设工程交易中心内报建、发布招标信息、合同授予、申领施工许可证。招投标活动都必须在场内进行，并接受政府有关管理部门的监督。建设工程交易中心的设立对国有投资的监督制约机制的建立、规范建筑工程承发包行为、将建筑市场纳入法制化的管理轨道有着重要的作用，是符合我国特点的一种好形式。

建设工程交易中心建立以来，由于实行集中办公、公开办事制度和程序及提供一条龙的“窗口”服务，不仅有力地促进了工程招投标制度的推行，而且遏制了违法违规行为，对防止腐败、提高管理透明度有显著的成效。

2. 建设工程交易中心的基本功能

我国的建设工程交易中心是按照信息服务功能、场所服务功能和集中办公功能三大功能进行构建的。

（1）信息服务功能。信息服务功能包括收集、存储和发布招投标信息、政策法规信息、造价信息、设备及材料价格信息、承包商信息、咨询单位和专业人士信息、分包信息等。在设施上配备有大型电子墙、计算机网络工作站，为承发包交易提供广泛的信息服务。

（2）场所服务功能。对于政府部门、国有企业、事业单位的投资项目，我国明确规定，一般情况下必须进行公开招标，只有特殊情况下才允许采用邀请招标。所有建设项目进行招投标必须在有形建筑市场内进行，由有关管理部门进行监督。按照这个要求，建设工程交易中心必须为工程承发包交易双方包括建筑工程的招标、评标、定标、合同谈判等提供设施和场所服务。建设部《建设工程交易中心管理办法》规定，建设工程交易中心应具备信息发布大厅、洽谈室、开标室、会议室及相关设施以满足业主和承包商、分包商、设备材料供应商之间的交易需要。同时，要为政府有关管理部门进驻集中办公，办理有关手续和依法监督招投标活动提供场所服务。

（3）集中办公功能。由于众多建设项目要进入有形建筑市场进行报建、招投标交易和办理有关批准手续，这就要求政府有关建设管理部门进驻建设工程交易中心集中办理有关审批手续和进行管理。建设行政主管部门的各职能机构进驻建设工程交易中心，受理申报的内容一般包括工程报建、招标登记、承包商资质审查、合同登记、质量报监、施工许可证发放等。进驻建设工程交易中心的相关管理部门集中办公，公布各自的办事制度和程序，既能按照各自的职责依法对建筑工程交易活动实施有力监督，也方便当事人办事，有利于提高办公效率。

3. 建设工程交易中心的运行原则

建设工程交易中心要有良好的运行秩序，充分发挥市场功能，就必须坚持市场运行的一些基本原则，主要有以下几个方面：

(1) 信息公开原则。建设工程交易中心必须充分掌握政策法规，工程发包商、承包商和资质单位的资质，造价指数，招标规则，评标标准，专家评委库等各项信息，并保证市场各方主体都能及时获得所需要的信息资料。

(2) 依法管理原则。建设工程交易中心应严格按照法律、法规开展工作，尊重建设单位依照法律规定选择投标单位和选定中标单位的权利。尊重符合资质条件的建筑企业提出的投标要求和接受邀请参加投标的权利。任何单位和个人不得非法干预交易活动的正常进行。监察机关应当进驻建设工程交易中心实施监督。

(3) 公平竞争原则。建立公平竞争的市场秩序是建设工程交易中心的一项重要原则。进驻的有关行政监督管理部门应严格监督招标、投标单位的行为，防止地方保护、行业和部门垄断等各种不正当竞争，不得侵犯交易活动各方的合法权益。

(4) 属地进入原则。按照我国有形建筑市场的管理规定，建筑工程交易实行属地进入。每个城市原则上只能设立一个建设工程交易中心，特大城市可以根据需要设立区域性分中心，在业务上受中心领导。对于跨省、自治区、直辖市的铁路、公路、水利等工程，可在政府有关部门的监督下，通过公告由项目法人组织招标、投标。

(5) 办事公正原则。建设工程交易中心是政府住房城乡建设主管部门批准建立的服务性机构。必须配合进场的各行政管理部门做好相应的工程交易活动管理和服务工作。要建立监督制约机制，公开办事规则和程序，制定完善的规章制度和工作人员守则，发现建筑工程交易活动中的违法、违规行为，应当向政府有关管理部门报告，并协助进行处理。

4. 建设工程交易中心运作的一般程序

按照有关规定，建设项目进入建设工程交易中心后，一般按图1-1所示的程序运行。

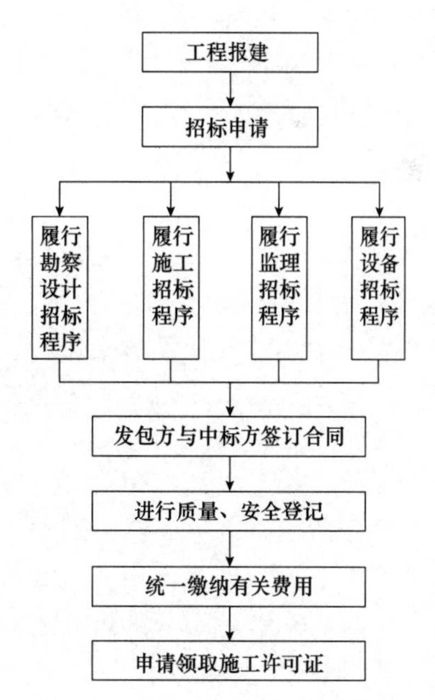

图1-1 建设工程交易中心运行图

招标人应在立项批文下达后的一个月内，持立项批文向进驻有形建筑市场的住房城乡建设主管部门进行报建登记。登记完成后，招标人持报建登记表向有形建筑市场索取交易登记表，在填写完毕后，在有形建筑市场办理交易登记手续。对于按规定必须进行招标的工程，进入法定招标流程；对于不需要招标的工程，招标人只需向进驻有形建筑市场的有关部门办理相关备案手续即可。当招标程序结束后，招标人或招标代理机构按《中华人民共和国招标投标法》（以下简称《招标投标法》）及有关规定向招投标监管部门提交招投标情况的书面报告，招投标监管部门对招标人或招标代理机构提交的招投标情况的书面报告进行备案。招标人、中标人需缴纳相关费用。有形建筑市场按统一格式打印中标（交易成交）或未中标通知书，招标人向中标人签发中标通知书，并将未中标通知送达未中标的投标人。如果涉及专业分包，劳务分包，材料、设备采购招标的，转入分包或专业市场按规定程序发包。招标人、中标人还应向进驻有形建筑市场的有关部门办理合同备案、质量监督、安全监督等手续，并且，招标人或招标代理机构应将全部交易资料原件或复印件在有形建筑市场备案一份。最后，招标人向进驻有形建筑市场的住房城乡建设主管部门办理施工许可证。

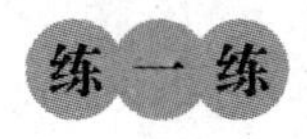

扫描下方二维码完成练习。

学习笔记

任务 2　建筑工程招投标介绍

随着改革开放的进行，中国的经济体制发生了转型，市场经济逐渐成为主导。建筑工程招投标制度也随之发展和完善，逐渐引入了市场竞争机制和市场主体的参与。目前，中国的建筑工程招投标制度已经建立了一整套相对完善的法律法规和规范性文件，明确了招标程序、投标要求、资格审查、评标标准等方面的规定，以保证招投标活动的公平、公正和透明。

2.1　建筑工程招投标的定义

招投标是在市场经济条件下进行工程建设、货物买卖、中介服务等经济活动的一种竞争方式和交易方式。

(1) 建筑工程招标：建设单位（业主）对拟建的工程发布公告，通过法定的程序和方式吸引建设项目的承包单位竞争并从中选择条件优越者来完成工程建设任务的法律行为。

(2) 建筑工程投标：是指经过特定审查而获得投标资格的建筑项目承包单位，按照招标文件的要求，在规定的时间内向招标单位填报投标书，争取中标的法律行为。

2.2　建筑工程招投标的特点

(1) 竞争性。引入竞争机制，优胜劣汰，择优选定承包单位，以缩短工期、提高工程质量和节约建设资金。

(2) 程序性。招投标活动必须遵循严密、规范的法律程序。《招标投标法》及相关法律政策，对招标人从确定招标采购范围、招标方式、招标组织形式直至选择中标人并签订合同的招投标全过程每个环节的时间、顺序都有严格、规范的限定，不能随意改变。任何违反法律程序的招投标行为，必须承担相应的法律后果。

(3) 规范性。《招标投标法》及相关法律政策，对招投标各个环节的工作条件、内容、范围、形式、标准，以及参与主体的资格、行为和责任都作出了严格的规定。

工程招投标总的特点如下：

1) 通过竞争机制，实行交易公开。

2) 鼓励竞争、防止垄断、优胜劣汰，实现投资效益。

3) 通过科学合理和规范化的监管机制与运作程序，可有效地杜绝不正之风，保证交易的公正和公平。

2.3　建筑工程招投标的原则

《招标投标法》第五条规定："招投标活动应当遵循公开、公平、公正和诚实信用的原则。"

视频：招投标基本原则

(1) 公开即"信息透明"，要求招投标活动必须具有高度的透明度，招标程序、投标人的资格条件、评标标准、评标方法、中标结果等信息都要公开，使每个投标人能够及时获得有关信息，从而平等地参与投标竞争，依法维护自身的合法权益。同时，将招投标活动置于公开透明的环境中，也为当事人和社会各界的监督提供了重要条件。从这个意义上讲，公开是公平、公正的基础和前提。

(2) 公平即“机会均等”，要求招标人一视同仁地给予所有投标人平等的机会，使其享有同等的权利并履行相应的义务，不歧视或排斥任何一个投标人。按照这个原则，招标人不得在招标文件中要求或标明特定的生产供应者以及含有倾向或排斥潜在投标人的内容，不得以不合理的条件限制或排斥潜在投标人，不得对潜在投标人实行歧视待遇。否则，将承担相应的法律责任。

(3) 公正即“程序规范，标准统一”，要求所有招投标活动必须按照规定的时间和程序进行，以尽可能保障招投标各方的合法权益，做到程序公正；招标评标标准应当具有唯一性，对所有投标人实行同一标准，确保标准公正。按照这个原则，《招标投标法》及其配套规定对招标、投标、开标、评标、中标、签订合同等都规定了具体程序和法定时限，明确了废标和否决投标的情形，评标委员会必须按照招标文件事先确定并公布的评标标准和方法进行评审、打分、推荐中标候选人，招标文件中没有规定的标准和方法不得作为评标与中标的依据。

(4) 诚实信用即“诚信原则”，是民事活动的基本原则之一，这是市场经济中诚实信用伦理准则法律化的产物，是以善意真诚、守信不欺、公平合理为内容的强制性法律原则。招投标活动本质上是市场主体的民事活动，必须遵循诚信原则，也就是要求招投标当事人应当以善意的主观心理和诚实、守信的态度来行使权利，履行义务，不能故意隐瞒真相或弄虚作假，不能言而无信甚至背信弃义，在追求自己利益的同时不应损害他人利益和社会利益，维持双方的利益平衡，以及自身利益与社会利益的平衡，遵循平等互利的原则，从而保证交易安全，促使交易实现。

诚实信用是中华民族的传统美德，它早已融入了我们各民族的血液中。人无信不立，诚信是做人的根本，是社会发展的根本，是人际和谐以至社会和谐的基点，是社会文明的一个重要标志。

2.4　建筑工程招投标的分类

建筑工程招投标的分类如图1-2所示。

2.5　招投标的起源和发展

鲁布革水电站位于云南罗平和贵州兴义交界的黄泥河下游，整个工程由首部枢纽拦河大坝、引水系统和厂房枢纽三部分组成。首部枢纽拦河大坝最大坝高为103.5 m；引水系统由电站进水口、引水隧洞、调压井、高压钢管四部分组成，引水隧洞总长为9.38 km，开挖直径为8.8 m，调压井内径为13 m，井深为63 m，两条长为469 m、内径为4.6 m、倾角为48°的高压钢管；厂房枢纽包括地下厂房及其配套的40个地下洞室群。厂房总长为125 m、宽为18 m、最大高度为39.4 m、安装15万kW的水轮发电机四台，总容量为60万kW，年发电量为28.2亿kWh。

早在20世纪50年代，国家有关部门就开始安排了对黄泥河的踏勘（也称现场勘察、现场考察）。昆明水电勘测设计院承担项目的设计。水电部在1977年着手进行鲁布革电站的建设，水电十四局开始修路，进行施工准备。鲁布革工程项目使用世界银行贷款1.454亿美元，按世界银行规定，引水系统工程的施工实行中华人民共和国成立以来第一次按照FIDIC组织推荐的程序进行的国际公开（竞争性）招标。招标工作由水电部委托中国进出口公司进行。

1982年9月，刊登招标公告、编制招标文件，编制标底。引水系统工程原设计概算1.8亿元，标底14 958万元。

1982年9月—1983年6月，资格预审。

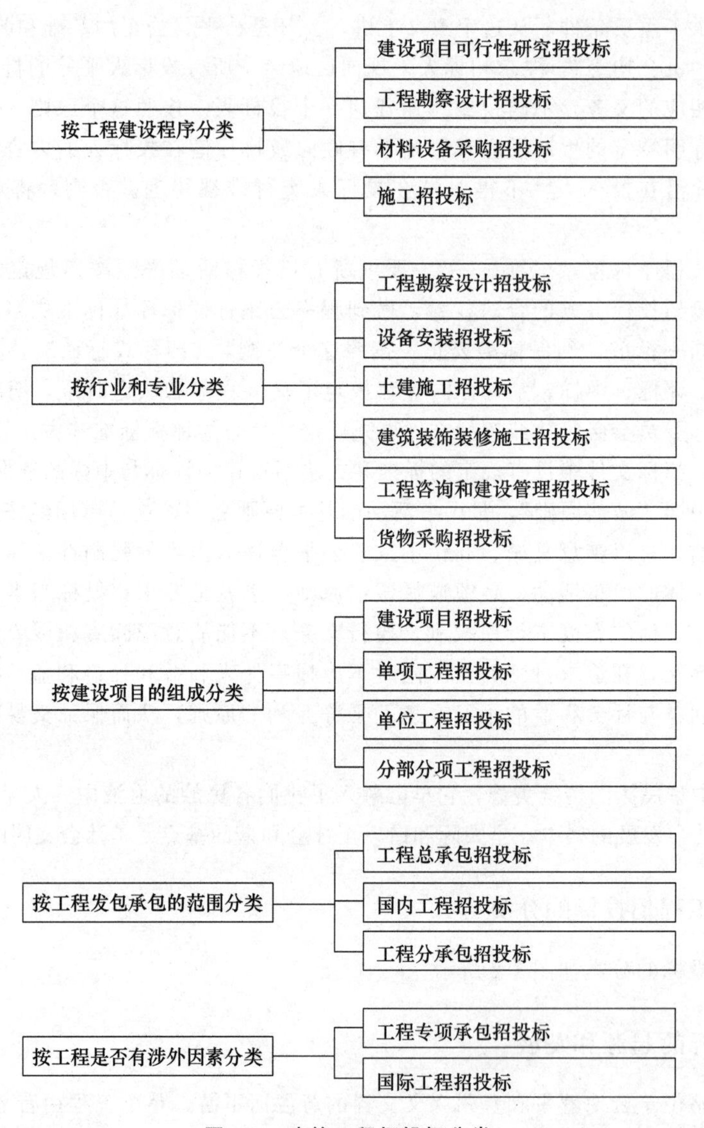

图 1-2 建筑工程招投标分类

1983 年 6 月 15 日，发售招标文件（标书）。15 家取得投标资格的中外承包商购买了招标文件。

经过 5 个月的投标准备，1983 年 11 月 8 日，开标大会在北京正式举行。

1983 年 11 月—1984 年 4 月，评标、定标。经各方专家多次评议讨论，日本大成公司中标。

本工程的资格预审分两阶段进行。招标公告发布之后，13 个国家、32 家承包商提出了投标意向，争相介绍自己的优势和履历。第一阶段资格预审（1982 年 9 月—12 月），招标人经过对承包商的施工经历、财务实力、法律地位、施工设备、技术水平和人才实力的初步审查，淘汰了其中的 12 家。其余 20 家（包括我国公司 3 家）取得了投标资格。第二阶段资格预审（1983 年 2 月—6 月），与世界银行磋商第一阶段预审结果，中外公司组成联合投标公司进行谈判。各承包商分别根据各自特长和劣势进一步寻找联营伙伴，中国 3 家公司分别与 14 家外商进行联营会谈，最后闽昆公司和挪威 FHS 公司联营，贵华公司和前联邦德国霍兹曼公司联营，江南公司不联营。这次国际竞争性招标，按照世界银行的有关规定我国公司享受7.5%的国内投标优惠。

最后总共8家公司投标，其中前联邦德国霍克蒂夫公司未按照招标文件要求投送投标文件，而成为废标。从投标报价（根据当日的官方汇率，将外币换算成人民币）可以看出，最高价法国SBTP公司（1.79亿元）与最低价日本大成公司(8 463万元)相比，报价竟相差1倍之多，前几标的标价之低，使中外厂商大吃一惊，在国内外引起不小震动。各投标人的折算报价见表1-1。

表1-1 鲁布革水电站引水系统投标报价一览表

投标人	折算报价/元	投标人	折算报价/元
日本大成公司	84 630 590.97	南斯拉夫能源工程公司	132 234 146.30
日本前田公司	87 964 864.29	法国SBTP公司	179 393 719.20
意美合资英波吉洛联营公司	92 820 660.50	中国闽昆、挪威FHS联营公司	121 327 425.30
中国贵华、前联邦德国霍兹曼联营公司	119 947 489.60	前联邦德国霍克蒂夫公司	内容系技术转让，不符合投标要求，废标

按照国际惯例，只有报价最低的前三标能进入最终评标阶段，因此确定大成、前田和英波吉洛公司3家为评标对象。评标工作由鲁布革工程局、昆明水电勘测设计院、水电总局及澳大利亚等中外专家组成的评标小组负责，按照规定的评标办法进行，在评标过程中评标小组还分别与三家承包商进行了澄清会谈。1984年4月13日评标工作结束。经各方专家多次评议讨论，最后取标价最低的日本大成公司中标，与之签订合同，合同价为8 463万元，合同工期为1 597天，比标底低43.4%。

2.6 招投标程序

建筑工程招投标分为招标、投标、开标、评标和定标五个环节。具体流程如图1-3（以公开招标资格预审为例）所示。

知识拓展

相关法律：

《招标投标法》于1999年8月30日通过，自2000年1月1日开始施行。2017年12月27日第十二届全国人民代表大会常务委员会第三十一次会议对《招标投标法》进行了修订，自2017年12月28日起施行。

《中华人民共和国建筑法》于1997年11月1日第八届全国人民代表大会常务委员会第二十八次会议通过，自1998年3月1日开始施行。根据2011年4月22日第十一届全国人民代表大会常务委员会第二十次会议《关于修改〈中华人民共和国建筑法〉的决定》第一次修正，根据2019年4月23日第十三届全国人民代表大会常务委员会第十次会议《关于修改〈中华人民共和国建筑法〉等八部法律的决定》第二次修正。

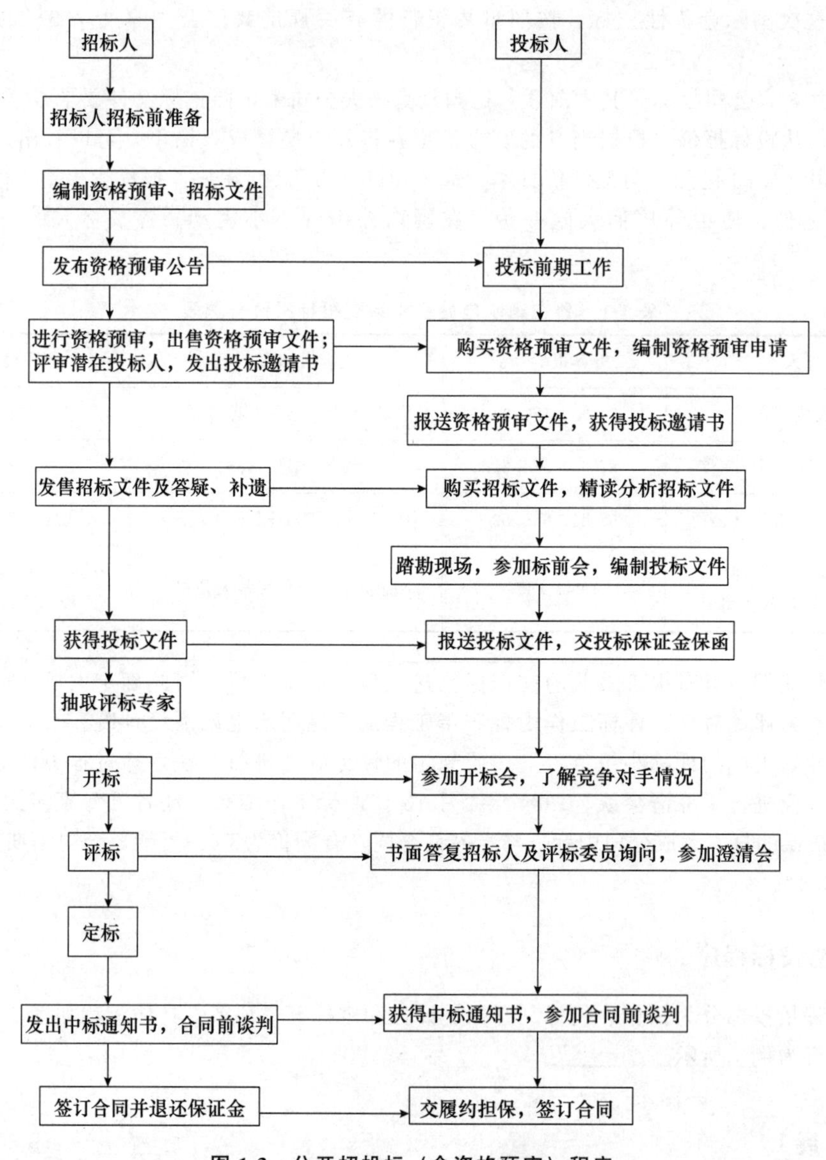

图 1-3　公开招投标（含资格预审）程序

扫描下方二维码完成练习。

学习笔记

实 训

采访对象：建设工程交易中心。

实训目的：对建设工程交易中心有感性认识，熟悉建设工程交易中心的主要职责，了解我国的建筑市场情况。

准备工作：

① 采访本；

② 录音笔；

③ 交通车辆；

④ 联系当地建设工程交易中心负责人；

⑤ 设计采访参观的过程以及要提问的问题等。

实训步骤：描述实训目标→划分小组→走访任务安排→走访建设工程交易中心→进行资料整理→撰写走访报告。

实训结果：

① 熟悉建设工程交易中心的工作氛围；

② 掌握建设工程交易中心的主要职责；

③ 编制走访报告。

注意事项：

① 学生角色扮演真实；

② 走访程序设计合理；

③ 充分发挥学生的积极性、主动性和创造性；

④ 走访前做好准备工作，对建设工程交易中心有初步的认识。

项目 2

建筑工程项目招标

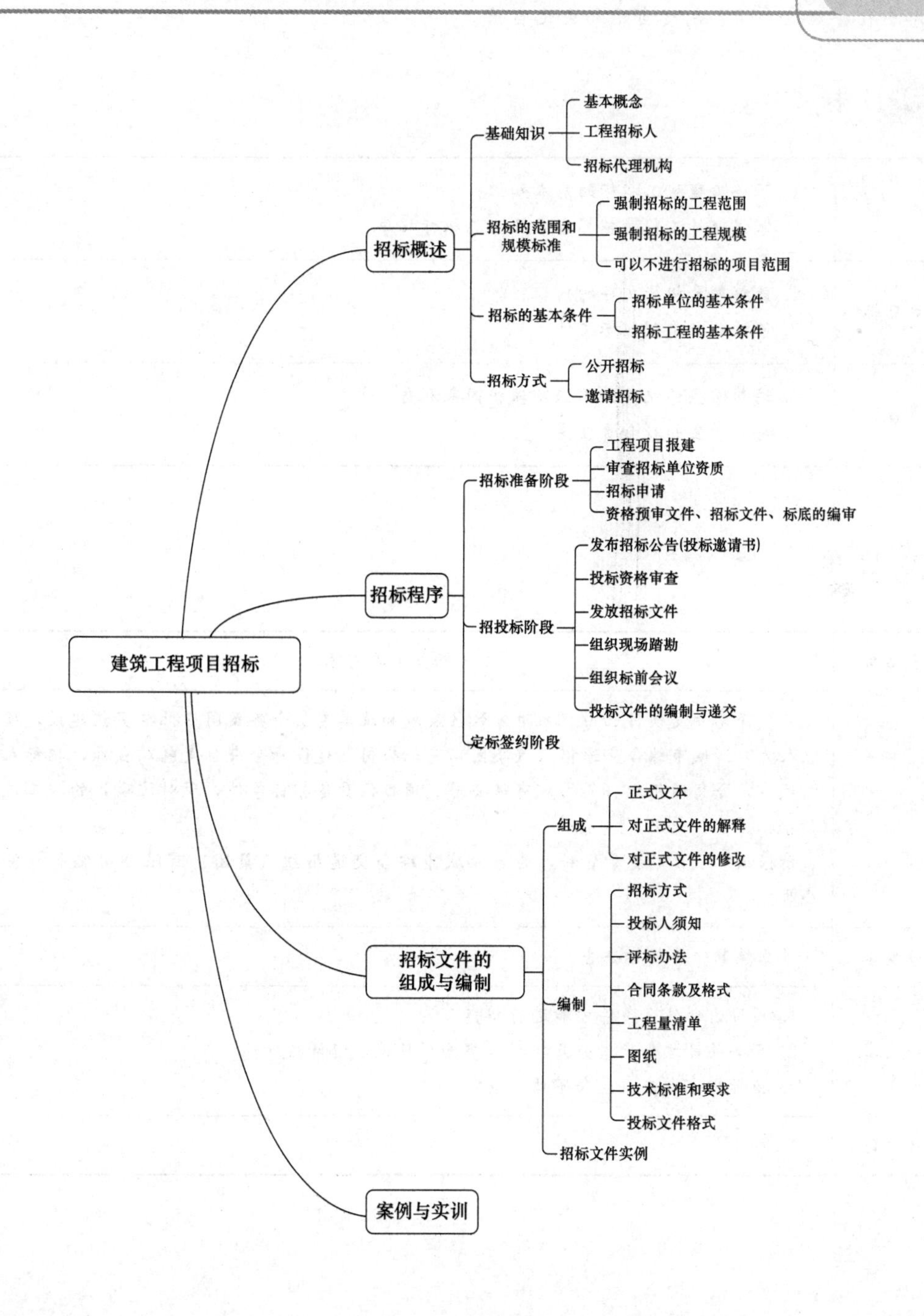
建筑工程项目招标
招标概述
基础知识
基本概念
工程招标人
招标代理机构
招标的范围和规模标准
强制招标的工程范围
强制招标的工程规模
可以不进行招标的项目范围
招标的基本条件
招标单位的基本条件
招标工程的基本条件
招标方式
公开招标
邀请招标
招标程序
招标准备阶段
工程项目报建
审查招标单位资质
招标申请
资格预审文件、招标文件、标底的编审
招投标阶段
发布招标公告(投标邀请书)
投标资格审查
发放招标文件
组织现场踏勘
组织标前会议
投标文件的编制与递交
定标签约阶段
招标文件的组成与编制
组成
正式文本
对正式文件的解释
对正式文件的修改
编制
招标方式
投标人须知
评标办法
合同条款及格式
工程量清单
图纸
技术标准和要求
投标文件格式
招标文件实例
案例与实训

思政元素

招投标是市场竞争一个非常重要的方式，能够充分体现公开、公平、公正的市场竞争原则，通过招标方式可以让众多的投标人之间进行公平竞争。

通过学习招标相关知识，在建筑工程招标过程中能够贯穿社会主义核心价值观，做到公正、法治、诚实、信用，全面深刻地认识到工程建设领域发展和人民追求美好生活之间的联系，全面深刻地认识建设中国特色社会主义的内涵和任务。更要通过国际化视野和角度，从内而外培养道路自信、理论自信、制度自信和文化自信。

学习目标

知识目标	1. 了解工程施工招标的基本知识； 2. 掌握建筑工程的招标方式及施工招标程序
能力目标	1. 能够熟悉招标文件的内容； 2. 能够独立编制招标文件
素质目标	1. 培养学生遵纪守法意识及保护国家利益； 2. 培养学生的社会责任感

任务清单

项目名称	任务清单内容
任务情境	××驿站开发项目已由××市××区发展和改革委员会备案同意批准实施建设，项目发包人为××城市综合交通枢纽（集团）有限公司，建设资金来自发包人自筹，招标人为××城市综合交通枢纽（集团）有限公司。项目已具备招标条件，现对该项目的施工进行公开招标。 请根据本项目的背景资料，为××城市综合交通枢纽（集团）有限公司编制一份招标公告
任务要求	独立编制一份招标公告
任务思考	1. 项目达到什么条件才能进行招标？ 2. 哪些项目适合采用公开招标？哪些项目适合邀请招标？ 3. 招标公告中应该包含哪些信息？
任务总结	

任务1　建筑工程施工项目招标概述

1.1　工程招标基础知识

1. 工程招标的基本概念

工程招标是招标单位就拟建设的工程项目发出要约邀请，对应邀请参与竞争的承包（供应）商进行审查、评选，并择优作出承诺，从而确定工程项目建设承包人的活动。它是招标单位订立建筑工程合同的准备活动，是承发包双方合同管理工程项目的第一个重要环节。

2. 工程招标人

《招标投标法》第八条规定："招标人是依照本法规定提出招标项目、进行招标的法人或者其他组织。"

招标人（招标单位）应当是法人或其他组织，自然人不能成为招标人。招标人具有编制招标文件和组织评标能力的，可以自行办理招标事宜。招标人不具备自行招标条件的，有权自行选择招标代理机构，委托其办理招标事宜。

3. 招标代理机构

招标代理机构是依法设立、从事招标代理业务并提供相关服务的社会中介组织（《招标投标法》第十三条）。

招标代理机构与行政机关和其他国家机关不得存在隶属关系或者其他利益关系，并应当在招标人委托的范围内办理招标事宜。

招标代理机构应当具备下列条件：

（1）有从事招标代理业务的营业场所和相应资金；

（2）有能够编制招标文件和组织评标的相应专业力量。

视频：招标代理机构

1.2　建筑工程招标的范围和规模标准

1. 强制招标的工程范围

根据《招标投标法》第三条及《必须招标的工程项目规定》（中华人民共和国国家发展和改革委员会令第16号）规定：在中华人民共和国境内进行下列工程建设项目包括项目的勘察、设计、施工、监理以及与工程建设有关的重要设备、材料等的采购，必须进行招标：

（1）大型基础设施、公用事业等关系社会公共利益、公众安全的项目。

必须招标的具体范围由国务院发展改革部门会同国务院有关部门按照确有必要、严格限定的原则制订，报国务院批准。

（2）全部或者部分使用国有资金投资或者国家融资的项目。

1）使用预算资金200万元人民币以上，并且该资金占投资额10%以上的项目；

2）使用国有企业事业单位资金，并且该资金占控股或者主导地位的项目。

（3）使用国际组织或者外国政府贷款、援助资金的项目。

1）使用世界银行、亚洲开发银行等国际组织贷款、援助资金的项目；

2）使用外国政府及其机构贷款、援助资金的项目。

前款所列项目的具体范围和规模标准，由国务院发展计划部门会同国务院有关部门制订，报国务院批准。

2. 强制招标的工程规模

根据《必须招标的工程项目规定》（中华人民共和国国家发展和改革委员会令第 16 号），上述（1）、（2）、（3）中规定范围内的项目，其勘察、设计、施工、监理以及与工程建设有关的重要设备、材料等的采购达到下列标准之一的，必须招标：

（1）施工单项合同估算价在 400 万元人民币以上；

（2）重要设备、材料等货物的采购，单项合同估算价在 200 万元人民币以上；

（3）勘察、设计、监理等服务的采购，单项合同估算价在 100 万元人民币以上。

同一项目中可以合并进行的勘察、设计、施工、监理以及与工程建设有关的重要设备、材料等的采购，合同估算价合计达到前款规定标准的，必须招标。

3. 可以不进行招标的项目范围

（1）《招标投标法》第六十六条规定："涉及国家安全、国家秘密、抢险救灾或者属于利用扶贫资金实行以工代赈、需要使用农民工等特殊情况，不适宜进行招标的项目，按照国家有关规定可以不进行招标。"

视频：建设工程招标范围

（2）《中华人民共和国招投标法实施条例》第九条规定：有下列情形之一的，可以不进行招标。

1）需要采用不可替代的专利或者专有技术；

2）采购人依法能够自行建设生产或者提供；

3）已通过招标方式选定的特许经营项目投资人依法能够自行建设、生产或者提供；

4）需要向原中标人采购工程、货物或者服务，否则将影响施工或者功能配套要求；

5）国家规定的其他特殊情形。

（3）《工程建设项目施工招投标办法》第十二条规定：依法必须进行施工招标的工程建设项目有下列情形之一的，可以不进行施工招标。

1）涉及国家安全、国家秘密、抢险救灾或者属于利用扶贫资金实行以工代赈、需要使用农民工等特殊情况，不适宜进行招标；

2）施工主要技术采用不可替代的专利或者专有技术；

3）已通过招标方式选定的特许经营项目投资人依法能够自行建设；

4）采购人依法能够自行建设；

5）在建工程追加的附属小型工程或者主体加层工程，原中标人仍具备承包能力，并且其他人承担将影响施工或者功能配套要求；

6）国家规定的其他情形。

1.3 建筑工程招标的基本条件

1. 招标单位的基本条件

建筑工程招标单位必须具备以下条件：

（1）具有项目法人资格；

（2）具有与招标项目规模和复杂程度相适应的工程技术、工程造价、财务和工程面的专业技术力量；

（3）具有从事同类工程建设项目招标的经验；

（4）设有专门的招标机构或者拥有 3 名以上专职招标业务人员；

(5) 熟悉和掌握《招标投标法》及有关法律法规。

2. 招标工程的基本条件

根据《工程建设项目施工招投标办法》，依法必须招标的工程建设项目，应当具备下列条件才能进行施工招标：

(1) 招标人已经依法成立；

(2) 初步设计及概算应当履行审批手续的，已经批准；

(3) 有相应资金或资金来源已经落实；

(4) 有招标所需的设计图纸及技术资料。

1.4 建筑工程的招标方式

根据《招标投标法》第十条，招标分为公开招标和邀请招标。

1. 公开招标

公开招标是指招标人以招标公告的方式邀请不特定的法人或者其他组织投标。

视频：公开招标

公开招标又称无限竞争性招标，招标人采用公开招标方式的，应当发布招标公告。依法必须进行招标项目的招标公告，应当通过国家指定的报刊、信息网络或者其他媒介发布。

(1) 公开招标的优点。投标的承包商多，可为承包商提供公平竞争的平台，竞争范围广，竞争激烈，使招标单位有较大的选择余地，有利于降低工程造价、缩短工期和保证工程质量。

(2) 公开招标的缺点。采用公开招标方式时，投标单位多且良莠不齐，招标工作量大，所需时间较长，组织工作复杂，需投入较多的人力、物力。因此采用公开招标方式时，对投标单位进行严格的资格预审就特别重要。

(3) 公开招标的适用范围。全部使用国有资金投资，或国有资金投资占控制地位或主导地位的项目，应当实行公开招标。一般情况下，投资额度大、工艺或结构复杂的较大型建设项目，实行公开招标较为合适。

2. 邀请招标

邀请招标是指招标人以投标邀请书的方式邀请特定的法人或者其他组织投标。

视频：邀请招标

邀请招标又称有限竞争性招标，招标人采用邀请招标方式的，应当向三个以上具备承担招标项目的能力、资信良好的特定的法人或者其他组织发出投标邀请书。

(1) 邀请招标的优点。目标集中，招标所需的时间较短，工作量较小，招标的组织工作较容易，被邀请的投标单位的中标概率较高。

(2) 邀请招标的缺点。由于参加的投标单位相对较少，竞争性较差，招标单位择优的余地较小，有可能找不到合适的承包单位。如果招标单位在选择被邀请的承包商前所掌握的信息资料不足，就会失去发现最适合承担该项目的承包商的机会，不利于招标单位获得最优报价和最佳投资效益。

(3) 邀请招标的适用范围。全部使用国有资金投资，或国有资金投资占控制或主导地位的项目，必须经国家发改委或者省级人民政府批准方可实行邀请招标；其他工程项目则由招标单位自行选用邀请招标方式或公开招标方式（表 2-1）。

表 2-1 公开招标和邀请招标方式特点对比

对比因素	公开招标	邀请招标
适用条件	适用范围广，大多数招标项目可以采用，投资额度大、工艺或结构复杂的较大型建设项目尤为适用	通常适用于技术复杂、有特殊要求或者受自然环境限制，只有少数潜在投标人可供选择的项目，或者拟采用公开招标的费用占合同金额比例过大的项目
竞争程度	属于无限竞争性招标方式，投标人之间相互竞争比较充分	属于有限竞争性招标方式，投标人之间的竞争受到一定限制
招标成本	招标时间、成本费用和社会资源消耗相对较大	招标时间、成本费用和社会资源消耗相对较小
信息发布	招标人在指定媒介以发布招标公告的方式向不特定的对象发出投标邀请	招标人以投标邀请书的方式向特定的对象发出投标邀请
优点	投标的承包商多，可为承包商提供公平竞争的平台，竞争范围广，竞争激烈，使招标单位有较大的选择余地，有利于降低工程造价、缩短工期和保证工程质量	目标集中，招标所需的时间较短，工作量较小，招标的组织工作较容易，被邀请的投标单位的中标概率较高
缺点	投标单位多且良莠不齐，招标工作量大，所需时间较长，组织工作复杂，需投入较多的人力、物力	由于参加的投标单位相对较少，竞争性较差，招标单位择优的余地较小，有可能找不到合适的承包单位。如果招标单位在选择被邀请的承包商前所掌握的信息资料不足，就会失去发现最适合承担该项目的承包商的机会，不利于招标单位获得最优报价和最佳投资效益

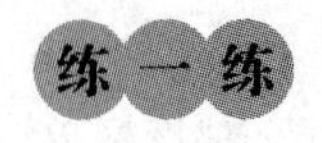

扫描下方二维码完成练习。

学习笔记

任务2 建筑工程施工项目招标程序

建筑工程施工招标程序，是指建筑工程招标活动按照一定的时间和空间顺序，以招标单位或其代理人为主进行的有关招标的活动程序。它分为招标准备阶段、招投标阶段和定标签约阶段三个阶段（表 2-2）。

表 2-2 建筑工程招投标工作流程比较

阶段	公开招标流程	邀请招标流程	招投标管理机构监管内容
招标准备阶段	1. 工程项目报建	1. 工程项目报建	备案登记
	2. 审查招标单位资质	2. 审查招标单位资质	审批发证
	3. 招标申请	3. 招标申请	审批
	4. 资格预审文件、招标文件、标底的编审	4. 招标文件、标底的编审	审定
招标投标阶段	5. 发布招标公告	5. 发出投标邀请书	
	6. 投标资格审查		复核
	7. 发放招标文件	6. 发放招标文件	
	8. 组织现场踏勘	7. 组织现场踏勘	
	9. 组织标前会议	8. 组织标前会议	现场监督
	10. 投标文件的编制与递交	9. 投标文件的编制与递交	
定标签约阶段	11. 开标	10. 开标（资格后审）	现场监督
	12. 评标	11. 评标	现场监督
	13. 定标	12. 定标	核准
	14. 签约	13. 签约	协调、审查

2.1 建筑工程施工招标准备阶段

1. 工程项目报建

根据《工程建设项目报建管理办法》第二条规定，凡在我国境内投资兴建的工程建设项目，都必须实行报建制度，接受当地住房城乡建设主管部门或其授权机构的监督管理。

2. 审查招标单位资质

资质审查主要是审查招标单位是否具备招标条件。具备招标条件的招标单位可自行办理招标事宜，并向其行政监督机关备案。不具备招标条件的招标单位必须委托具有相应资质的中介机构代理招标，招标单位与中介机构签订委托代理招标的协议，并报招标管理机构备案。

3. 招标申请

当招标人确定自行组织招标或委托代理机构代理招标以后，由招标人填写建筑工程招标申请表，并经上级主管部门批准后，连同工程建设项目报建审查登记表报招标管理机构审批。

申请表的主要内容包括工程名称、建设地点、招标建设规模、结构类型、招标范围、招标方式、要求投标企业等级、前期施工准备情况（土地征用、拆迁情况、勘察设计情况、施工现场条件等）和招标机构组织情况等。

4. 资格预审文件、招标文件、标底的编审

(1) 资格预审文件。资格预审是公开招标单位对投标单位进行的资格审查，是指在发售招标文件前，招标单位对潜在的投标单位进行资质条件、业绩、技术、资金等方面的审查。

(2) 招标文件。招标文件是由招标单位或其委托相关的中介机构编制并发布的，它既是投标单位编制投标文件的依据，也是招标单位和投标单位签订工程承包合同的基础。

(3) 标底。标底是招标单位根据招标项目的具体情况，依据国家统一的工程量计算规则、计价依据和计价办法计算出来的工程造价，是招标单位对工程项目的预期价格。标底由具有资质的招标单位自行编制或委托具有相应资质的招标代理机构编制。标底应控制在批准的总概算（或修正概算）及投资包干的限额内，由成本、利润、税金等组成。一个招标工程只能编制一个标底。

2.2 建筑工程施工招投标阶段

1. 发布招标公告（投标邀请书）

实行公开招标的工程项目，招标单位要在报纸、期刊、广播、电视等大众媒体或建设工程交易中心公告栏上发布招标公告，邀请一切愿意参加工程投标的不特定的承包商申请投标资格审查或申请投标，实行邀请招标的工程项目应向3家以上符合资质条件的、资信良好的承包商发出投标邀请书，邀请他们参加投标。

招标公告或投标邀请书应写明招标单位的名称和地址，招标工程的性质、规模、地点及获取招标文件的办法等事项。

2. 投标资格审查

招标单位或招标代理机构可以根据招标项目本身的要求，对潜在的投标单位进行资格审查。

资格审查分为资格预审和资格后审两种。资格预审是指招标单位或招标代理机构在发放招标文件前，对报名参加投标的承包商的承包能力、业绩、资格和资质、注册建造师、纳税、财务状况和信誉等进行审查，并确定合格的投标单位名单；在评标时进行的资格审查称为资格后审。两种资格审查的内容基本相同。通常，公开招标采用资格预审方法，邀请招标采用资格后审方法。

根据《中华人民共和国招标投标法实施条例》有关规定，资格预审程序如下：

(1) 编制资格预审文件。对依法必须进行招标的项目，招标人应使用相关部门制定的标准文本，根据招标项目的特点和需要编制资格预审文件。

(2) 发布资格预审公告。

(3) 发售资格预审文件。招标人应当按照资格预审公告规定的时间、地点发售资格预审文件，给潜在投标人准备资格预审文件的时间应不少于5日。

(4) 资格预审文件的澄清、修改。

(5) 组建资格审查委员会。国有资金占控股或者主导地位的依法必须进行招标的项目，招标人应当组建资格审查委员会审查资格预审申请文件。

(6) 潜在投标人递交资格预审申请文件（资格预审申请书参考范本2-1）。

范本 2-1　资格预审申请书

致：招标人名称

1. 经授权作为代表，并以（投标申请人名称）（以下称"申请人"）的名义，基于对招标公告、资格预审文件做了检查和充分的理解，本申请书签字人在此以（招标工程项目名称）中下列标段的申请人身份，向你方提出资格预审申请：

标段项目名称	标段号

（注：投标申请人应注明申请资格预审的标段或标段组合。）

2. 你方授权代表可调查、审核我方递交的与此申请相关的声明、文件和资料，并通过我方的开户银行和客户澄清申请书中有关财务和技术方面的问题。该申请书还将授权给提供与申请有关的证明资料的任何个人或机构及其授权代表，按你方的要求，提供必要的相关资料，以核实本申请中提交的或与申请人的资金来源、经验和能力有关的声明和资料。

3. 我方授权本公司在职员工________为本投标项目委托代理人（详见法人委托书和社保证明复印件），负责本项目投标过程中的质询及相关事宜。

授权委托人联系电话：

传真：

（7）资格预审审查报告。资格审查委员会应当按照资格预审文件载明的标准和方法，对资格预审申请文件进行审查，确定通过资格预审的申请人名单，并向招标人提交书面资格审查报告。

（8）资格预审结果通知。资格预审结束后，招标人应当及时向资格预审申请人发出资格预审结果通知书，向通过资格预审的申请人发出资格预审合格通知书（范本 2-2）。

范本 2-2　投标申请人资格预审合格通知书

致：预审合格的投标申请人名称

鉴于你方参加了我方组织的编号为________的（招标工程项目名称）工程（施工、设计、监理、材料、设备）投标资格预审，并经我方审定，资格预审合格，现通知你方作为资格预审合格的投标人就上述工程施工进行密封投标。并将其他有关事宜告知如下：

1. 凭本通知书于________年________月________日至________年________月________日，每天上午________时________分至________时________分，下午________时________分至________时________分（公休日、节假日除外）到（地址）购买招标文件，每份招标文件的购买费用为________元，无论是否中标，该费用不予退还。另需交纳图纸押金________元人民币，当投标人退回图纸时，该押金将同时退还给投标人（缺损另计，不计利息）。上述资料如需邮寄，可以书面形式通知招标人，并加邮费每份________元，招标人将立即以航空挂号方式向投标人寄送上述资料，但在任何情况下，如寄送的文件迟到或丢失，招标人均不对此负责。

2. 投标人应按照招标文件规定截止时间前提交______元人民币的投标保证金。投标保证金汇入的户名：__________，开户银行：________________，账号：________________________。

3. 投标文件递交的截止时间为______年______月______日______时______分，提交地点为________________，逾期送达的或不符合规定的投标恕不接受。

4. 本招标工程项目的开标会将于上述的投标截止时间的同一时间在________________公开进行，投标人的法定代表人或其委托代理人应准时参加开标会议。

5. 有关本项目投标的其他事宜，请与招标人或招标代理机构联系。

6. 收到此通知后请以书面形式予以确认。如果你方不准备参加该投标，请尽快通知我方，谢谢合作。

招 标 人：（盖章） 招标代理机构：（盖章）
办公地址： 办公地址：
邮政编码： 邮政编码：
联系电话： 联系电话：
传　　真： 传　　真：
联 系 人： 联 系 人：
日　　期：________年________月________日

3. 发放招标文件

招标单位或招标代理机构按照资格预审确定的合格投标单位名单或者投标邀请书发放招标文件。

招标文件是全面反映招标单位建设意图的技术经济文件，也是投标单位编制标书的主要依据。招标文件的内容必须正确，原则上不能修改或补充。如果必须修改或补充的，必须报招投标管理机构备案，并在投标截止前 15 天以书面形式通知每个投标单位。

4. 组织现场踏勘

现场踏勘主要是让投标人了解工程场地和周围环境情况，收集有关信息，更有利于投标人结合现场提出合理的报价。现场踏勘一般在投标预备会之前进行。现场踏勘由招标人组织，投标单位在现场踏勘中所产生的费用自行承担。

现场踏勘中招标单位应介绍以下情况：

（1）现场是否已经达到招标文件规定的条件。

（2）现场的自然条件。包括地形地貌、水文地质、土质、地下水水位及气温、风、雨、雪等气候条件。

（3）工程建设条件。工程性质和标段、可提供的施工临时用地和临时设施、料场开采、污水排放、通信、交通、电力、水源等条件。

（4）现场的生活条件和工地附近的治安情况等。

5. 组织标前会议

标前会议又称招标预备会、答疑会，主要用来澄清招标文件中的疑问，解答投标单位提出的有关招标文件和现场勘察的问题。

6. 投标文件的编制与递交

投标文件的编制与递交内容见本书项目 3　建筑工程项目投标。

2.3 建筑工程施工定标签约阶段

定标签约阶段包含开标、评标、定标、签约工作，详细内容见本书项目4 建筑工程项目开标、评标与定标。

扫描下方二维码完成练习。

学习笔记

任务3 建筑工程招标文件的组成与编制

3.1 招标文件的组成

一般来说，施工招标文件在形式上的构成，主要包括正式文本、对正式文本的解释和对正式文本的修改三部分。

1. 招标文件的正式文本

招标文件的正式文本既是投标单位编制投标文件的依据，也是招标单位与将来中标单位签订施工合同的基础，招标文件中提出的各项要求，对整个招标工作乃至承发包双方都有约束力。

施工招标文件正式文本的格式分为卷、章、节，见表2-3。

表2-3 施工招标文件正式文本格式

卷	章	节
第一卷	第一章 招标方式（招标公告或投标邀请书）	1. 招标条件；2. 项目概况与招标范围；3. 投标人资格要求；4. 招标文件获取……
	第二章 投标人须知	投标人须知前附表 1. 总则；2. 招标文件；3. 投标文件……
	第三章 评标办法	评标办法前附表 1. 评标方法；2. 评审标准……
	第四章 合同条款和格式	1. 通用合同条款；2. 专用合同条款……
	第五章 工程量清单	1. 工程量清单说明；2. 投标报价说明……
第二卷	第六章 图纸	
第三卷	第七章 技术标准和要求	
第四卷	第八章 投标文件格式	1. 投标函及投标函附录；2. 法定代表人身份证明；3. 授权委托书……

2. 对正式文件的解释

招标文件发售后，如果投标人对招标文件有不清楚之处，需要招标人澄清解释的，招标人应在规定的时间内做出书面解释，此解释作为招标文件的组成部分之一。

3. 对正式文件的修改

招标人可以对招标文件进行修改，如果有修改，必须以书面形式发送给所有的投标人，此修改或补充也是招标文件的组成部分之一。

3.2 招标文件的编制

施工招标文件一般包括招标方式（招标公告或投标邀请书）、投标人须知、评标办法、合同条款和格式、工程量清单、施工图纸、技术标准和要求、投标文件格式等。下面分别进行介绍。

1. 招标方式（招标公告或投标邀请书）

招标方式分为公开招标和邀请招标。对于投标人的要约邀请，公开招标采用在报纸、杂志上发布招标公告的形式（范本2-3）；邀请招标选用向特定的法人或其他组织发出投标邀请书的形式。其主要内容包括：

（1）招标条件；

（2）项目概况与招标范围；

（3）投标人资格要求；

（4）招标文件的获取；

（5）投标文件的投递；

（6）发布公告的媒介（邀请招标为确认）；

（7）联系方式。

范本2-3 招标公告（未进行资格预审）

第一章 招标公告（未进行资格预审）

＿＿＿＿＿＿（项目名称）＿＿＿＿＿＿招标公告

1. 招标条件

本招标项目＿＿＿＿（项目名称）＿＿＿＿已由＿＿＿＿（项目审批、核准或备案机关名称）＿＿＿＿以＿＿＿＿（批文名称及编号）＿＿＿＿批准建设，项目业主为＿＿＿＿，建设资金来自＿＿＿＿（资金来源）＿＿＿＿，项目出资比例为＿＿＿＿，招标人为＿＿＿＿。项目已具备招标条件，现对该项目的施工进行公开招标。

2. 项目概况与招标范围

2.1 建设地点：＿＿＿＿。

2.2 项目概况与建设规模：＿＿＿＿。

[提示：若设置投标人业绩资质条件，项目建设规模应体现与业绩对应的规模参数，包括但不限于：建筑面积、高度、长度、道路等级等。]

2.3 □本次招标项目工程总投资额：＿＿＿＿。

□本次招标项目合同估算金额：＿＿＿＿。

2.4 招标范围：＿＿＿＿。

[提示：招标范围应准确明了，按照项目审批、核准、备案文件采用工程专业术语进行填写。]

2.5 工期要求：＿＿＿＿日历天。

缺陷责任期要求：＿＿＿＿个月。

2.6 标段划分（如有）：＿＿＿＿。

2.7 其他：＿＿＿＿。

3. 投标人资格要求

3.1 本次招标要求投标人须具备以下条件：

3.1.1 本次招标要求投标人具备的资质条件：＿＿＿＿＿＿。

[提示：资质的设定应执行《建筑业企业资质标准》（建市〔2014〕159号）及其修订、配套、补充文件的现行规定。施工总承包工程应设定施工总承包资质；设有专业承包资质的专业工程单独发包时，应由取得相应专业承包资质的企业承担，设有专业承包资质的两个及以上专

业工程同时发包时，应当允许联合体投标；施工总承包工程中有施工总承包资质不能涵盖的工作内容的，应当允许联合体投标或分包。设置施工总承包资质的同时，不得再设置施工总承包资质已涵盖的任何专业承包资质。]

□3.1.2　本次招标要求投标人具备的业绩条件：＿＿＿＿＿＿＿＿。

[提示：(1) 工程类别的设定原则上应当满足《建筑工程分类标准》(GB/T 50841—2013)的要求，其具体要求使用至三级目录为止，具体详见《建筑工程分类标准》(GB/T 50841—2013) 附录A、附录B、附录C；(2) 采用金额为业绩条件的，其类似工程业绩金额的设定原则上不高于该招标项目估算价或经批准概算金额或最高限价的四分之三；(3) 采用工程规模的具体参数为业绩条件的，工程规模的类别设定应当采用《建筑业企业资质标准》(建市〔2014〕159号) 中"承包工程范围"中明确设立了的工程规模类别，且工程规模的具体参数原则上不高于招标项目工程规模数值的四分之三（降低了相关规模标准等级的除外），投标人提供的业绩的具体参数应大于等于该业绩条件。]

3.1.3　投标人还应在人员、设备、资金等方面具有相应的施工能力，详见招标文件第二章投标人须知前附表第1.4.1项内容。

3.2　本次招标□接受　□不接受联合体投标。联合体投标的，应满足下列要求：＿＿＿＿＿＿＿＿。

4. 招标文件的获取

4.1　本招标项目采用全流程电子招投标，投标人在投标前可在××市公共资源交易网(www.××ggzy.×××) [提示：下载地址采用其他网址的应注明，下同] 下载招标文件、工程量清单、电子图纸等资料。参与投标的投标人需在××市公共资源交易网 (www.××ggzy.×××) 完成市场主体信息登记以及CA数字证书办理，办理方式请参见××市公共资源交易网 (www.××ggzy.×××) 导航栏"主体信息"页面中"市场主体信息登记""CA数字证书办理"。若投标人未及时完成市场主体信息登记和CA数字证书办理导致无法完成全流程电子招投标的，责任自负。

4.2　投标人可在××市公共资源交易网 (www.××ggzy.×××) 本项目招标公告网页下方"我要提问"栏提出疑问，提问时间从本公告发布至＿＿年＿＿月＿＿日＿＿时＿＿分（北京时间）前。

4.3　招标人应于＿＿年＿＿月＿＿日＿＿时＿＿分（北京时间）前在××市公共资源交易网 (www.××ggzy.×××) 发布澄清。

5. 投标文件的递交

5.1　投标文件递交的截止时间（投标截止时间，下同）为＿＿年＿＿月＿＿日＿＿时＿＿分，投标人应当在投标截止时间前，通过互联网使用CA数字证书登录××市电子招投标系统，将加密的电子投标文件上传。

5.2　未按要求加密的电子投标文件，将无法上传至××市电子招投标系统，逾期未完成上传投标文件的，视为撤回投标文件。

6. 发布公告的媒介

本次招标公告同时在＿＿＿（发布公告的媒介名称）＿＿＿上发布。

[提示：依法必须进行招标项目的招标公告，必须在××市公共资源交易监督网发布。]

7. 联系方式

招　标　人：________________　　招标代理机构：________________
地　　　址：________________　　地　　　址：________________
邮　　　编：________________　　邮　　　编：________________
联　系　人：________________　　联　系　人：________________
电　　　话：________________　　电　　　话：________________
传　　　真：________________　　传　　　真：________________
电子邮件：________________　　电子邮件：________________
开户银行：________________　　开户银行：________________
账　　　号：________________　　账　　　号：________________

______年______月______日

2. 投标人须知

投标人须知包括投标人须知前附表（表 2-4）和投标须知。

投标须知主要由总则、招标文件、投标文件、投标报价、开标、评标、合同授予、重新招标和不再招标、纪律和监管及其他内容组成。

表 2-4　投标人须知前附表

条款号	条款名称	编 列 内 容
1.1.2	招标人	名称： 地址： 联系人： 电话：
1.1.3	招标代理机构	名称： 地址： 联系人： 电话：
1.1.4	项目名称	
1.1.5	建设地点	
1.2.1	资金来源	
1.2.2	出资比例	
1.2.3	资金落实情况	
1.3.1	招标范围	
1.3.2	计划工期	计划工期：________日历天 计划开工日期：______年____月____日 计划竣工日期：______年____月____日
1.3.3	质量要求	
……	……	……

（1）总则。

1）项目概况（见投标人须知前附表）。

2）资金来源和落实情况（见投标人须知前附表）。

3）招标范围、计划工期和质量要求（见投标人须知前附表）。

4）投标人资格要求（见投标人须知前附表）。

5）费用承担。投标人准备和参加投标活动发生的费用自理。

（其余内容见5.3招标文件实例。）

（2）招标文件。

1）招标文件的澄清。投标单位提出的疑问和招标单位自行澄清的内容，都应规定于投标截止时间多少日内以书面形式说明，并向各投标单位发送，投标单位收到后以书面形式确认。澄清的内容是招标文件的组成部分。

2）招标文件的修改。招标单位对招标文件的修改，修改的内容应以书面形式发送至每个投标单位，修改的内容为招标文件的组成部分，修改的时间应在招标文件中明确。

（3）投标文件。

1）投标文件的组成。投标文件是由投标函及投标函附录、法定代表人身份证明或法人的授权委托书、联合体协议书、投标保证金、已标价工程量清单、施工组织设计、项目管理机构、拟分包项目情况表、资格审查资料和投标人须知前附表规定的其他材料等内容组成。

2）投标报价。投标人应按“工程量清单”的要求填写相应报价表格。

3）投标有效期。

① 在规定投标有效期内，投标人不得要求撤销或修改其投标文件。

② 需要延长投标有效期的，招标人应以书面形式通知所有投标人。投标人同意延长的，应相应延长其投标保证金的有效期，但不得要求或被允许修改或撤销其投标文件；投标人拒绝延长的，其投标失效，但投标人有权收回其投标保证金。

4）投标保证金。

① 投标人在递交投标文件的同时，应按规定的金额、担保形式和投标保证金的保函格式递交投标保证金，并作为其投标文件的组成部分。联合体投标的，其投标保证金由牵头人递交。

② 投标人不按要求提交投标保证金的，其投标文件作废标处理。

③ 招标人与中标人签订合同后5个工作日内，向未中标的投标人和中标人退还投标保证金。

④ 有下列情形之一的，投标保证金将不予退还：

a. 投标人在规定的投标有效期内撤销或修改其投标文件；

b. 中标人在收到中标通知书后，无正当理由拒签合同协议书或未按招标文件规定提交履约担保。

5）资格审查资料。投标人在编制投标文件时，应按申请资格预审时提供的资料，以证实其各项资格条件仍能继续满足资格预审文件的要求，具备承担本标段施工的资质条件、能力和信誉。

6）备选投标方案。除另有规定外，投标人不得递交备选投标方案。只有中标人所递交的备选投标方案方可予以考虑。评标委员会认为中标人的备选投标方案优于所有投标方案的，招标人可以接受该备选投标方案。

7）投标文件的编制。投标文件的编制应符合以下要求：

① 投标文件的语言及度量单位。招标文件应规定投标文件使用何种语言：国内项目投标文件使用中华人民共和国法定的计量单位。

② 投标文件的组成。投标文件由投标函、商务和技术三部分组成，如采用资格后审还包括资格审查文件。

(4) 投标文件的递交。投标文件的递交包括以下内容：

1) 投标文件的密封和标记；

2) 投标文件的递交；

3) 投标文件递交的截止时间；

4) 迟交的投标文件将被拒绝投标并退回给投标单位；

5) 投标文件的补充、修改与撤回；

6) 资格预审申请书材料的更新。

(5) 开标。开标包括以下内容：

1) 开标时间和地点；

2) 开标程序；

3) 开标异议。

(6) 评标。评标包括以下内容：

1) 评标委员会；

2) 评标原则；

3) 评标。

(7) 合同的授予。合同的授予包括以下内容：

1) 定标方式；

2) 中标公示及中标通知；

3) 履约担保；

4) 签订合同。

(8) 重新招标和不再招标。

1) 重新招标的几种情形：

① 投标人少于三个；

② 依法必须进行招标的项目的所有投标被否决；

③ 依法必须进行招标的项目违反《招标投标法》规定，中标无效的，应当依照本法规定的中标条件从其余投标人中重新确定中标人或者依照本法重新进行招标。

2) 不再招标。重新招标的投标人仍然少于三个及无有效投标人的后续流程。

(9) 纪律和监督。

对招标人、投标人、评标委员会成员、与评标活动有关的工作人员的纪律要求及投诉。

(10) 需要补充的其他内容。

3. 评标办法

(1) 评标方法。

(2) 评审标准。

(3) 评标程序。

1) 初步评审。

2) 详细评审。

3) 投标文件的澄清和补正。

4) 评标结果。

4. 合同条款及格式

(1) 合同条款。合同条款包括通用合同条款和专用合同条款。

(2) 合同格式。合同文件格式有合同协议书、房屋建筑工程质量保修书、承包方银行履约保函或承包方履约担保书、承包方履约保证金票据、承包方预付款银行保函、发包方支付担保银行保函或发包方支付担保书等。

5. 工程量清单

工程量清单由招标人根据《建筑工程工程量清单计价规范》(GB 50500—2013)规定的工程量清单项目及计算规则、《××市建筑工程费用定额》规定的格式、《××市建筑工程造价软件数据交换标准》规定的计价软件与××市电子招投标系统平台实现数据交换和对接的要求、本招标文件相关的具体规定,以及招标项目具体特点和实际需要编制,并与"投标人须知""通用合同条款""专用合同条款""技术标准和要求""图纸"相衔接。

6. 图纸

图纸由招标人根据招标项目具体特点和实际需要编制,并与"投标人须知""通用合同条款""专用合同条款""技术标准和要求"相衔接。

7. 技术标准和要求

技术标准和要求由招标人根据招标项目具体特点和实际需要编制。"技术标准和要求"中的各项技术标准应符合国家强制性标准,不得要求或标明某一特定的专利、商标、名称、设计、原产地或生产供应者,不得含有倾向或者排斥潜在投标人的其他内容。如果必须引用某一生产供应者的技术标准才能准确或清楚地说明拟招标项目的技术标准,则应当加上"参照"或"相当于"字样。

8. 投标文件格式

投标文件由投标函部分、商务部分、技术部分和资格审查部分四部分组成。

(1) 投标函部分。

(2) 商务部分。即已标价工程量清单。

(3) 技术部分。即施工组织设计,还包括下列附表:拟投入本标段的主要施工设备表,拟配备本标段的试验和检测仪器设备表,劳动力计划表,计划开、竣工日期和施工进度网络图,施工总平面图,临时用地表等。

(4) 资格审查部分。主要包括法定代表人身份证明及授权委托书、联合体协议书、投标人基本情况表、项目管理机构、近年财务状况表、近年完成的类似项目情况表、正在施工的和新承接的项目情况表、拟分包项目情况表、近年发生的诉讼和仲裁情况、其他资料等。

3.3 招标文件实例

第一章　招标公告

<u>××七星华庭建筑工程一期</u>招标公告

1. 招标条件

本招标项目<u>××七星华庭建筑工程一期</u>已在<u>土家族苗族自治县发展和改革委员会</u>备案<u>(××市企业投资项目备案证项目代码:2301－500241－04－01－450700)</u>,项目业主为<u>秀城投资集团有限公司</u>,建设资金来自<u>银行贷款和企业自筹</u>,项目出资比例为<u>100%</u>,招标人为<u>秀城投资集团有限公司</u>。项目已具备招标条件,现对<u>该项目的施工</u>进行公开招标。

2. 项目概况与招标范围

2.1 建设地点：××县中和街道七星片区（县医院正对面）。

2.2 项目概况与建设规模：总建筑面积82 238.29平方米，其中地上建筑面积60 276.78平方米，地下建筑面积21 960.51平方米，共7栋，详见施工图。

2.3 本次招标项目合同估算金额：约20 000万元。

2.4 招标范围：本次招标活动所提供的××建筑工程施工设计图纸所示范围内各类居住用房、配套用房、公建用房、地下车库及地上架空层所涉及的地基与基础、主体结构、建筑屋面、建筑外立面装饰、建筑室内公共区域装饰、给水排水、电气（含建筑照明）、通风与暖通、消防、防雷、景观工程、智能化及其他附属工程等，以及招标人提供的答疑资料、澄清资料、其他补遗资料等相关内容。

2.5 工期要求：720日历天。

缺陷责任期要求：24个月。

2.6 标段划分（如有）：＿＿/＿＿。

2.7 其他：＿/＿。

3. 投标人资格要求

3.1 本次招标要求投标人须具备以下条件：

3.1.1 本次招标要求投标人具备的资质条件：具备住房城乡建设主管部门颁发的建筑工程施工总承包二级及以上资质。

3.1.2 本次招标要求投标人具备的业绩条件：无。

3.1.3 投标人还应在人员、设备、资金等方面具有相应的施工能力，详见招标文件第二章投标人须知前附表第1.4.1项内容。

3.2 本次招标不接受联合体投标。

4. 招标文件的获取

4.1 本招标项目采用全流程电子招投标，投标人在投标前可在××市公共资源交易网（www.××ggzy.×××）下载招标文件、工程量清单、电子图纸等资料。参与投标的投标人需在××市公共资源交易网（www.××ggzy.×××）完成市场主体信息登记以及CA数字证书办理，办理方式请参见××市公共资源交易网（www.××ggzy.×××）导航栏“主体信息”页面中“市场主体信息登记”“CA数字证书办理”。若投标人未及时完成市场主体信息登记和CA数字证书办理导致无法完成全流程电子招投标的，责任自负。

4.2 投标人可在附件招标公告规定的时限内在××市公共资源交易网（www.××ggzy.×××）本项目招标公告网页下方“我要提问”栏提出疑问。

4.3 招标人应在附件招标公告规定的时限内在××市公共资源交易网（www.××ggzy.×××）发布澄清或修改。

5. 投标文件的递交

5.1 投标文件递交的截止时间（投标截止时间，下同）详见附件招标公告规定的投标截止时间，投标人应当在投标截止时间前，通过互联网使用CA数字证书登录××市电子招投标系统，将加密的电子投标文件上传。

5.2 未按要求加密的电子投标文件，将无法上传至××市电子招投标系统，逾期未完成上传投标文件的，视为撤回投标文件。

6. 发布公告的媒介

本次招标公告同时在××市公共资源交易监督网、××市公共资源交易网、××市公共资源交易网（××县）上发布。

7. 联系方式

招标人：××市秀城投资集团有限公司
地　址：××市××县中和街道东风路192号
联系人：凌老师
电　话：023－768836××

招标代理机构：华瑞国际项目管理有限公司
地　址：××市××区上丁企业公园29栋
联系人：谭老师
电　话：023－603616××

××××年××月××日

第二章　投标人须知前附表

正文内容不允许修改。若投标人须知前附表与正文有不一致的地方，以投标人须知前附表为准。

条款号	条款名称	编列内容
1.1.2	招标人	名称：××秀城投资集团有限公司 地址：××市××县中和街道东风路192号 联系人：凌老师 电话：023－768836××
1.1.3	招标代理机构	名称：华瑞国际项目管理有限公司 地址：××市××区上丁企业公园29栋 联系人：谭老师 电话：023－603616××
1.1.4	项目名称	××七星华庭建筑工程一期
1.1.5	建设地点	××县中和街道七星片区（县医院正对面）
1.1.6	建设规模	总建筑面积8 2238.29平方米，其中地上建筑面积60 276.78平方米，地下建筑面积21 960.51平方米，共7栋，详见施工图
1.2.1	资金来源	银行贷款和企业自筹
1.2.2	出资比例	100％
1.2.3	资金落实情况	已落实
1.3.1	招标范围	本次招标活动所提供的七星华庭建筑工程施工设计图纸所示范围内各类居住用房、配套用房、公建用房、地下车库及地上架空层所涉及的地基与基础、主体结构、建筑屋面、建筑外立面装饰、建筑室内公共区域装饰、给水排水、电气（含建筑照明）、通风与暖通、消防、防雷、景观工程、智能化及其他附属工程等，以及招标人提供的答疑资料、澄清资料、招标文件总则、其他补遗资料等相关内容
1.3.2	计划工期 缺陷责任期	计划工期：720日历天 缺陷责任期：24个月
1.3.3	质量要求	符合强制性质量标准，符合国家和××市现行有关施工质量验收规范要求，并达到合格标准

续表

条款号	条款名称	编列内容
1.4.1	投标人资质条件、能力和信誉	招标人可取消其中标资格，但若对招标人造成损失的，投标人依法承担违约赔偿责任。 投标人须在投标文件资格审查部分提供承诺（承诺格式见第八章投标文件格式）。 委托代理人必须为投标人本单位人员。 投标人须在投标文件资格审查部分提供投标人为该委托代理人缴纳的养老保险证明。否则，将由评标委员会作否决投标处理。 特别说明： （1）上述要求必须提交的相关证明材料均为扫描件（原件或复印件的扫描件均可），扫描件须清晰可辨，有一条不满足，则投标文件由评标委员会作否决投标处理。 （2）投标人必须自行承诺其提供的上述相关证明材料真实有效，不存在弄虚作假情形（格式见第八章投标文件格式）。招标人在合同签订前均有权对投标人提供的资料进行核实，若发现弄虚作假，按相关规定取消其中标资格，并按相关法律法规报招投标监督部门，其投标保证金不予退还，投标人承担因此造成的相关责任并赔偿相应损失。 （3）本招标文件中所要求的人员养老保险证明要求如下： ① 企业提供养老保险证明，事业单位提供养老保险证明或行政主管部门在编证明。 ② 项目经理、项目技术负责人和委托代理人的连续养老保险证明期限须包含××××年××月至××××年××月。提供的养老保险参保证明必须体现上述人员的姓名、身份证号（或社保号）、单位名称、本单位参保时间（或起始参保时间），并带有社保部门公章或社保部门的有效电子印章
1.4.2	是否接受联合体投标	不接受
1.9.1	踏勘现场	不组织
1.10.1	投标预备会	不召开
1.11	分包	允许，分包内容要求：非主体、非关键性工作进行分包的，应按照相关法律法规及规范性文件执行，不得违法分包。 分包金额要求： 接受分包的第三人资质要求：
2.1	构成招标文件的其他材料	招标人发出的澄清及修改
2.2.1	投标人对招标文件提出疑问的截止时间	投标人应仔细阅读招标文件及附件的所有内容，如有文字表述不清，图纸尺寸标注不明以及存在错、漏、缺、概念模糊和有可能出现歧义或理解上的偏差的内容等应在招标公告规定的时间前在本项目招标公告网页下方“我要提问”栏提交
2.2.2	招标人对招标文件澄清的截止时间	招标人应在招标公告规定的时间前，在××市公共资源交易网（www.××ggzy.×××）发布澄清
	投标截止时间	详见招标公告规定的投标截止时间

续表

条款号	条款名称	编列内容
2.2.3	招标人对招标文件进行修改的时间	修改内容可能影响投标文件编制的，须在投标截止时间15日前发布，发布时间至投标截止时间不足15日的，必须相应延后投标截止时间
2.2.4	投标人对招标文件及澄清修改提出异议的截止时间	投标人对招标文件和澄清修改有异议的，应当在投标截止时间10日前，通过××市电子招投标系统提出。招标人应当自收到异议之日起3日内做出答复，答复内容可能影响投标文件编制的，将以修改的形式于投标截止时间15日前在××市公共资源交易网（www.××ggzy.×××）澄清修改区发布，发布时间至投标截止时间不足15日的，必须相应延后投标截止时间
3.1.1	构成投标文件的其他材料	投标人的书面澄清、说明和补正（但不得改变投标文件的实质性内容）
3.2	投标报价	1. 使用国有资金投资的建筑工程发承包，必须采用工程量清单计价。工程量清单应采用综合单价计价。 2. 投标人应按《建筑工程工程量清单计价规范》（GB 50500—2013）及××市相关工程量清单计价规则的要求填写相应清单表格。投标人应按本须知、《××市建筑工程费用定额》《××市住房和城乡建设委员会关于适用增值税新税率调整建筑工程计价依据的通知》和第五章“工程量清单”的要求填写相应清单表格。投标人的投标报价应是本章投标人须知前附表第1.3.1项中所述的本工程合同段招标范围内的全部工程的投标报价，并以投标人在工程量清单中提出的单价或总价1为依据。 3. 投标人应认真填写工程量清单中所列的本合同各工程子目的单价或总价。投标人没有填入单价或总价的工程子目，招标人将认为该子目的价款已包括在工程量清单其他子目的单价和总价中。投标人必须按招标工程量清单填报价格。项目编码、项目名称、项目特征、计量单位、工程量必须与招标工程量清单一致。否则交由评标委员会作否决投标处理。 注：评标过程中，评标委员会可以运用评标系统辅助工具对投标人投标工程量清单进行清标。当清标结果显红时，评标委员会应深入了解显红的原因后，对照招标文件否决投标情况一览表的规定，对确实不满足招标文件相关要求的，方可作否决投标处理。 4. 投标函中的总报价与已标价工程量清单总报价不一致，或工程量清单总报价与依据单价、工程量、分部分项工程合价计算出的结果不一致，由评标委员会作否决投标处理 5. 在合同实施期间，单价和总价按专用合同条款第十一条的规定可调整；增值税计税方法由招标人依据国家税法规定选择一般计税法 6. 如发现工程量清单中的数量与图纸中数量不一致，应于本须知第2.2.3项中规定的时间前书面通知招标人核查，除非招标人以修改的形式予以更正，否则，应以工程量清单中列出的数量为准。 7. 招标人在工程量清单中所列出的暂列金额、暂估价等暂定金额，投标人不得修改，否则由评标委员会作否决投标处理。 8. 本工程招标将设置投标总报价最高限价，投标总报价最高限价在开标前15日公布，投标人的投标总报价不得超过投标总报价最高限价，否则由评标委员会作否决投标处理。

续表

条款号	条款名称	编 列 内 容
3.2	投标报价	本工程招标将设置全部清单综合单价最高限价，投标人的每项清单综合单价报价不得超过每项清单综合单价最高限价，否则由评标委员会作否决投标处理。 9. 安全文明施工费： 9.1 根据××市城乡建设委员会关于印发《××市建筑工程安全文明施工费计取及使用管理规定》的通知，安全文明施工费由安全施工费、文明施工费、环境保护费及临时设施费组成。 9.2 本工程安全文明施工费由招标人根据《建筑工程工程量清单计价规范》(GB 50500—2013)、《××市建筑工程工程量清单计价规则》《××市建筑工程安全文明施工费计取及使用管理规定的通知》《××市住房和城乡建设委员会关于调整建设施工现场形象品质提升安全文明施工费计取的通知》《××市建筑工程费用定额》《××市住房和城乡建设委员会关于适用增值税新税率调整建筑工程计价依据的通知》的相关规定和费用标准单列计算，安全文明施工费为暂定金额，与最高限价一起公布。《投标函》中的安全文明施工费金额或工程量清单中安全文明施工费的汇总金额未按照招标人给出的暂定金额填报的，视为对招标文件不作实质性响应，其投标文件由评标委员会作否决投标处理。注：采用全费用清单计价的项目，安全文明施工费仅针对《投标函》中的安全文明施工费进行评审。 10. 本工程所需材料（含设备）价格由投标人参照××市建筑工程造价管理总站发布的《××工程造价信息》或工程造价管理机构发布的工程造价信息（造价信息引用时限为招标公告发布日期前一期），并结合市场行情及自身实力进行自主报价。 11. 本项目建筑安装材料价格风险按照《××市城乡建设委员会关于进一步加强建筑安装材料价格风险管控的指导意见》执行。本项目主要材料及设备价格风险内容、范围及调整方法为：详见合同条款。 12. 本项目所采用技术、工艺和产品等必须执行××市住房和城乡建设委员会关于发布《××市建设领域禁止、限制使用落后技术通告（2019 年版）》的规定。 13. 本工程主体结构若需混凝土，则必须使用商品混凝土，不得自建搅拌站。 14. 为确保工程质量投标人已标价工程量清单必须响应：本工程所需的主要材料（设备）须采用招标人给出的“主要材料（设备）参考品牌明细表”规定品牌的产品或采用与之相同档次的其他品牌的产品。若中标人选用与之相同档次的其他品牌的产品，则应在采购前 14 日内将所采购材料（设备）的厂家、技术参数、品牌、质量等级等技术指标以书面形式通知招标人，招标人收到中标人的书面报告后 7 日内予以确认，经招标人认质、封样（若有必要）后中标人方可采购进场。招标人认为中标人所使用的材料（设备）品质存在质量缺陷，或者偏离图纸及规范要求（以招标人和监理单位的书面意见为准），不能适用于本工程的需要，招标人有权在“主要材料（设备）参考品牌明细表”中规定的该材料（设备）品牌范围内指定某一种品牌产品要求中标人使用，招标人不会因更换材料（设备）品牌而调整材料价格及相关费用；

续表

<table>
<tr><th>条款号</th><th>条款名称</th><th colspan="5">编 列 内 容</th></tr>
<tr><td rowspan="24">3.2</td><td rowspan="24">投标报价</td><td colspan="5">若中标人拒绝按招标人要求更换的，则该类材料（设备）将改为由招标人确定的第三方单位予以供货，招标人将收取中标人投标报价中所涉及的该类材料费的10%作为违约金，并按招标人实际支付的该类材料（设备）货款从中标人的结算价款中予以扣除。
主要材料（设备）参考品牌明细表</td></tr>
<tr><td>序号</td><td>材料（设备）名称</td><td>品牌（厂家）</td><td>规格</td><td>备注</td></tr>
<tr><td>1</td><td>可视对讲及家居报警系统</td><td>安××、冠×、立×、利×、××同方、视××、海×</td><td rowspan="22">表中未标注材料（设备）规格的，请参见施工设计图纸中标注的规格或技术参数</td><td></td></tr>
<tr><td>2</td><td>视频监控系统</td><td>大×、海×、汉×、宇×、天地×</td><td></td></tr>
<tr><td>3</td><td>防盗报警系统</td><td>霍尼××、海×、大×、赛×、艾××、豪×</td><td></td></tr>
<tr><td>4</td><td>背景音乐系统</td><td>中×、伟××、创斯×</td><td></td></tr>
<tr><td>5</td><td>巡更管理系统</td><td>蓝×、V××、金××</td><td></td></tr>
<tr><td>6</td><td>门禁管理系统</td><td>捷×、千×、立×、克×、富×、科×</td><td></td></tr>
<tr><td>7</td><td>停车场管理系统</td><td>捷×、千×、立×、克×、富×、科×</td><td></td></tr>
<tr><td>8</td><td>机房工程</td><td>UPS：A×、山×、山×、英××；静电地板：×飞、×秀、××环球</td><td></td></tr>
<tr><td>9</td><td>工程线缆</td><td>沃×、韩×、豪×、天×、红×、赛×</td><td></td></tr>
<tr><td>10</td><td>工作站、服务器</td><td>联×、××、H×</td><td></td></tr>
<tr><td>11</td><td>交换机</td><td>华×、锐×、中×</td><td></td></tr>
<tr><td>12</td><td>机柜</td><td>图×、日×、××保镖、×图</td><td></td></tr>
<tr><td>13</td><td>塑钢型材</td><td>海×、柯×令、好喜、维卡</td><td></td></tr>
<tr><td>14</td><td>铝合金型材</td><td>伟×、坚×、××铝、×鱼、×螺</td><td></td></tr>
<tr><td>15</td><td>入户门</td><td>五×、金×</td><td></td></tr>
<tr><td>16</td><td>外墙漆</td><td>欧×、嘉×莉、百×</td><td></td></tr>
<tr><td>17</td><td>门窗五金件</td><td>汇×龙、坚×、雅×金、东×</td><td></td></tr>
<tr><td>18</td><td>防水材料</td><td>××顺、×高、×羊、碧×、金×、×顺</td><td></td></tr>
<tr><td>19</td><td>线材</td><td>南方×兔、×丰、神舟×、重×</td><td></td></tr>
<tr><td>20</td><td>管材</td><td>联×、×斯顿、×牛、万×、×联</td><td></td></tr>
<tr><td>21</td><td>单元门</td><td></td><td></td></tr>
<tr><td>22</td><td>防火门（设备房、井道）</td><td></td><td></td></tr>
</table>

续表

条款号	条款名称	编　列　内　容
3.3.1	投标有效期	90日历天（从提交投标文件截止日起计算）
3.4	投标保证金	投标保证金的交纳方式：投标人可选择以下三种方式之一。 方式一： 一、以电子投标保函形式交纳投标保证金 1. 电子投标保函交纳形式及要求：投标人在投标截止时间前通过××市公共资源交易金融服务平台电子投标保函系统向金融机构申请开具电子投标保函，电子投标保函应至少体现如下内容：①担保项目必须为本项目；②受益人必须为本项目招标人；③保函担保金额必须满足本项目要求；④保函生效时间必须在投标截止时间前，有效期限必须至少包含整个投标有效期；⑤保函须不可撤销且见索即付。 若投标截止时间延期，则电子投标保函提交的截止时间和投标截止时间应当保持一致。 不满足上述要求的电子投标保函无效。 2. 以电子投标保函形式担保的投标保证金的金额：100万元整（人民币），××市工程建设领域招投标守信激励对象名单（以下简称红名单）中的投标人投标保证金金额为应缴纳金额的50%；联合体投标的，须联合体牵头人在红名单中。投标人是否属于红名单，以开标环节信用状况查询结果为准。 3. 电子投标保函以××市公共资源交易中心开标现场展示的电子投标保函交纳情况为准，投标人在投标时无须再提供电子投标保函的相关资料。 4. 若投标人为联合体，则由联合体牵头人提供电子投标保函。 二、电子投标保函的注销 招标人应当在法定时间内确定中标人。招标人应当在中标通知书发出后2个工作日内将中标通知书和电子投标保函退还通知抄告××市公共资源交易中心，××市公共资源交易中心在收到电子投标保函退还通知后2个工作日内，将保函注销信息推送给××市公共资源交易金融服务平台，由保函出具机构注销除中标人和中标候选人以外的投标人电子投标保函。 招标人应当在法定时间内和中标人签订合同。招标人应当在合同生效后2个工作日内将签订的合同和电子投标保函退还通知抄告××市公共资源交易中心，××市公共资源交易中心在收到电子投标保函退还通知后2个工作日内，将保函注销信息推送给××市公共资源交易金融服务平台，由保函出具机构注销中标人和中标候选人的电子投标保函。 方式二： 一、以转账支票或电汇形式交纳投标保证金 1. 投标保证金交款形式及要求：投标人从企业的基本账户（开户行）在投标截止时间前通过转账支票直接划付或以电汇方式直接划付至下面指定的投标保证金账户。若投标截止时间延期，则投标保证金提交的截止时间和投标截止时间应当保持一致。不满足上述要求的投标保证金无效。 投标人自行考虑汇入时间风险，如同城汇入、异地汇入、跨行汇入的时间要求。 2. 以转账支票或电汇形式提交投标保证金的金额：100万元整（人民币），红名单中的投标人投标保证金金额为应缴纳金额的50%；联合体投标的，须联合体牵头人在红名单中。投标人是否属于红名单，以开标环节信用状况查询结果为准

续表

条款号	条款名称	编 列 内 容
3.4	投标保证金	3. 投标保证金账户及账号（任选其一）： 详见××市公共资源交易网（www.××ggzy.×××）对应本项目招标公告信息栏中的保证金信息。 投标保证金以××市公共资源交易中心开标现场展示的保证金交纳情况为准。投标人须在投标文件资格审查部分“其他资料”中提供企业基本账户开户证明文件。 4. 投标人必须在付款凭证备注栏中注明是“××七星华庭建筑工程一期项目投标保证金”。项目名称可简写成七星华庭。 5. 投标保证金有效期与投标有效期一致。 6. 根据××市公共资源交易中心《关于开展公共资源交易市场主体信息登记工作的公告》的要求，投标人在开标前需在××市公共资源交易网（www.××ggzy.×××）办理市场主体信息登记手续。因故未能提前办理市场主体信息登记或更新的，评标过程中由评标委员会根据投标人在投标文件中提供的企业基本账户开户证明文件核实其投标保证金是否由基本账户转入，未从基本账户转入的，由评标委员会作否决投标处理。 7. 若投标人为联合体，则由联合体牵头人提交投标保证金。 二、投标保证金的退还 招标人应当在法定时间内确定中标人。招标人应当在中标通知书发出后2个工作日内将中标通知书和保证金退还通知抄告××市公共资源交易中心，××市公共资源交易中心在收到保证金退还通知后2个工作日内，向除中标人和中标候选人以外的投标人，退还投标保证金及银行同期活期存款利息。 招标人应当在法定时间内和中标人签订合同。招标人应当在合同生效后2个工作日内将签订的合同和保证金退还通知抄告××市公共资源交易中心，××市公共资源交易中心在收到保证金退还通知后2个工作日内，向中标人和中标候选人退还投标保证金及银行同期活期存款利息。 投标保证金专用账户由××市公共资源交易中心制定，关于保证金相关情况的问题请咨询××市公共资源交易中心，联系电话023－××××0072。 方式三： 一、以纸质投标保函形式交纳投标保证金 1. 纸质投标保函交纳形式及要求： （1）缴纳形式：纸质投标保函包括银行保函、保证保险，其示范文本详见第八章投标文件格式。投标人提交的纸质投标保函不得对示范文本中的实质性内容进行修改。 （2）具体要求：纸质投标保函的开立人应当是具有相应资格的银行、保险机构，其信用资质、履约能力、担保能力、赔付流程、安全保密等应符合工程保函业务条件。纸质投标保函应合法合规，符合招投标行政监督部门、行业主管部门和金融监管部门的相关规定，满足招标文件约定要求。投标人应选择在××市依法设立总部或者设有分支机构的金融机构开具纸质投标保函。投标人对所提交的纸质投标保函的真实性、合法性、有效性负责。 投标人须在投标文件资格审查部分“其他资料”中提供纸质投标保函扫描件，纸质投标保函原件应当于投标截止时间前在开标现场递交招标人保管。 若投标截止时间延期，则纸质投标保函递交的截止时间和投标截止时间保持一致。 不满足上述要求的纸质投标保函无效

续表

条款号	条款名称	编　列　内　容
3.4	投标保证金	2. 以纸质投标保函形式担保的投标保证金的金额：100万元整（人民币），红名单中的投标人投标保证金金额为应缴纳金额的50%；联合体投标的，须联合体牵头人在红名单中。投标人是否属于红名单，以开标环节信用状况查询结果为准。 3. 投标人须在纸质投标保函中注明在××市辖区范围内的核验地址和核验方式，并确保其递交的纸质投标保函能在开立人在××市的总部或者分支机构进行核验。 4. 投标人在开标现场递交的纸质投标保函原件应与投标文件中提供的纸质投标保函扫描件一致，否则由评标委员会作否决投标处理。 5. 在发出中标通知书前，招标人应当对投标人（至少中标候选人或中标人）递交的纸质投标保函的真实性、合法性、有效性进行核验，对核验不合格或无法按纸质投标保函注明的核验地点、核验方式进行核验的，视为投标人未提交纸质投标保函，对已取得中标候选人资格或中标资格的投标人，按相关规定取消中标候选人资格或中标资格，给招标人造成损失的，投标人依法承担赔偿责任。投标人提交的纸质投标保函涉及弄虚作假或其他违法违规情形的，移送相关部门处理。 6. 若投标人为联合体，则由联合体牵头人提供纸质投标保函。 二、纸质投标保函的退还、注销 招标人应当在法定时间内确定中标人，向中标人发出中标通知书，同时向除中标候选人以外的其他投标人退还纸质投标保函并书面通知相关金融机构本项目准予提前注销纸质投标保函。具体注销事宜由投标人与金融机构协商。 招标人应在法定时间内和中标人签订合同，并同时书面通知相关金融机构向中标人和其他中标候选人注销纸质投标保函。具体注销事宜由投标人与金融机构协商
3.6	是否允许递交备选投标方案	不允许
3.7.1	投标文件格式要求	编制投标文件时不得对第八章“投标文件格式”的相应要素作实质性修改，否则视为重大偏差，由评标委员会作否决投标处理
3.7.3	签名盖章要求	投标文件应使用专用的“新点投标文件制作软件（××版）”编制而成。第八章投标文件格式要求法定代表人或其委托代理人签名（或盖章）的须齐全，要求签名的，签名采用手写签名或签章或加盖CA数字证书均可，要求加盖单位法人章的，应使用CA数字证书加盖投标人的单位电子印章。 未按上述规定执行的，交由评标委员会作否决投标处理
3.7.4	投标文件的份数	本工程采用全流程电子招投标，投标人提供的投标文件为：加密电子投标文件（网上递交）一份
3.7.5	编制要求	具体要求： （1）投标函部分。应按照第八章规定格式排版，原则上应编制目录，但不得将目录编制作为评审因素。 （2）经济部分。应按照第八章规定格式排版，原则上应编制目录，但不得将目录编制作为评审因素。 （3）资格审查部分。应按照第八章规定格式排版，原则上应编制目录，但不得将目录编制作为评审因素

续表

条款号	条款名称	编列内容
4.1.1	投标文件的密封	电子投标文件的加密： 加密的电子投标文件应按照本章第4.1.3项要求制作并加密，未按要求加密的电子投标文件，将无法上传至××市电子招投标系统，逾期未完成上传投标文件的，视为撤回投标文件。 投标人如需递交不加密电子投标文件，应用"投标文件"袋单独封装，并在封口处加盖投标人单位法人章，同时"投标文件"袋应按本表第4.1.2项的规定写明相应内容。"投标文件"袋未按要求密封的，招标人或代理机构应该拒收
4.1.2	封套上写明	应在"投标文件"袋封套上写明如下内容： 招标人名称：________ 投标人名称：________ (项目名称)投标文件在____年____月____日____时____分前不得开启
4.2.2	递交投标文件地点	投标人应当在投标截止时间前，通过互联网使用CA数字证书登录××市电子招投标系统，将加密的电子投标文件上传。 特别注意：投标人如需现场递交不加密电子投标文件（光盘备份）等备用资料，则须在投标截止时间前递交，递交地点为××市××县公共资源交易中心开标区（具体请登录××市公共资源交易网（××县）查询或递交文件当日见交易中心大厅电子显示屏）
4.2.3	是否退还投标文件	否
5.1.1	开标时间和地点	开标时间：同投标截止时间。 开标地点：××市××县公共资源交易中心开标室（具体请登录××市公共资源交易网（××县）查询或递交文件当日见交易中心大厅电子显示屏）。 特别注意：解密投标文件需使用加密电子投标文件的CA数字证书。投标人代表可携带该CA数字证书到开标现场完成投标文件解密工作，或通过互联网使用该CA数字证书登录××市电子招投标系统，采用远程解密的方式在投标须知前附表规定的时间内完成投标文件解密工作

知识拓展

视频：招投标过程中的时间要求

(1) 招标时间相关规定如图2-1所示。

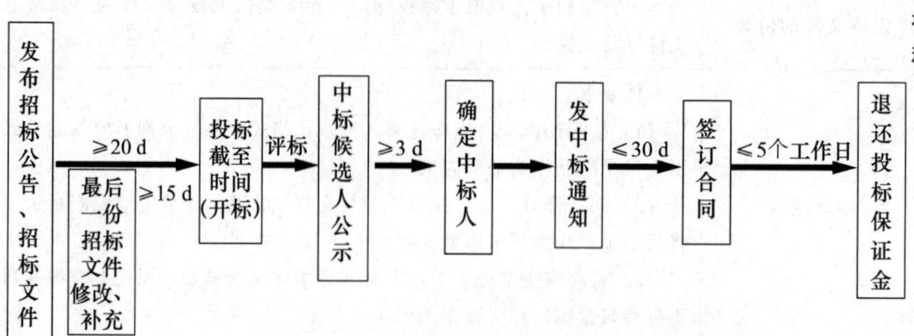

图2-1 招标时间相关规定

1）招标人自行办理招标的，招标人在发布招标公告或投标邀请书5日前，应向建设行政主管部门办理招标备案。建设行政主管部门自收到备案资料之日起5个工作日内没有异议的，招标人可以发布招标公告或投标邀请书；不具备招标条件的，责令其停止办理招标事宜。

2）招标人对招标文件的修改内容可能影响投标文件编制的，须在投标截止时间15日前发布，发布时间至投标截止时间不足15日的，须相应延后投标截止时间。

(2)《招标投标法》第十二条规定，招标人有权自行选择招标代理机构，委托其办理招标事宜。任何单位和个人不得以任何方式为招标人指定招标代理机构。

招标人具有编制招标文件和组织评标能力的，可以自行办理招标事宜。任何单位和个人不得强制其委托招标代理机构办理招标事宜。

扫描下方二维码完成练习。

学习笔记

实 训

案例一

某大型工程项目由政府投资建设，业主委托某招标代理公司代理施工招标。招标代理公司确定该项目采用公开招标方式招标，招标公告在当地政府规定的招标信息网上发布。

业主对招标代理公司提出以下要求：为了避免潜在的投标人过多，项目招标公告只在本市日报上发布，且采用邀请招标方式招标。

项目施工招标信息发布以后，共有12家潜在的投标人报名参加投标。业主认为报名参加投标的人数太多，为减少评标工作量，要求招标代理公司仅对报名的潜在投标人的资质条件、业绩进行资格审查。

业主对招标代理公司提出的要求是否正确？说明理由。

案例二

某省政府投资2 500万元建设该省信息中心办公楼，按照《建筑业企业资质管理规定》，该工程可由具备房屋建筑工程施工总承包三级及以上的企业承担。招标人在“中国工程建设和建筑业信息网”上发布了招标公告，其内容全文如下。

××省信息中心办公楼工程，建筑面积为8 856 m^2，地上6层，地下1层，现浇框架—剪力墙结构，现对该工程施工总承包进行公开招标。

1. 招标范围

图纸范围内全部内容，详见招标文件。

2. 投标人资格要求

(1) 投标人须具备房屋建筑工程施工总承包三级资质，有类似项目业绩，并在人员、设备、资金等方面具有相应的施工能力；

(2) 不接受联合体投标。

3. 招标文件获取

(1) 凡有意参加投标者，请于2019年6月6日（星期六）至2019年6月10日，每日上午8时30分至12时00分，下午1时30分至17时30分（北京时间，下同），在××省×市区路甲1号××省信息中心办公室

(2) 购买招标文件时，须提交8万元人民币投标保证金。

(3) 招标文件售价200元/套，图纸3 000元/套，售后不退。

4. 投标截止时间

2019年6月20日9时00分。

5. 开标时间

2019年6月20日10时00分。

地址：

电话：

招标人同时在《中国××报》上发布了该工程招标公告，公告中仅明确了项目概况和投标人资格要求，共126家满足资格要求的施工企业购买了招标文件和图纸，考虑到潜在投标人太多，招标人在招标文件澄清与修改中要求，投标人须有房屋建筑工程施工总承包一级资质，8项以上类似项目业绩。最后，有6家投标人递交了投标文件。

【问题】

(1) 招标人在"中国工程建设和建筑业信息网"上发布的招标公告内容是否完整?说明理由。

(2) 指出上述招标公告中的不妥之处,逐一说明理由。

(3) 指出招标人在上述招标过程中的不妥之处,逐一说明理由。

案例三

某国家重点大学新校区位于某市开发区大学产业园区内,建设项目由若干个单体教学楼、办公楼、学生宿舍、综合楼等构成,现拟对第五综合教学楼实施公开招标。该教学楼建筑面积为16 000 m²,计划投资额4 800万元,30%财政拨款(落实),30%银行贷款(已经上报建设银行),40%自筹(正在积极筹措中)。

根据开发区管委会的文件要求,项目招标由该校新校区建设指挥部委托某招标代理公司实施——该代理公司隶属于开发区建设局,其主要成员由建设局离退休领导或专家构成。项目招标公告在当地相关媒体上公布,并指出"仅接受获得过梅花奖的建设施工企业投标"(梅花奖为本市市政府每年颁发的,用于奖励获得市优工程的建设施工企业的政府奖),且必须具有施工总承包一级以上资质,并同时声明,不论哪一家企业中标,均必须使用本市第一水泥厂的水泥。

本地施工企业A、B、C、D、E、F、G分别前来购买了招标文件,并同时按照招标方的要求以现金的方式提交了投标保证金。在购买招标文件的同时,由学校随机指派工程技术或管理人员陪同进行现场踏勘,并口头回答了有关问题。

在投标人须知中明确指出,由于工期比较紧张,相关资料准备不完备,尤其是需要由投标人根据图纸自行核算工程量并根据该量实施报价,并采用成本加固定酬金合同。

【问题】

(1) 根据我国相关法律规定,该项目是否需要招标?是否需要实施公开招标?为什么?

(2) 该项目的招标实施过程有哪些不妥之处?应该如何改正?

案例四

背景资料

××驿站开发项目施工资料

本招标项目××驿站开发项目已由××市××区发展和改革委员会备案(备案项目编码:315113K721146392)同意批准实施建设,项目发包人为××城市综合交通枢纽(集团)有限公司,建设资金来自发包人自筹,招标人为××城市综合交通枢纽(集团)有限公司。项目已具备招标条件,现对该项目的施工进行公开招标。

建设地点:××区李家沱组团。

建设项目概况:本项目用地面积为30 445 m²,建筑总面积为131 339 m²(地上81 056 m²,地下50 283 m²),居住建筑面积为5.37万m²;商业及办公建筑面积为2.57万m²;配套用房面积为830 m²;车库面积为4.74万m²。容积率为2.8,建筑密度为43.5%,绿地率为30.03%,停车位819个(室外:20个,室内799个)。负一层公交停车位174个。其中最大单体商业(公建)部分面积为26 770 m²,加车库面积共77 053 m²。最大单体商业(公建)建筑中,3号楼为商业与办公结合的复合型建筑,二层以上为钢结构工程,钢结构建筑面积为8 182 m²,商业(公建)单体建筑立面钢结构顶点高度为65.5 m。工程初设概算批复工程总投资为61 245.64万元(未含税费及营销费用)。其中,建筑安装工程费用为29 084万元,工程建设及其他费用为24 802.79万元。

招标工程范围:本项目施工招标为一个合同包,包括平基土石方、基础工程、主体工程、初装修、给水排水工程、电气安装、通风工程、消防设施安装、室外综合管网及周边附属设施工程。

具体内容详见招标人提供的施工图及工程量清单。未纳入本次招标范围内的工程有路灯、康体设施等景观工程、销售部（含空调）、样板房（含空调）、入户大厅、公共走廊（通道）的精装修及软装工程、生化池工程、电梯工程、弱电智能化工程、车库划线、灯饰工程、燃气工程。

计划工期：750日历天（开工时间：2021年4月）。

本次招标实行资格后审，投标人应满足下列资格条件和业绩要求：

投标人应具有独立法人资格，须同时具备住房城乡建设主管部门颁发的建筑工程施工总承包一级及以上资质和钢结构工程专业承包一级资质，2018年1月1日至今（指竣工时间）具有已完工的工程造价在2亿元及以上的房屋建筑工程施工业绩1个，并具有已完工的钢结构业绩1个，并在人员、设备、资金等方面具有相应的施工能力。具体要求详见招标文件。

本次招标不接受联合体投标。

与招标人存在利害关系可能影响招标公正性的法人、其他组织或者个人不得参加本项目投标。单位负责人为同一人或者存在控股、管理关系的不同单位，不得参加同一标段投标或者未划分标段的同一招标项目投标。

本工程招标不需报名，凡有意参加投标者，请于2021年3月8日起在××市工程建设招投标交易信息网（http：//www.××cb.com.cn）下载招标文件。

招标文件售价1 000元，申请人在递交投标文件时向招标代理机构支付招标文件费。

本招标项目采用电子招投标，投标人在投标前可在××市工程建设招投标交易信息网（http：//www.××cb.com.cn）下载招标文件、工程量清单、电子图纸、最新电子标书生成器软件及软件锁办理申请表等资料。通过以上途径下载的招标文件为GEF格式，参与投标的投标人需使用电子标书生成器制作GEF格式投标文件，招标文件中要求提供复印件的，在电子投标文件中均为扫描件。电子标书生成器及专用U盘办理地址：××市工程建设招投标交易中心四楼电子招投标软件办理咨询处，咨询电话：××××4321。

（特别提醒：本项目采用××市2013版《建筑工程工程量清单计价规则》《建筑工程工程量计算规则》编制工程量清单招标，请各投标人更新软件接口，下载“电子标书生成器（V3.6.0新版）”软件制作投标文件。）

投标文件递交截止时间（投标截止时间）为2021年3月31日10时（北京时间），递交地点为××市工程建设招投标交易中心接标处。

逾期送达的或者未送达指定地点的投标文件，招标人不予受理。

本次招标公告同时在“××市招投标综合网”“××建筑工程信息网”“××市工程建设招投标交易信息网”“××市巴南区公共资源交易网”（http：//jy.××zw.gov.cn）、“××日报”上发布。

联系方式：

招标人：××城市综合交通枢纽（集团）有限公司
地　址：×市××区泰山大道中段梧桐路6号交通开投大厦××室
联系人：高女士
电　话：023－×××38055
传　真：023－×××02673

招标代理机构：××市五环招标代理有限公司
地　址：×市××区五里店五简路2号重咨大厦××室
联系人：刘女士
电　话：023－×××50372
传　真：023－×××53051

请根据下列格式编制招标公告：

（项目名称）招标公告

1. 招标条件

本招标项目______（项目名称）______已由______（项目审批、核准或备案机关名称）______以______（批文名称及编号）______批准建设，项目业主为______，建设资金来自______（资金来源）______，项目出资比例为______，招标人为______。项目已具备招标条件，现对该项目的施工进行公开招标。

2. 项目概况与招标范围

2.1　建设地点：______。

2.2　项目概况与建设规模：______。

[提示：若设置投标人业绩资质条件，项目建设规模应体现与业绩对应的规模参数，包括但不限于：建筑面积、高度、长度、道路等级等。]

2.3　□本次招标项目工程总投资额：______。

□本次招标项目合同估算金额：______。

2.4　招标范围：______。

[提示：招标范围应准确明了，按照项目审批、核准、备案文件采用工程专业术语进行填写。]

2.5　工期要求：______日历天。

缺陷责任期要求：______个月。

2.6　标段划分（如有）：______。

2.7　其他：______。

3. 投标人资格要求

3.1　本次招标要求投标人须具备以下条件：

3.1.1　本次招标要求投标人具备的资质条件：______。

[提示：资质的设定应执行《建筑业企业资质标准》（建市〔2014〕159号）及其修订、配套、补充文件的现行规定。施工总承包工程应设定施工总承包资质；设有专业承包资质的专业工程单独发包时，应由取得相应专业承包资质的企业承担，设有专业承包资质的两个及以上专业工程同时发包时，应当允许联合体投标；施工总承包工程中有施工总承包资质不能涵盖的工作内容的，应当允许联合体投标或分包。设置施工总承包资质的同时，不得再设置施工总承包资质已涵盖的任何专业承包资质。]

□3.1.2　本次招标要求投标人具备的业绩条件：______。

[提示：(1) 工程类别的设定原则上应当满足《建筑工程分类标准》(GB/T 50841—2013) 的要求，其具体要求使用至三级目录为止，具体详见《建筑工程分类标准》(GB/T 50841—2013) 附录A、附录B、附录C；(2) 采用金额为业绩条件的，其类似工程业绩金额的设定原则上不高于该招标项目估算价或经批准概算金额或最高限价的四分之三；(3) 采用工程规模的具体参数为业绩条件的，工程规模的类别设定应当采用《建筑业企业资质标准》（建市〔2014〕159号）中“承包工程范围”中明确设立了的工程规模类别，且工程规模的具体参数原则上不高于招标项目工程规模数值的四分之三（降低了相关规模标准等级的除外），投标人提供的业绩的具体参数应大于等于该业绩条件。]

3.1.3　投标人还应在人员、设备、资金等方面具有相应的施工能力，详见招标文件第二章投标人须知前附表第1.4.1项内容。

3.2　本次招标□接受　□不接受联合体投标。联合体投标的，应满足下列要求：______。

4. 招标文件的获取

4.1　本招标项目采用全流程电子招投标，投标人在投标前可在××市公共资源交易网（www.××ggzy.×××）［提示：下载地址采用其他网址的应注明，下同］下载招标文件、工程量清单、电子图纸等资料。参与投标的投标人需在××市公共资源交易网（www.××ggzy.×××）完成市场主体信息登记以及CA数字证书办理，办理方式请参见××市公共资源交易网（www.××ggzy.×××）导航栏“主体信息”页面中“市场主体信息登记”“CA数字证书办理”。若投标人未及时完成市场主体信息登记和CA数字证书办理导致无法完成全流程电子招投标的，责任自负。

4.2　投标人可在××市公共资源交易网（www.××ggzy.×××）本项目招标公告网页下方“我要提问”栏提出疑问，提问时间从本公告发布至____年____月____日____时____分（北京时间）前。

4.3　招标人应于____年____月____日____时____分（北京时间）前在××市公共资源交易网（www.××ggzy.×××）发布澄清。

5. 投标文件的递交

5.1　投标文件递交的截止时间（投标截止时间，下同）为____年____月____日____时____分，投标人应当在投标截止时间前，通过互联网使用CA数字证书登录××市电子招投标系统，将加密的电子投标文件上传。

5.2　未按要求加密的电子投标文件，将无法上传至××市电子招投标系统，逾期未完成上传投标文件的，视为撤回投标文件。

6. 发布公告的媒介

本次招标公告同时在________（发布公告的媒介名称）________上发布。

［提示：依法必须进行招标项目的招标公告，必须在××市公共资源交易监督网发布。］

7. 联系方式

招　标　人：________	招标代理机构：________
地　　　址：________	地　　　址：________
邮　　　编：________	邮　　　编：________
联　系　人：________	联　系　人：________
电　　　话：________	电　　　话：________
传　　　真：________	传　　　真：________
电子邮件：________	电子邮件：________
开户银行：________	开户银行：________
账　　　号：________	账　　　号：________

________年______月______日

项目 3

建筑工程项目投标

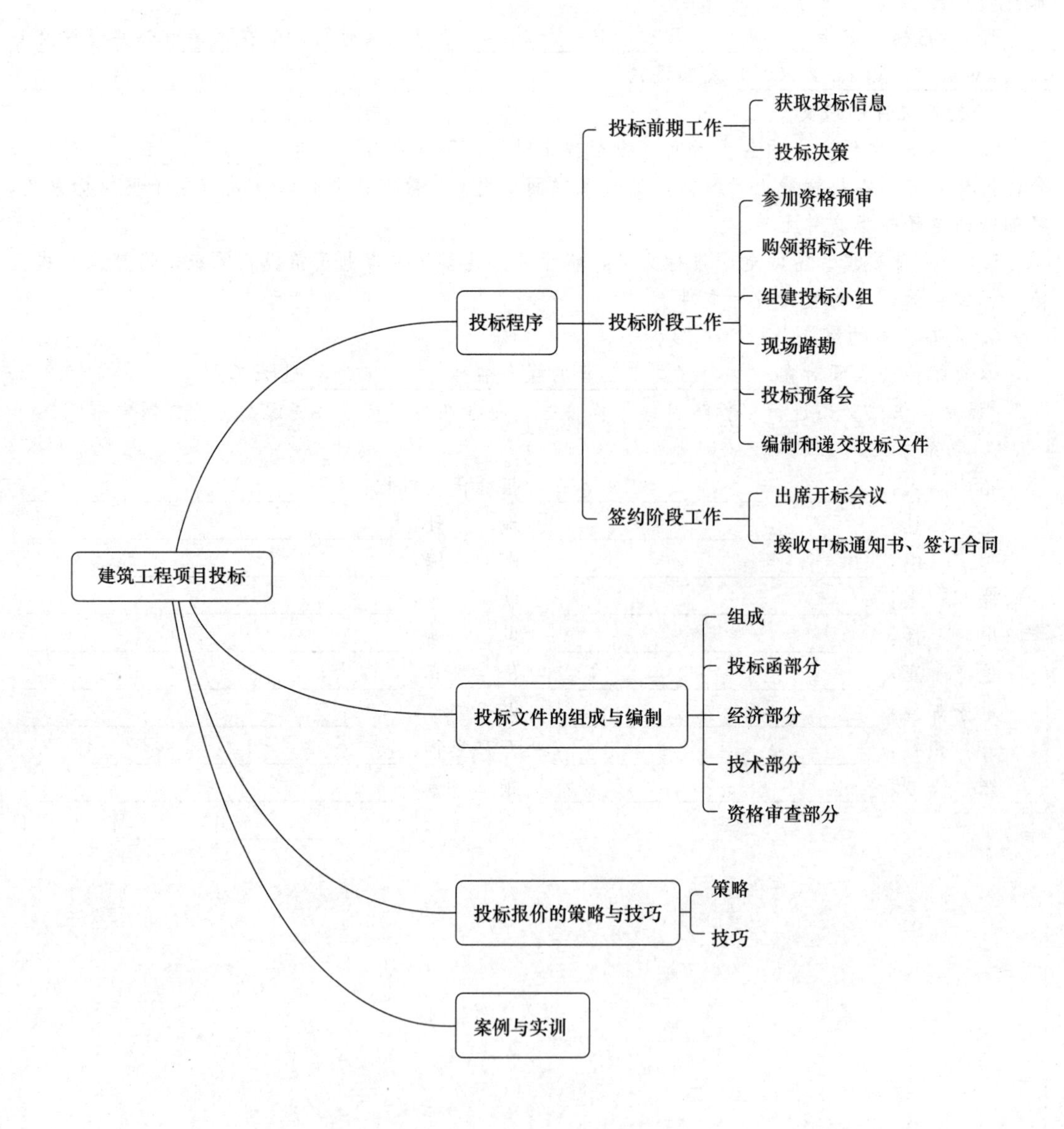

思政元素

法治社会是构筑法治国家的基础。弘扬社会主义法治精神，传承中华优秀传统法律文化，引导全体人民做社会主义法治的忠实践行者。《招标投标法》对投标人参与招标活动应遵守的纪律要求做出了明确的规定：投标人不得相互串通投标报价，不得排挤其他投标人的公平竞争、损害招标人或其他投标人的合法权益；投标人不得以向招标人或者评标委员会成员行贿的手段谋取中标；投标人不得低于成本报价竞标；投标人不得以他人名义投标或者以其他方式弄虚作假，骗取中标。投标人应当遵守法律、法规，成为社会主义法治的忠实践行者。

学习目标

知识目标	1. 熟悉投标全过程的主要工作和流程； 2. 掌握招投标过程中的具体规定及其程序的应用； 3. 掌握投标文件的组成与编制
能力目标	能够分析招标文件，进行投标前相关资料的收集，确定投标策略，编制投标文件
素质目标	通过本项目的学习，培养学生的职业道德感，在投标活动中公平竞争，依法、依规进行投标

任务清单

项目名称	任务清单内容
任务情境	××市第一人民医院门诊楼工程已由市发改委批准建设，项目业主为××市第一人民医院，建设资金来自业主自筹，项目出资比例为100%，招标人为××市第一人民医院。项目已具备招标条件，现对该项目的施工进行公开招标。 请根据提供的招标文件中投标人须知的要求，代入投标人角色，编制一份合格的投标文件（投标函及附录）
任务要求	独立编制一份投标文件（投标函及附录）
任务思考	1. 投标人是否是每标必投呢？ 2. 投标人决定投标前，应有哪些投标准备工作？ 3. 编制和递交投标文件应该遵循怎样的步骤？
任务总结	

任务 1　投标程序

投标工作程序如图 3-1 所示。

视频：投标工作程序

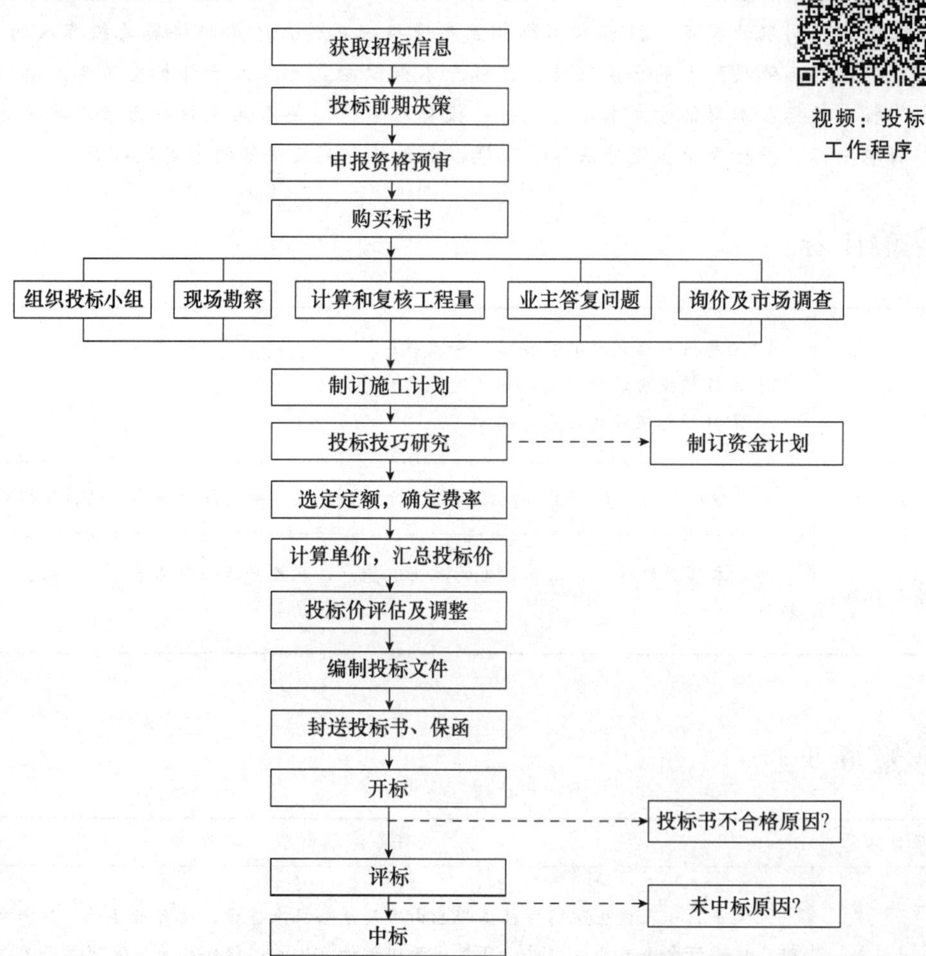

图 3-1　投标工作程序

1.1　投标前期工作

投标人获取投标信息、调研市场环境、组建投标机构、购买招标文件这一阶段称为投标准备阶段。投标准备阶段是投标人参加投标竞争的重要阶段，若投标准备不充分，则难以取得预期的投标效果，因此，投标人应充分重视投标准备阶段的相关工作。

1. 获取投标信息

投标人可以通过多种渠道获取信息，如各级基本建设管理部门、建设单位及主管部门、各地勘察设计单位、各类咨询机构、各种工程承包公司、行业协会等，投标人也可以从各类媒介如电视、互联网、报刊等获取信息。在信息收集的过程中，要认真分析所获信息的真实性、可靠性。投标人需要收集的信息涉及面很广，其主要内容可以概括为以下几个方面：

(1) 项目的自然环境。项目的自然环境包括工程所在地的地理位置和地形、地貌、气象状况，包括气温、湿度、主导风向、年降水量等；洪水、台风及其他自然灾害状况等。

(2) 项目的市场环境。项目的市场环境主要包括建筑材料、施工机械设备、燃料、动力、供水和生活用品的供应情况、价格水平，还包括过去几年批发物价和零售物价指数及今后的变化趋势与预测，材料设备购买时的运输、税收、保险等方面的规定，手续、费用、劳务市场的情况，如工人技术水平、工资水平、有关劳动保护和福利待遇的规定等；金融市场情况，如银行贷款的难易程度及银行贷款利率等。

(3) 项目的社会环境。投标人进入一个市场前，在招投标活动中及在合同履行过程中，应该对该项目所在地的社会状况、经济状况、宗教文化、国民经济整体发展水平、社会的整体稳定性、与项目有关的国家政策进行全方位的调查，尤其是涉外项目更要注意这一点。

(4) 业主的情况。业主的情况包括业主的资信情况、履约态度、支付能力，在其他项目上有无拖欠工程款的情况，对实施的工程需求的迫切程度，以及对工程的工期、质量、费用等方面的要求等。

2. 投标决策

投标人通过投标取得项目，是市场经济条件下的必然选择。但是，作为投标人，并不是每标必投。投标人要想在投标中获胜，并从承包工程中盈利，必须进行投标决策。

视频：投标决策

投标决策的内容：针对项目招标，是投标或是不投标；如果去投标，是投什么性质的标；投标中如何采用以长补短、以优取胜的策略和技巧。

1.2 投标阶段工作

1. 参加资格预审

通常在公开招标项目中，业主都会对投标企业进行资格预审，从而掌握各投标人的基本情况，资格审查主要是考察该企业总体能力（包括资质条件、人员、设备、技术能力、工作经验、企业经验和企业经营业绩等）是否已具备完成招标项目工作所要求的条件；排除明显不符合要求的投标人，以减少评标的工作量。

(1) 获取资格预审文件。投标申请人领取资格预审文件后，应仔细检查资格预审文件的所有内容，如有残缺应在领到资格预审文件后及时且在递交资格预审申请文件截止日前24小时向招标人提出，否则，由此引起的损失自负；投标申请人同时应认真审阅资格预审文件中所有的事项、格式、条款要求等，如果投标申请人的资格预审申请文件没有按照资格预审文件要求提交全部资料或者资格预审申请文件没有对资格预审文件做出实质性响应，其风险应由投标申请人自行承担，且根据有关条款规定，其申请有可能被拒绝。

(2) 编写资格预审申请书。领取资格预审文件以后，投标申请人要认真阅读文件内容，严格按照文件要求认真如实编写资格预审申请书和需提供的有关资料。用不褪色的水笔填写或用计算机打印，同时，要注意文字规范严谨，装帧精美，力争给招标人留下良好的印象。投标申请人须向招标人提供的资质证明材料主要有以下几项：

1) 资格预审申请书；

2) 企业营业执照；

3) 企业资质等级证书；

4）项目经理资质等级证书；

5）安全生产许可证；

6）投标申请人概况一览表；

7）拟投入的主要管理人员一览表；

8）拟投入的主要施工机械设备一览表；

9）企业财务状况；

10）企业同类工程经历；

11）项目经理简历表；

12）项目经理近3年来所承建主要工程情况一览表；

13）诉讼及不良行为记录情况；

14）诚信投标承诺书；

15）没有处于被责令停业，投标资格被取消，财产被接管、冻结，破产状态的承诺书；

16）最近三年内没有骗取中标和严重违约及重大工程质量问题的承诺书等。

视频：资格审查

2. 购领招标文件

当投标人获得了有意向的工程项目信息后，如果是资格预审，投标人经资格预审合格后，可购买获取招标文件；如果是资格后审，投标人应从招标公告或投标邀请书中了解投标资格条件要求，与自身资格条件进行对比。符合投标资格条件要求的，才考虑是否获取招标文件。

采用电子招投标的，投标人在网上完成相关手续后，可直接在电子招投标交易平台下载数据电文形式的招标文件。招标人提供邮寄服务的，投标人可将邮购款和手续费汇入招标人指定账户，并及时与招标人做好沟通和联系，要求招标人在约定时间内寄送招标文件。需要注意的是，招标人按约定时间寄送招标文件后，不承担邮件延误或遗失的责任。因此，投标人应尽可能到指定地点获取招标文件。

3. 组建投标小组

投标单位在通过资格审查，购领招标文件和有关资料之后，为了按时进行投标，并尽最大可能使投标获得成功，需要有一个强有力的、内行的投标小组，以便对投标的全部活动进行通盘筹划、多方沟通和有效组织实施。投标单位的投标小组一般是常设的，但也有的是针对特定项目临时设立的。投标单位组织什么样的投标小组，对投标成败有直接影响。

投标单位的投标小组一般应包括下列三类人员：

（1）经营管理类人员。经营管理类人员一般是从事工程承包经营管理的行家里手，熟悉工程投标活动的筹划和安排，具有相当高的决策水平。

（2）专业技术类人员。专业技术类人员是从事各类专业工程技术的人员，如建筑师、监理工程师、结构工程师、造价工程师等。

（3）商务金融类人员。商务金融类人员是从事有关金融、贸易、财税、保险、会计、采购、合同、索赔等工作的人员。

4. 现场踏勘

投标单位拿到招标文件后，应进行全面细致的调查研究。若有疑问需要招标单位予以澄清和解答的，应在收到招标文件后的7日内以书面形式向招标单位提出，为获取与编制投标文件有关的必要的信息，投标单位要按照招标文件中注明的现场踏勘和投标预备会的时间与地点，积极参加现场踏勘和投标预备会。

视频：现场踏勘

投标单位参加现场踏勘的费用，由投标单位自己承担。招标单位一般在招标文件发出后就着手考虑安排投标单位进行现场踏勘等准备工作，并在现场踏勘中对投标单位给予必要的协助。

投标单位进行现场踏勘的内容主要包括以下几个方面：

(1) 工程的范围、性质及与其他工程之间的关系；

(2) 投标单位参与投标的那一部分工程与其他承包商或分包商之间的关系；

(3) 现场地貌、地质、水文、气候、交通、电力、水源等情况，有无障碍物等；

(4) 进出现场的方式，现场附近有无食宿条件、料场开采条件、其他加工条件、设备维修条件等；

(5) 现场附近的治安情况。

5. 投标预备会

投标预备会又称答疑会、标前会议，一般在现场踏勘之后的1～2天内举行。答疑会的目的是解答投标单位对招标文件的疑问和在现场踏勘中所提出的各种问题，并对图纸进行交底和解释。

6. 编制和递交投标文件

经过现场踏勘和投标预备会后，投标人可以着手编制投标文件，投标人着手编制和递交投标文件的具体步骤和要求如下：

(1) 结合现场踏勘和投标预备会的结果，进一步分析招标文件。

(2) 校核招标文件中的工程量清单，如发现工程量有重大出入的，特别是漏项的，可以找招标人核对，要求招标人认可，并给予书面确认。这对于总价固定合同来说，尤其重要。

(3) 根据工程类型编制施工组织设计。施工规划和施工组织设计都是关于施工方法、施工进度计划的技术经济文件，是指导施工生产全过程组织管理的重要设计文件，是确定施工方案、施工进度计划和进行现场科学管理的主要依据之一。

(4) 根据工程价格构成进行工程估价，确定利润方针，计算和确定报价。正确计算和确定投标报价，投标人不得以低于成本的报价竞标。

(5) 形成、制作投标文件。《招标投标法》规定："投标人应当按照招标文件的要求编制投标文件。投标文件应当对招标文件提出的实质性要求和条件作出响应"，响应招标文件的实质性要求是投标的基本前提。

(6) 递送投标文件。递送投标文件也称递标，是指投标人在招标文件要求提交投标文件的截止时间前，将所有准备好的投标文件密封送达投标地点。在招标文件要求提交投标文件的截止时间后送达的投标文件，招标人应当拒收。

若采用电子招投标，投标人应当在投标截止时间前，按照资格预审文件、招标文件和交易系统的要求编制并加密资格预审申请文件、投标文件，并在资格预审公告、招标公告或投标邀请书载明的交易系统递交数据电文形式的资格预审申请文件或投标文件。未按要求加密的电子投标文件，将无法上传至电子招投标系统，逾期未完成投标文件上传的，视为撤回投标文件。

投标文件的修改或撤回必须在投标文件递交截止时间之前进行。《招标投标法》规定："投标人在招标文件要求提交投标文件的截止时间之前，可以补充、修改或者撤回已提交的投标文件，并书面通知招标人。投标截止时间之后至投标有效期满之前，投标人对投标文件的任何补充、修改，招标人不予接受，撤回投标文件的还将被没收投标保证金。"

1.3 签约阶段工作

投标人被确定为中标人后，应接收招标人发出的中标通知书（范本3-1），中标人收到中标通知书后，招标人和中标人应当自中标通知书发出之日起30天内签订合同。同时，按照招标文件的要求，提交履约保证金或履约保函，招标人同时退还中标人的投标保证金。

中标人如拒绝在规定的时间内提交履约担保和签订合同，招标人报请招投标管理机构批准同意后取消其中标资格，并按规定不退还其投标保证金，重新确定中标人。

合同副本分送有关主管部门备案。

范本3-1　中标通知书格式

<table><tr><td>
中标通知书
××建筑工程有限公司：
你方于××××年××月××日所递交的××市××路××购物中心工程施工投标文件已被我方接收，你方被确定为中标人。
中 标 价：16 599 900元。
工　　期：270日历天。
工程质量：合格工程。
项目负责人：×××

请你接到本通知书后的30日内到××市城市建设发展总公司与我方签订施工承包合同。
特此通知
招标人：××市城市建设发展总公司
法定代表人：×××（签字）
××××年××月××日
</td></tr></table>

扫描下方二维码完成练习。

学习笔记

任务2 投标文件的组成与编制

2.1 投标文件的组成

一般来说，投标文件可分为投标函部分、经济部分、技术部分，若资格审查采用资格后审形式，则投标文件中还应包含资格审查部分。具体内容要根据招标文件的详细规定具体组成。

(1) 投标函部分：投标函、投标函附录、投标担保、法人代表证明、授权委托书、企业各类证件、业绩等。

(2) 经济部分：投标人对该项目的报价。

(3) 技术部分：包括具体的生产技术、质量、安全、资金计划等组织措施和项目管理、技术人员配备等。技术部分是投标人对该项目施工措施的一个叙述。

(4) 资格审查部分：经营资格、专业资质、财务状况、技术能力、管理能力、业绩、信誉等。

2.2 投标函部分

投标函部分由以下内容组成：投标函、投标函附录、法定代表人身份证明或附有法定代表人身份证明的授权委托书、低价风险担保缴纳承诺书（如有）、联合体协议书（如有）。

1. 投标函

投标函是指投标人按照招标文件的条件和要求，向招标人提交的有关报价、质量目标等承诺和说明的函件，一般位于投标文件的首要部分，其格式、内容必须符合招标文件的规定（范本3-2）。投标函是对业主和承包商均具有约束力的合同的重要部分。

范本3-2 投标函格式

投标函

__________________（招标人名称）：

1. 我方已仔细研究了__________________（项目名称）招标文件的全部内容，愿意以人民币（大写）__________________（¥____）的投标总报价进行报价，其中安全文明施工费暂定金额为人民币________万元，该工程项目经理为________，身份证号码为________；委托代理人为________，身份证号码为________。工期________，缺陷责任期________，按合同约定实施和完成承包工程，修补工程中的任何缺陷，工程质量达到__________________。

2. 我方承诺在投标有效期内不修改、撤销投标文件。

3. 随同本投标函提交投标保证金一份，金额为人民币（大写）__________________（¥______）。投标保证金有效期与投标有效期一致，在此期间，若我方违反招投标有关法律、法规及本招标文件的相关规定，投标保证金的受益人为招标人。

4. 如我方中标：

(1) 我方承诺在收到中标通知书后，在中标通知书规定的期限内与你方签订合同。

(2) 随同本投标函递交的投标函附录属于合同文件的组成部分。

(3) 我方承诺按照招标文件规定向你方递交履约担保。

(4) 我方承诺在合同约定的期限内完成并移交全部合同工程。

5. 我方在此声明，所递交的投标文件及有关资料内容完整、真实和准确，且不存在第二章“投标人须知”第1.4.3项规定的任何一种情形。同时我方承诺接受招标文件及附件、澄清及修改通知中所有的内容。

6. ____（其他补充说明）。

投　标　人：________________________（盖单位法人章）

法定代表人或其委托代理人：________________________（签字或盖章）

地　　址：________________________

网　　址：________________________

单位电话（座机）：____________ 委托代理人电话（手机）：____________

传　　真：________________________

邮政编码：________________________

______年______月______日

注：联合体投标的，应在本投标函第6条中列明联合体全体成员的单位全称；要求加盖单位法人章的地方由联合体牵头人使用CA数字证书加盖单位电子印章即可

2. 投标函附录

投标函附录（范本3-3）一般附于投标函之后，共同构成合同文件的重要组成部分，主要内容是对投标文件中涉及的关键性或实质性的内容条款进行说明或强调，投标人填报投标函附录时，在满足招标文件实质性要求的基础上，可以提出比招标文件要求更有利于招标人的承诺。一般以表格形式摘录列举。投标函附录除对合同重点条款摘录外，也可以根据项目的特点、需要，并结合合同执行者重视的内容进行摘录。

范本3-3　投标函附录

投标函附录

序号	条款名称	合同条款号	约定内容	备注
1	项目经理	1.1.2.8	姓名：	
2	工期	1.1.4.3	天数：	
3	缺陷责任期	1.4.4		
4	分包	3.5		
…	……	……	……	

投　标　人：________________（盖单位法人章）

法定代表人或其委托代理人：__________（签字或盖章）

3. 法定代表人身份证明或附有法定代表人身份证明的授权委托书

投标文件中的单位负责人或法定代表人身份证明（范本3-4）一般应包括投标人名称、单位性质、地址、成立时间、经营期限等投标人的一般情况，同时还应有单位负责人或法定代表人的姓名、性别、年龄、职务等有关单位负责人或法定代表人的相关信息和资料。

授权委托书（范本3-5）内容包括投标人单位负责人或法定代表人姓名、代理人姓名、授权的权限和期限等，授权委托书一般规定代理人无转委托权。

范本 3-4　法定代表人身份证明

法定代表人身份证明

投标人名称：____________________

单位性质：____________________

地　　址：____________________

成立时间：________年______月______日

经营期限：____________________

姓　　名：________性别：______年龄：______职务：__________

系____________________（投标人名称）的法定代表人。

特此证明。

附：法定代表人身份证明扫描件（双面）

投标人：______________（盖单位法人章）

________年______月______日

注：法定代表人身份证明需按上述格式填写完整，不可缺少内容。在此基础上增加内容的不影响其有效性

范本 3-5　附有法定代表人身份证明的授权委托书

授权委托书

本人________（姓名）系____________________（投标人名称）的法定代表人，现委托________（姓名）为我方代理人。代理人根据授权，以我方名义签署、澄清、说明、补正、递交、撤回、修改______________（项目名称）投标文件、签订合同和处理有关事宜，其法律后果由我方承担。

委托期限：______________。

代理人无转委托权。

投　标　人：____________________（盖单位法人章）

法定代表人：____________________（签字或盖章）

身份证号码：____________________

委托代理人：____________________（签字）

身份证号码：____________________

单位电话（座机）：____________________

委托代理人电话（手机）：____________________

附：法定代表人和委托代理人身份证明扫描件（双面）

________年______月______日

注：1. 法定代表人参加投标活动并签署文件的不需要授权委托书，只需提供法定代表人身份证明；非法定代表人参加投标活动及签署文件的除提供法定代表人身份证明外还必须提供授权委托书。

2. 授权委托书需按上述格式填写完整，不可缺少内容。在此基础上增加内容的不影响其有效性

4. 低价风险担保缴纳承诺书（范本3-6）

范本3-6　低价风险担保缴纳承诺书

低价风险担保缴纳承诺书

（投标报价低于招标项目最高限价的85%时采用）

______________（招标人名称）：

我公司______________（投标人名称）参加了你公司______________（项目名称）的投标。我公司投标报价低于最高限价的85%，若获得中标资格，我公司承诺按照招标文件的规定递交低价风险担保。同时，我公司已落实低价风险担保的缴纳方案，承诺如采用保函形式缴纳低价风险担保，保函的格式和内容符合招标文件的要求。否则，我公司愿承担招标文件中约定的，因未按规定递交低价风险担保的相应责任。

特此承诺。

投　标　人：______________________________（盖单位法人章）

法定代表人：______________________________（签字或盖章）

________年______月______日

5. 联合体协议书

联合体参与投标的应提交联合体协议书（范本3-7），并明确联合体牵头人。在联合体协议中须明确由联合体牵头人委派委托代理人。

范本3-7　联合体协议书

联合体协议书

______________（所有成员单位名称）自愿组成联合体，共同参加______________（项目名称）投标。现就联合体投标事宜订立如下协议。

1. ______________（某成员单位名称）为______________（项目名称）联合体牵头人。由联合体牵头人单位递交投标保证金。

2. 联合体牵头人合法代表联合体各成员负责本招标项目投标文件编制和合同谈判活动，并代表联合体提交和接收相关的资料、信息及指示，并处理与之有关的一切事务，负责合同实施阶段的主办、组织和协调工作。

3. 联合体将严格按照招标文件的各项要求，递交投标文件，履行合同，并对外承担连带责任。

4. 联合体牵头人代表联合体签署投标文件，联合体牵头人的所有承诺均认为代表了联合体各成员。

5. 联合体各成员单位内部的职责分工如下：

单位名称	社会信用代码	职责分工
联合体牵头人名称	×××××	
联合体其他成员单位一名称	×××××	
联合体其他成员单位二名称	×××××	
……	……	

6. 由联合体牵头人委派本项目的委托代理人。

7. 投标工作和联合体在中标后工程实施过程中的有关费用按各自承担的工作量分摊。

8. 本协议书自签署之日起生效，合同履行完毕后自动失效。

9. 本协议书一式____份，联合体成员和招标人各执____份。

牵头人名称：________________________（盖单位法人章）
法定代表人或其委托代理人：________________________（签字或盖章）
联合体其他成员单位一名称：________________________（盖单位法人章）
法定代表人或其委托代理人：________________________（签字或盖章）
联合体其他成员单位二名称：________________________（盖单位法人章）
法定代表人或其委托代理人：________________________（签字或盖章）
……

______年______月______日

注：1. 在联合体协议书第 5 条联合体各成员单位内部的职责分工中填写的联合体所有成员单位名称应与其营业执照、资质证书、安全生产许可证一致（依法变更名称的应提交相应证明材料），否则由评标委员会作否决投标处理。

2. 本协议书由委托代理人签字或盖章的，应附法定代表人签字或盖章的授权委托书。

2.3 经济部分

经济部分是投标文件中至关重要的组成部分，是投标竞争获胜的关键因素。因为工程项目的招投标多数是在工程质量标准明确、工期基本确定的情况下进行的，所以投标报价是投标竞争的重点。

1. 投标总报价（范本 3-8）

投标函中的投标总报价必须与已标价工程量清单总报价一致，且工程量清单总报价与依据单价、工程数量、分部分项工程合价计算出的结果应一致。

投标总报价不得高于招标人公布的投标总报价最高限价。

范本 3-8 工程量清单报价表

工程量清单报价表

投　标　人：________（单位签字盖章）________
法定代表人：（签字盖章）
造价工程师
及注册证号：（签字盖执业专用章）
编制时间：________________________

2. 单位工程投标报价表（表 3-1）

表 3-1 单位工程投标报价表

工程名称：____________　　　　第　页　共　页

序号	工程项目名称	费率标准	金额/万元	备注
一	分部分项工程费			
二	措施项目费			
三	其他项目费			
四	工程造价小计			

续表

序号	工程项目名称	费率标准	金额/万元	备注
五	规费			
1	住房公积金			
2	社会保障费			
3	危险作业意外伤害保险费			
4	工程排污费			
六	税前工程造价（四＋五）			
七	税金			
八	招标代理服务费（规定标准×40%）			
九	单位工程造价合计			

投标人：＿＿＿＿（盖章）＿＿＿＿

法定代表人或委托代理人：＿＿＿＿（签字或盖章）＿＿＿＿

注册造价工程师及证号：＿＿＿＿（签字盖执业专用章）＿＿＿＿

日期：＿＿＿＿年＿＿月＿＿日

3. 分部分项工程量清单计价表（表 3-2）

表 3-2　分部分项工程量清单计价表

工程名称：＿＿＿＿＿＿　　　　第　页　共　页

序号	项目编码	项目名称	计量单位	工程数量	金额/元	
					综合单价	合价
1						
2						
3						
		本页小计				
		合　计				

4. 措施项目清单计价表（表 3-3）

表 3-3　措施项目清单计价表

工程名称：＿＿＿＿＿＿　　　　第　页　共　页

序号	项目名称	金额/元
1		
2		
3		

续表

序号	项目名称	金额/元
	合　计	
注：以工程量清单后附为准。		

5. 其他项目清单计价表（表 3-4）

表 3-4　其他项目清单计价表

工程名称：________　　　　第　页　共　页

序号	项目名称	金额/元
1	招标人部分 预留金 业主支付保证金手续费 其他	
	小　计	
2	投标人部分 零星工作项目费 履约保证金手续费用 总承包服务费 其他	
	小　计	
	合　计	

6. 零星工作项目计价表（表 3-5）

表 3-5　零星工作项目计价表

工程名称：________　　　　第　页　共　页

序号	名称	计量单位	数量	金额/元	
				综合单价	合价
1	人工				
	小　计				
2	材料				
	小　计				
3	机械				
	小　计				
	合　计				

7. 分部分项工程量清单综合单价分析表（表3-6）

表3-6　分部分项工程量清单综合单价分析表

工程名称：______　　第　页　共　页

序号	项目编码	项目名称	工程内容	综合单价组成					综合单价
				人工费	材料费	机械使用费	管理费	利润	
1									
2									
3									

8. 措施项目费分析表（表3-7）

表3-7　措施项目费分析表

工程名称：______　　第　页　共　页

序号	措施项目名称	单位	数量	金额/元					
				人工费	材料费	机械使用费	管理费	利润	小计
1									
2									
3									
	合　计								

9. 主要材料价格表（表3-8）

表3-8　主要材料价格表

工程名称：______　　第　页　共　页

序号	材料编码	材料名称	规格、型号等特殊要求	产地、厂家	单位	单价/元
1						
2						
3						

10. 投标人业绩和信誉（表3-9）

表3-9 投标人业绩和信誉

工程名称：______________　　　　　　　　　　　　　　　第　页共　页

1	企业名称	（公章）				
2	总部地址			邮编		
3	当地代表处地址			邮编		
4	法人代表			技术负责人		
5	企业资质等级			资质证书号		
6	企业性质			营业执照注册号		
7	注册年份			年产值/万元		
8	职工总数			技术管理人数		
9	联系人			联系电话		
10	传　真			电子信箱		
11	主营范围	1. 2. 3.				
12	管理体系认证情况	1. 2. 3.				
13	信誉等级情况					
14	近三年企业承建	工程名称	合同编号	合同金额	竣工质量获奖情况	竣工日期
	项目获奖情况					

注：1. 独立投标人或联合体各方均须填写此表，获奖项目较多时可附表；

2. 营业执照、资质证书、管理体系认证书、企业业绩须提供有效证明材料复印件加盖公章附在此表后；投标人必须保证其真实性，如有虚假，一经查实将按废标处理。

11. 项目管理机构人员配备情况

（1）项目管理机构人员配备情况表（表3-10）。

（2）项目经理简历表（表3-11）。

（3）项目技术负责人简历表（表3-12）。

（4）生产操作人员持证上岗情况表（表3-13）。

表 3-10　项目管理机构人员配备情况表

工程名称：________　　　　　　　　　　　　　　　　　　　　第　页　共　页

职务	姓名	职称学历	执业或职业资格证明					本人签字确认
			证书名称	级别	证号	专业	身份证号	
项目经理								
技术负责人								
质检员								
安全员								
施工员								
造价员								
档案员								
材料员								

注：1. 管理机构的主要人员须附有身份证、岗位证书等证明资料复印件；一旦中标后，上述人员未经建设单位许可、招投标管理部门备案，不得更换；施工期限内上述人员将在××市政府建筑工程招投标网站锁定，招投标管理部门将代为保管项目经理证书原件，在主体工程未竣工前不允许其参加其他项目投标。

2. 上述人员提供的资料必须真实可信，如有弄虚作假，一旦被发现将按废标处理，并追究有关单位、人员责任。

表 3-11　项目经理简历表

工程名称：________　　　　　　　　　　　　　　　　　　　　第　页　共　页

<table>
<tr><td>姓名</td><td></td><td>性别</td><td></td><td>年龄</td><td></td><td>学历</td><td></td></tr>
<tr><td rowspan="2">职务</td><td rowspan="2"></td><td rowspan="2">职称</td><td rowspan="2"></td><td colspan="2">毕业学校</td><td colspan="2"></td></tr>
<tr><td colspan="2">所学专业</td><td colspan="2"></td></tr>
<tr><td colspan="2">参加工作时间</td><td colspan="2"></td><td colspan="2">担任项目经理年限</td><td colspan="2"></td></tr>
<tr><td colspan="2">项目经理
资格证书编号</td><td colspan="2"></td><td colspan="2">身份证号码</td><td colspan="2"></td></tr>
<tr><td colspan="8">近三年在建和已完工程项目情况</td></tr>
</table>

建设单位	项目名称	建设规模	开、竣工日期	工程质量	证明人	联系电话
项目经理本人签字	我承诺上述资料情况属实，如有虚假同意接受住房城乡建设主管部门严厉处罚。 签字：　　年　月　日					

表 3-12　项目技术负责人简历表

工程名称：＿＿＿＿＿＿＿　　　　　　　　　　　　　　　　　　　　第　页共　页

姓名		性别		年龄		学历	
职务		职称		毕业学校			
				所学专业			
参加工作时间				担任技术负责人年限			
近三年在建和已完工程项目情况							

建设单位	项目名称	建设规模	开、竣工日期	工程质量	证明人	联系电话
技术负责人本人签字	我承诺上述资料情况属实，如有虚假同意接受住房城乡建设主管部门严厉处罚。 签字：　　　年　　月　　日					

表 3-13　生产操作人员持证上岗情况表

工程名称：＿＿＿＿＿＿＿　　　　　　　　　　　　　　　　　　　　第　页共　页

序号	工种	姓名	级别	所属专业劳务公司名称	职业资格证书编号
1					
2					
3					

说明：此表不够可另附页，持证上岗人员数量须达到投标文件劳动力计划安排人员数量要求，并附持证上岗工人职业资格证书复印件。如提供虚假信息，将可能导致废标。

2.4 技术部分

投标文件技术标部分格式

目 录

投标文件技术标格式说明

1. 投标人应按招标文件规定格式编写。

2. 工程概况及控制目标、施工总体布置和针对招标人特殊要求的技术措施应按所附下列图表进行填报，图表及格式要求附后。

表1 工程概况表

表2 工程控制目标表

表3 拟投入的主要施工机械设备表

表4 劳动力计划表

表5 计划开、竣工日期和施工进度网络图

表6 施工总平面布置图及临时用地表

表7 针对招标人特殊要求的技术措施表

3. 项目管理班子配备情况应按所附下列图表进行填报，图表及格式要求附后。

表8 项目管理班子配备情况表

表9 主要人员简历表

4. 项目拟分包情况应按所附下列图表进行填报，图表及格式要求附后。

表10 项目拟分包情况表

5. 投标人中标后应编制递交完整的施工组织设计，施工组织设计编制具体要求：编制时应采用文字并结合图表阐述说明各分部分项工程的施工方法；施工机械设备、劳动力、计划安排；结合招标工程特点提出切实可行的工程质量、安全生产、文明施工、工程进度技术组织措施，同时应对关键工序、复杂环节重点提出相应技术措施。例如，冬季、雨期施工技术措施，减少扰民噪声，降低环境污染技术措施，地下管线及其他地上地下设施的保护加固措施等。

6. 投标人中标后不得以细化招标人施工组织要求编制完整的施工组织设计为由而修改投标实质性内容，包括商务报价。

一、技术标部分封面

______________________工程

施工投标文件

项目编号：东招施工〔20××〕______号

（技术标部分）

投标人：__________（盖章）__________

法定代表人或委托代理人：__________（签字、盖章）__________

日期：________年______月______日

二、施工组织设计

表1　工程概况表（略）

表2　工程控制目标表（略）

表3　拟投入的主要施工机械设备表

序号	机械或设备名称	型号规格	数量	国别产地	制造年份	额定功率/kW	生产能力	用于施工部位备注

表4　劳动力计划表　　　　单位：人

序号	按工程施工阶段投入劳动力情况						

注：1. 投标人应按所列格式提交包括分包在内的劳动力计划表。

2. 本计划表是以每班八小时工作制为基础的。

表5　计划开、竣工日期和施工进度网络图（略）

投标人应提交的施工进度网络图或施工进度表，说明按招标文件要求的工期进行施工的各个关键日期。中标的投标人还要按合同条件有关条款的要求提交详细的施工进度计划。

施工进度表可采用关键线路网络图表示，说明计划开工日期、各分项工程各阶段的完工日期和分包合同签订的日期。

施工进度计划应与拟采用的施工组织设计相适应。

表6　施工总平面布置图及临时用地表

a）施工总平面布置图（略）。投标人应提交一份施工总平面图，给出现场临时设施布置图表并附文字说明，说明临时设施、加工车间、现场办公、设备及仓储、供电、供水、卫生、生活等设施的情况和布置。

b）临时用地表。

表6　临时用地表

用途	面积/m²	位置	需用时间
合计			
注：1. 投标人应逐项填写本表，指出全部临时设施用地面积以及详细用途。 2. 若本表不够，可加附页。			

表7　针对招标人特殊要求的技术措施表（略）

三、项目管理班子配备情况

表8　项目管理班子配备情况表

职务	姓名	职称	执业或职业资格证明					备注
			证书名称	级别	证号	专业	养老保险	

“主要人员简历表”中的项目经理应附注册证书、B类证、身份证、劳动合同关系、养老保险复印件；技术负责人应附身份证、职称证复印件；其他主要人员（施工员、质检员、安全员）应附上岗证书（安全员应附C类证）复印件。

表9 主要人员简历表

<table>
<tr><td>姓　名</td><td colspan="2"></td><td>年　龄</td><td></td><td>学　历</td></tr>
<tr><td>职　称</td><td colspan="2"></td><td>职　务</td><td></td><td></td></tr>
<tr><td>毕业学校</td><td colspan="5">________年毕业于________学校________专业</td></tr>
<tr><td colspan="6">主要工作经历</td></tr>
<tr><td>时间</td><td colspan="2">参加过的类似项目</td><td>担任职务</td><td colspan="2">发包人及联系电话</td></tr>
<tr><td></td><td colspan="2"></td><td></td><td colspan="2"></td></tr>
<tr><td></td><td colspan="2"></td><td></td><td colspan="2"></td></tr>
<tr><td></td><td colspan="2"></td><td></td><td colspan="2"></td></tr>
<tr><td></td><td colspan="2"></td><td></td><td colspan="2"></td></tr>
</table>

四、项目拟分包情况

表10 项目拟分包情况表

<table>
<tr><td>分包人名称</td><td colspan="2"></td><td>地址</td><td colspan="2"></td></tr>
<tr><td>法定代表人</td><td></td><td>营业执照号码</td><td></td><td>资质等级证书号码</td><td></td></tr>
<tr><td>拟分包的工程项目</td><td colspan="2">主要内容</td><td>造价/万元</td><td colspan="2">已经做过的类似工程</td></tr>
<tr><td></td><td colspan="2"></td><td></td><td colspan="2"></td></tr>
<tr><td></td><td colspan="2"></td><td></td><td colspan="2"></td></tr>
<tr><td></td><td colspan="2"></td><td></td><td colspan="2"></td></tr>
<tr><td></td><td colspan="2"></td><td></td><td colspan="2"></td></tr>
<tr><td></td><td colspan="2"></td><td></td><td colspan="2"></td></tr>
<tr><td></td><td colspan="2"></td><td></td><td colspan="2"></td></tr>
</table>

2.5 资格审查部分

投标文件中的资格审查部分一般由以下内容组成：

(1) 法定代表人身份证明或附有法定代表人身份证明的授权委托书；

(2) 联合体协议书（如有）；

(3) 投标人基本情况表（表3-14）；

(4) 项目管理机构（表3-15、表3-16）；

(5) 近年财务状况表；

(6) 类似项目情况表（表3-17）；

(7) 承诺（范本3-9）；

(8) 其他资料。

表 3-14 投标人基本情况表

<table>
<tr><td>投标人名称</td><td colspan="6"></td></tr>
<tr><td>注册地址</td><td colspan="3"></td><td>邮政编码</td><td colspan="2"></td></tr>
<tr><td rowspan="2">联系方式</td><td>联系人</td><td colspan="2"></td><td>电话</td><td colspan="2"></td></tr>
<tr><td>传 真</td><td colspan="2"></td><td>网址</td><td colspan="2"></td></tr>
<tr><td>组织结构</td><td colspan="6"></td></tr>
<tr><td>法定代表人</td><td>姓 名</td><td></td><td>技术职称</td><td></td><td>电 话</td><td></td></tr>
<tr><td>技术负责人</td><td>姓 名</td><td></td><td>技术职称</td><td></td><td>电 话</td><td></td></tr>
<tr><td>成立时间</td><td colspan="2"></td><td colspan="4">员工总人数：</td></tr>
<tr><td>企业资质等级</td><td colspan="2"></td><td rowspan="5">其中</td><td colspan="2">项目经理</td><td></td></tr>
<tr><td>营业执照号</td><td colspan="2"></td><td colspan="2">高级职称人员</td><td></td></tr>
<tr><td>注册资金</td><td colspan="2"></td><td colspan="2">中级职称人员</td><td></td></tr>
<tr><td>开户银行</td><td colspan="2"></td><td colspan="2">初级职称人员</td><td></td></tr>
<tr><td>账号</td><td colspan="2"></td><td colspan="2">技工</td><td></td></tr>
<tr><td>经营范围</td><td colspan="6"></td></tr>
<tr><td>备注</td><td colspan="6"></td></tr>
</table>

表 3-15 项目管理机构组成表

职务	姓名	职称	执业或职业资格证明					备注
			证书名称	级别	证号	专业	养老保险	
项目经理								
项目技术负责人								

注：本表仅填项目经理、项目技术负责人相关信息。

表 3-16 项目经理及项目技术负责人简历表

姓名		年龄		学历	
职称		职务		拟在本合同任职	
毕业学校	____年毕业于____学校____专业				
主要工作经历					

时间	参加过的类似项目	担任职务	发包人及联系电话

表 3-17 类似项目情况表

项目名称	
项目所在地	
发包人名称	
发包人地址	
发包人电话	
合同价格	
开工日期	
竣工日期	
承担的工作	
工程质量	
项目经理	
技术负责人	
总监理工程师及电话	
项目描述	
备注	

范本 3-9　承诺

承诺

________________（招标人名称）：

我公司________________（投标人名称）参加了贵单位________________（项目名称）的投标，自愿作出以下承诺：

1. 我公司投标截止日投标资格情况不存在下列情形之一：

（1）被人民法院列入失信被执行人名单且在被执行期内；

（2）被列入《××市工程建设领域招投标信用管理暂行办法》规定的重点关注名单及记分达到12分且在记分有效期内；

（3）被列入《××市工程建设领域招投标信用管理暂行办法》规定的黑名单且在记分有效期内；

（4）被国家、××市（含市或任意区县）有关行政部门处以暂停投标资格行政处罚，且在处罚期限内；

（5）被××市住房和城乡建设主管部门暂停承揽新业务且在暂停期内。

2. 我公司拟派的项目经理按注册建造师的相关规定到岗履职和未被禁止参与投标。

2.1 拟派的项目经理中标后在本项目任职，签订合同时拟派的项目经理必须与投标文件中的项目经理一致，并满足办理施工许可手续的相关要求。不能按承诺到岗履约的，按合同相关条款处罚并上报行政主管部门，给贵单位造成损失的，我公司依法承担违约赔偿责任。拟派的项目经理中标后不得随意更换。

2.2 拟派的项目经理未被××市住房和城乡建设主管部门暂停承揽新业务，若被暂停且参加投标的投标将被否决；已取得中标候选人资格或中标资格的，贵单位有权取消我公司中标候选人资格或中标资格；给贵单位造成损失的，我公司依法承担违约赔偿责任。

2.3 为保证我公司拟派的项目经理到本项目到岗履职，我公司还承诺：

若我公司拟派本项目的项目经理有在其他项目任职的情形的（或有在其他项目中标或拟中标的情形的），应在收到中标通知书后14日（7～30日）内，办理完成放弃在其他项目任职的手续（或办理完成放弃在其他项目中标或拟中标的手续），贵单位在合同签订前有权对我公司拟派项目经理在其他项目的任职情形（或在其他项目的中标或拟中标情形）进行核查，若与我公司承诺内容不符或我公司未在上述时间内按照招标文件规定递交放弃在其他项目任职、中标或拟中标的相关资料，我公司自愿放弃中标资格，贵单位不退还我公司的投标保证金。在合同签订时，我公司确保拟派项目经理符合《建筑施工企业项目经理资质管理办法》规定的项目经理任职条件，否则我公司自愿放弃中标资格，贵单位不退还我公司的投标保证金。

若我公司拟派项目经理放弃在其他项目任职的将提供：①经业主或建设单位同意任职变更的文件；②负责项目监管的行业行政主管部门出具同意任职变更的证明材料。

若我公司拟派项目经理放弃在其他项目中标或拟中标的将提供经中标或拟中标的其他项目建设单位同意的放弃中标函。

3. 我公司若中标，在签订合同之前，将按照建设行政主管部门的要求组建施工项目部，配置项目管理班子，出具任命文件。任命文件应当明确施工项目部的职责、岗位设置、人员配备，并书面通知招标人。相关岗位管理人员应持有建设行政主管部门要求的岗位证书，并提供我公司为其缴纳的养老保险证明材料。中标后不能满足该要求的，取消我公司中标资格，给招标人造成损失的，我公司依法承担违约赔偿责任。

4. 我公司在资格审查部分中提供的相关证明材料真实有效，不存在弄虚作假情形。招标人在合同签订前均有权对我司提供的资料（如业绩截图信息等相关证明材料）进行核实，若发现弄虚作假，取消中标资格，并按相关法律法规报招投标监督部门处理，投标保证金不予退还，我司自愿承担因此造成的相关责任并赔偿相应损失。

5. 我公司不存在第二章投标人须知第1.4.3项规定的任何一种情形。

6. 我公司的投标文件符合第二章投标人须知第1.3.1项的规定。

7. 我公司的投标文件符合第四章合同条款及格式规定，投标文件中没有招标人不能接受的条件。

8. 我公司的投标文件符合第七章技术标准和要求（如有）。

投　标　人：________________（盖单位法人章）

法定代表人：________________（签字或盖章）

______年____月____日

扫描下方二维码完成练习。

学习笔记

任务3　投标报价的策略与技巧

3.1　投标报价的策略

投标策略是指承包商在投标竞争中的系统工作部署，是参与投标竞争的方式和手段，投标策略作为投标取胜的方法和艺术，贯穿于竞标始终，主要包括以下内容。

1. 以信取胜

依靠企业长期形成的良好社会信誉，技术和管理上的优势，优良的工程质量和服务措施，健全的质量保证体系，合理的价格和工期等因素争取中标。

2. 以谦取胜

在保证施工质量、工期及工程成本的前提下，降低报价对招标单位具有较强的吸引力。从投标单位的角度出发，采取这一策略也可能有长远的考虑，通过降低价格扩大工程来源，从而降低固定成本在各个工程上的返销比例，因此既能降低工程成本，又能为降低新投标工程的承包价格创造条件。

3. 以快取胜

通过采取有效措施缩短施工工期，并保证进度计划的合理性和可行性及工程的高质量，从而使招标工程早投产、早收益，以吸引业主，同时，也相应降低了工程成本。

4. 采用低报价高索赔的策略

在招标文件中不是采取固定承包价格的条件下，可依据招标文件中不明确之处并有可能据此索赔时，可报低价先争取中标，再寻找索赔机会。采用这种策略，要求施工企业相关业务技术人员在索赔事务方面具有相当成熟的经验。

5. 采用长远发展的策略

目的不在于当前的招标工程上获利，而着眼于发展，争取以后的优势，如为了开辟新市场及某项工程对企业未来发展具有重要的意义等，这时宁可在当前招标工程上以微利的价格参与竞争。

3.2　投标报价的技巧

投标报价工作是一个十分复杂的系统工程，能否科学、合理地运用投标技巧，关系到最终能否中标，是整个投标报价工作的关键所在。通常，投标单位使用的具体投标技巧有以下几种。

1. 灵活报价法

灵活报价法是指根据招标工程的不同特点采用不同的报价。投标时既要考虑自身的优势和劣势，也要分析项目的特点，按照不同的特点、类别、施工条件等来选择报价策略。如遇到工程施工条件差、专业要求高、技术密集型的而本单位有专长的工程，总价低的小工程，以及自己不愿意做又不方便投标的工程、特殊工程、工期要求急的工程、投标对手少的工程、支付条件不理想的工程等，报价可以相对高。反之，施工条件好的工程，工作简单、工程量大、一般单位都能施工的工程；本企业在新地区开发市场或该地区面临工程结束、机械设备无工地转移时；本企业在该地区有在建工程而该招标项目能利用其他工程现有的设备、劳力资源时，或短期内能突击完成的工程；投标对手多、竞争激烈的工程；非急需工程；支付条件好的工程等，则报价需稍微低些。

2. 不平衡报价

不平衡报价是指在总价基本确定的前提下，调整内部各个子项的报价，以期既不影响总报价，又可在中标后投标人尽早收回垫支于工程中的资金，获取较好的经济效益。但要注意避免畸高畸低现象，避免失去中标机会。通常采用的不平衡报价的项目有下列几种情况：

(1) 对能早期结账收回工程款的项目（如土方、基础等）的单价可报较高价，以利于资金周转；对后期项目（如装饰、电气设备安装等）的单价可适当降低，报低价。

(2) 估计今后工程量可能增加的项目，其单价可提高；而工程量可能减少的项目，其单价可降低。

但上述两点要统筹考虑。对于工程量有错误的早期工程，如不可能完成工程量表中的数量，则不能盲目抬高单价，需要具体分析后再确定。

(3) 图纸内容不明确或有错误，估计修改后工程量要增加的，其单价可提高；而工程内容不明确的，其单价可降低。

(4) 没有工程量只填报单价的项目（如疏浚工程中的开挖淤泥工作等），其单价宜高。这样，既不影响总的投标报价，又可多获利。

(5) 对于暂定项目或实施可能性大的项目，价格可定高价；估计该工程不一定实施的项目可定低价。

(6) 零星用工（计日工）一般可稍高于工程单价表中的工资单价，因为零星用工不属于承包有效合同总价的范围，发生时实报实销，也可多获利。

(7) 暂定金额的估计，分析其发生的可能性，可能性大的价格可定高些；估计不一定发生的，价格可定低些等。

虽然不平衡报价对投标人可以降低一定的风险，但报价必须建立在对工程量清单表中的工程量风险仔细核对的基础上，特别是对于降低单价的项目，工程量一旦增多，将造成投标人的重大损失，同时单价降低一定要控制在合理幅度内，一般控制在10%以内，以免引起招标人反对，甚至导致个别清单项目报价不合理而废标。如果不注意这一点，有时招标人会挑选出报价过高的项目，要求投标人进行单价分析，而围绕单价分析中过高的单价内容压价，以致投标人得不偿失。

3. 计日工单价的报价

如果是单纯报计日工单价，而且不计入总价中，可以报高些以便在招标单位额外用工或使用施工机械时实报实销，可多获利。但如果计日工单价要计入总价，则需具体分析是否报高价，以免抬高总价。总之，要分析招标单位在开工后可能使用的计日工数量，再来确定报价方针。

4. 突然降价法

由于投标竞争激烈，为迷惑对方，可在整个报价过程中，仍然按照一般情况进行，甚至有意泄露一些虚假情况，如宣扬自己对该工程兴趣不大，不打算参加投标（或准备投高标），表现出无利可图、不相干等假象，到投标快截止时，再突然降价，从而使对手措手不及。采用这种方法时，一定要在准备投标报价的过程中考虑好降价的幅度，在临近投标截止日期时，根据情报信息与分析判断，再做最后决策。如果由于采用突然降价法而中标，因为

视频：突然降价法

开标只降总价，在签订合同后可采用不平衡报价的方法调整项目内部各项单价，以期取得更好的效益。

5. 低价投标夺标法

有的投标单位为了打进某一地区占领某一市场或为了争取未来的优势，依靠某国家、某财团和自身的雄厚资本实力，采取一种不惜代价只求中标的低价报价方案，宁可目前少盈利或不盈利，或采用先亏后赢法，先报低价，然后利用索赔扭亏为盈。采用这种方法应首先确认招标单位是按照最低价确定中标单位，同时要求承包商拥有很强的索赔管理能力。

6. 多方案报价法

对于一些招标文件，如果发现工程范围不明确、条款不清楚或很不公正，或技术规范要求过于苛刻，投标单位将会承担较大风险，为了减少风险就必须提高单价，增加不可预见费，但这样做又会因报价过高而增加投标失败的可能性。投标单位要在充分估计投标风险的基础上，按多个投标方案进行报价，即在投标文件中报两个价，按原招标文件报一个价，然后提出如果工程说明书或合同条件可做某些改变时的另一个较低的报价（需要加以注释），这样可使报价降低，吸引招标单位。

7. 联保法和捆绑法

联保法是指在竞争对手众多的情况下，由几家实力雄厚的投标单位联合起来控制标价。保一家先中标，随后在第二次、第三次招标中，再用同样办法保第二家、第三家中标。这种联保方法在实际的招投标工作中很少使用。而捆绑法比较常用，即两三家公司，其主营业务类似或相近，单独投标会出现经验、业绩不足或工作负荷过大而造成高报价，失去竞争优势，若以捆绑形式联合投标，可以做到优势互补、规避劣势、利益共享、风险共担，相对提高了竞争力和中标概率。这种方式目前在国内许多大项目中使用。

8. 增加建议方案法

有时招标文件中规定，可以提出建议方案，即可以修改原设计方案，提出投标单位的方案。这时投标者应组织一批有经验的设计师和施工工程师，对原招标文件的设计和施工方案进行仔细研究，提出更合理的方案以吸引招标单位，促成自己的方案中标。这种新的建议方案可以降低总造价或提前竣工或使工程运用更合理，但需要注意的是，对原招标方案一定要标价，以供招标单位比较。增加建议方案时，不要将方案写得太具体，要保留方案的技术关键，防止招标单位将此方案交给其他承包商。同时需要强调的是，建议方案一定要比较成熟，有很好的可操作性。

9. 暂定工程量的报价法

(1) 招标单位规定了暂定工程量的分项内容和暂定总价款，并规定所有投标单位都必须在总报价中加入这笔固定金额，但由于分项工程量不是很准确，允许将来按投标单位所报单价和实际完成的工程量付款。对于这种情况，投标时应当对暂定工程量的单价适当提高。

(2) 招标单位列出了暂定工程量项目的数量，但并没有限制这些工程量的估价总价款，要求投标单位既列出单价，也应按暂定项目的数量计算总价，当将来结算付款时可按实际完成的工程量和所报单价支付。一般来说，这类工程量可以采用正常单价。

(3) 只有暂定工程的一笔固定总金额，将来这笔金额做什么用，由招标单位确定。这种情况对投标竞争没有实际意义，按招标文件要求将规定的暂定款列入总报价即可。

10. 分包商报价法

总承包商在投标前找 2～3 家分包商分别报价，而后选择其中一家信誉较好、实力较强和报价合理的分包商签订协议，同意该分包商作为本分包工程的唯一合作者，并将分包商的姓名列到投标文件中，但要求该分包商相应地提交投标保函。如果认为这家总承包商确实有可能中标，该分包商也许愿意接受这一条件。这种将分包商的利益同投标单位捆绑在一起的做法，不但可以防止分包商事后反悔和涨价，还可能迫使分包商报出较合理的价格，以便共同争取中标。

11. 无利润算标法

缺乏竞争优势的承包商，在不得已的情况下，只好在算标中根本不考虑利润去夺标。这种办法一般是处于以下条件时采用：

（1）中标后，将大部分工程分包给索价较低的一些分包商。

（2）对于分期建设的项目，先以低价获得首期工程，而后赢得机会创造第二期工程中的竞争优势，并在以后的施工中赚得利润。

（3）承包商没有在建的工程项目，如果再不得标，就难以维持生存。因此，虽然本工程无利可图，但可以有一定的管理费维持公司的日常运转。

投标人是响应招标、参加投标竞争的法人或其他组织。

在《招标投标法》中，对于投标人有如下要求：

投标人应当具备承担招标项目的能力；国家有关规定对投标人资格条件或者招标文件对投标人资格条件有规定的，投标人应当具备规定的资格条件；投标人应当按照招标文件的要求编制投标文件。投标文件应当对招标文件提出的实质性要求和条件作出响应；投标人应当在招标文件要求提交投标文件的截止时间前，将投标文件送达投标地点；投标人在招标文件要求提交投标文件的截止时间前，可以补充、修改或者撤回已提交的投标文件，并书面通知招标人。补充、修改的内容为投标文件的组成部分；投标人根据招标文件载明的项目实际情况，拟在中标后将中标项目的部分非主体、非关键性工作进行分包的，应当在投标文件中载明。

练一练

扫描下方二维码完成练习。

学习笔记

实　训

案例一

某投资公司建造一幢办公楼，采用公开招标方式选择施工单位。招标文件要求：提交投标文件和投标保证金的截止时间为2022年5月30日。该投资公司于2022年3月6日发出招标公告，共有5家建筑施工单位参加了投标。第5家施工单位于2022年6月2日提交了投标保证金。

开标会于2022年6月3日由招标人主持召开。第4家施工单位开标前向投资公司要求撤回投标文件和退还投标保证金。经过综合评选，最终确定第2家施工单位中标。

投资公司（甲方）与中标施工单位（乙方）双方按规定签订了施工承包合同，合同约定开工日期为2022年8月16日。

【问题】

（1）第5家施工单位提交投标保证金的时间对其投标文件产生什么影响？

（2）第4家施工单位撤回投标文件，招标方对其投标保证金应如何处理？

案例二

某投标人在通过资格预审后，对招标文件进行了仔细分析，发现业主所提出的工期要求过于苛刻，且合同条款中规定每拖延1天工期则罚合同价的0.1%，若要保证实现该工期要求，必须采取特殊措施，从而大大增加成本；投标人还发现原设计结构方案采用框架一剪力墙体系过于保守。因此，该承包商在投标文件中说明业主的工期要求难以实现，因而按自己认为的合理工期（比业主要求的工期增加6个月）编制施工进度计划并据此报价；还建议将框架—剪力墙体系改为框架体系，并对这两种结构体系进行了技术经济分析和比较，证明框架体系不仅能保证工程结构的可靠性和安全性，增加使用面积，提高空间利用的灵活性，而且可降低造价约3%。

该投标人将技术标和商务标分别封装，在封口处加盖本单位公章并由项目经理签字后，在投标截止日期前1天上午将投标文件报送业主。次日（即投标截止当天）下午，在规定的开标时间前1小时，该承包商又递交了一份补充材料，其中声明将原报价降低4%。但是，招标单位的有关工作人员认为，根据国际上“一标一投”惯例，一个投标人不得递交两份投标文件，因而拒收该投标人的补充材料。

【问题】

（1）该投标人运用了哪几种投标报价技巧，其运用是否得当？请逐一加以说明。

（2）投标文件递交过程中存在哪些问题？请一一说明。

案例三

某工程经造价工程师估算总价为9 000万元，总工期为24个月。其中，第一阶段基础工程造价为1 200万元，工期为6个月，第二阶段上部结构工程估价为4 800万元，工期为12个月，第三阶段装饰和安装工程估价为3 000万元，工期为6个月。

承包商为了不影响中标，又能在中标后取得较好的收益，决定采用不平衡报价法，对造价工程师原估价作出适当调整。基础工程估价调整为1 300万元，结构工程估价调整为5 000万元，装饰和安装工程造价调整为2 700万元。

【问题】

该承包商所运用的不平衡报价法是否恰当？为什么？

案例四　根据背景资料编制投标文件

背景资料

××市第一人民医院门诊楼工程施工招标公告及招标文件中的投标人须知前附表（表3-18）

××市第一人民医院门诊楼工程施工招标公告

1. 招标条件

本招标项目××市第一人民医院门诊楼工程已由市发改委《关于××市第一人民医院道门口院部门诊综合楼建筑工程项目核准的通知》核准建设，项目业主为××市第一人民医院，建设资金来自业主自筹，项目出资比例为100%，招标人为××市第一人民医院。项目已具备招标条件，现对该项目的施工进行公开招标。

2. 项目概况与招标范围

2.1 建设规模及内容：建筑面积为12 408.98 m^2，总投资约为3 200万元。

2.2 建设地点：××区×××。

2.3 计划工期：360日历天。

2.4 招标范围：土建、安装（包含消防、通风空调、给水排水等）。详见施工图和工程量清单。

2.5 标段划分：1个标段。

3. 投标人资格要求

3.1 本次招标要求投标人须同时具备房屋建筑工程施工总承包二级及以上、消防设施工程专业承包三级及以上、机电设备安装工程专业承包三级及以上的资质，并在人员、设备、资金等方面具有相应的施工能力。

3.2 本次招标不接受联合体投标。

4. 招标文件的获取

4.1 本招标项目采用全流程电子招投标，投标人在投标前可在××市公共资源交易网下载招标文件、工程量清单、电子图纸等资料。参与投标的投标人需在××市公共资源交易网完成市场主体信息登记以及CA数字证书办理，办理方式请参见××市公共资源交易网导航栏“主体信息”页面中“市场主体信息登记”“CA数字证书办理”。若投标人未及时完成市场主体信息登记和CA数字证书办理导致无法完成全流程电子招投标的，责任自负。

4.2 投标人可在附件招标公告规定的时限内在××市公共资源交易网（www.××ggzy.××）本项目招标公告网页下方“我要提问”栏提出疑问。

4.3 招标人应在附件招标公告规定的时限内在××市公共资源交易网（www.××ggzy.××）发布澄清或修改。

5. 投标文件的递交

5.1 投标文件递交的截止时间（投标截止时间，下同）为2022年3月8日10时00分，地点为××市工程建设招投标交易中心（地址：××市××区××路××号），具体接标处详见开标当天交易中心一楼大厅电子显示屏或××市工程建设招投标交易中心网站开标安排。

5.2 逾期送达的或者未送达指定地点的投标文件，招标人不予受理。

6. 发布公告的媒介

本次招标公告同时在××建筑工程信息网、××市建设项目及招标网、××市工程建设招投标交易信息网上发布。

7. 联系方式

招 标 人：××市第一人民医院	招标代理机构：×××招标代理有限公司
地　　址：××市××区×××	地　　址：××市××区×××
邮　　编：××××	邮　　编：××××
联 系 人：×××	联 系 人：×××
电　　话：	电　　话：
传　　真：	传　　真：
电子邮件：	电子邮件：
网　　址：	网　　址：
开户银行：	开户银行：
账　　号：	账　　号：

2022年2月

表 3-18 投标人须知前附表

条款号	条款名称	编列内容
1.1.2	招标人	招标人：××市第一人民医院 联系人：××× 邮　编：×××× 电　话： 传　真： 地　址：××市××区×××
1.1.3	招标代理机构	招标代理机构名称：××招标代理有限公司 地址：××市××区××× 邮编：××××　　联系人：××× 电话：　　传　真：
1.1.4	项目名称	××市第一人民医院门诊楼工程
1.1.5	建设地点	××市××区×××
1.2.1	资金来源	资金来源：自筹投资。资金性质：全部国有
1.2.2	出资比例	100%
1.2.3	资金落实情况	已经落实
1.3.1	招标范围	土建、安装（包含消防、通风空调、给水排水等）。详见施工图和工程量清单
1.3.2	计划工期	计划工期：360 日历天
1.3.3	质量要求	达到国家现行有关施工质量验收规范要求，并达到合格标准
1.4.1	投标人资质条件、能力和信誉	本工程施工招标实行资格后审，投标人应具备以下资格条件： 1. 资质条件。投标人须同时具备房屋建筑工程施工总承包二级及以上、消防设施工程专业承包三级及以上、机电设备安装工程专业承包三级及以上的资质，并在人员、设备、资金等方面具有相应的施工能力。 2. 财务要求。近三年财务不亏损。 3. 业绩要求。近三年投标人和项目经理都具有总投资不少于 3 000 万元、建筑面积不少于 1.3 万 m^2、楼层不少于 12 层的项目业绩 1 个。 4. 近年发生的诉讼和仲裁情况。受到行政处罚的不在其行政处罚期内。 5. 项目经理资格要求。 （1）项目经理应具有建筑工程二级及以上建造师注册证（必须已在投标人单位注册，具备安全生产考核合格证）。 （2）提供本单位社保缴费证明。 6. 其他要求。 （1）技术负责人： 1）应具有建筑施工专业中级及其以上技术职称； 2）提供本单位社保缴费证明。 （2）主要管理人员： 1）持有有效证件的质检员不少于 1 人，安全员不少于 1 人，材料员不少于 1 人，造价员或造价工程师不少于 1 人，施工员不少于 1 人，资料员不少于 1 人。 2）以上人员提供本单位社保缴费证明。

续表

条款号	条款名称	编列内容
1.4.1	投标人资质条件、能力和信誉	(3) 有效的营业执照。 (4) 具备有效的安全生产许可证，企业主要负责人、拟担任该项目负责人和专职安全生产管理人员（即“三类人员”）具备相应的安全生产考核合格证书
1.4.2	是否接受联合体投标	☑不接受 □接受，应满足下列要求：
1.9.1	踏勘现场	☑不组织 □组织，踏勘时间： 踏勘集中地点：
1.10.1	投标预备会	☑不召开 □召开，召开时间： 召开地点：
1.10.2	投标人提出问题的截止时间	2022年2月20日17：00前在××市工程建设招投标交易信息网上匿名提出，过期不再受理质疑
1.10.3	招标人书面澄清的时间	2022年2月22日17：00前在××市工程建设招投标交易信息网上予以答疑或澄清，请各投标单位自行下载，不管投标人是否下载，均视为已知晓答疑或补充通知内容
1.11	分包	☑不允许
2.1	构成招标文件的其他材料	招标人发出的澄清、修改、通知
2.2.1	投标人要求澄清招标文件的截止时间	投标人在收到招标文件后，应仔细检查招标文件的所有内容，如有残缺或文字表述不清，图纸尺寸标注不明以及存在错、碰、漏、缺、概念模糊和有可能出现歧义或理解上的偏差的内容等，应在2022年2月20日17：00前在××市工程建设招投标交易信息网匿名提出
2.2.2	投标截止时间	2022年3月8日10时00分（北京时间）
3.1.1	构成投标文件的其他材料	招标文件规定的和投标人认为应该提供的所有材料
3.2	投标报价	1. 工程计价方式：本工程采用工程量清单计价。 2. 投标报价范围：各投标人对招标人提供的工程量清单，结合施工图纸进行报价。 3. 报价原则： 4. 措施项目费清单包括施工组织措施项目清单和施工技术措施项目清单两部分。 5. 工程量清单项、量、价： 6. 安全文明施工措施费用： 7. 材料采购及报价： 8. 人工费： 9. 其他说明：

续表

条款号	条款名称	编列内容
3.3.1	投标有效期	90日历天（从提交投标文件截止日起计算）
3.4.1	投标保证金	一、投标保证金的交纳 1. 投标保证金交款形式及要求：投标人从企业的基本账户（开户行）在投标文件截止3小时前通过转账支票直接划付或以电汇方式直接划付，自行考虑汇入时间风险，如同城汇入、异地汇入、跨行汇入的时间要求。 2. 投标保证金的金额：30万元整（人民币）。 3. 投标保证金专用账户（1）： 户名：××市工程建设招投标交易中心 开户行：××× 投标保证金账号：××× 投标保证金专用账户（2）： 户名：××× 开户行：××× 投标保证金账号：××× 4. 投标人必须在付款凭证备注栏中注明是"××市第一人民医院门诊楼工程投标保证金"。 5. 投标保证金有效期为投标有效期加30天。 6. 投标人在开标3天前必须到××市工程建设招投标交易中心对基本账户进行登记。 如未按要求递交保证金，投标文件将当场退还。 二、投标保证金的退还 招标人应当在法定时间内确定中标人，向中标人发出中标通知书，并抄送市交易中心，同时书面通知市交易中心向除中标候选人以外的其他投标人退还投标保证金。市交易中心应于5日内退还。 招标人应在法定时间内和中标人签订合同，并同时书面通知市交易中心向中标人和其他中标候选人退还投标保证金。市交易中心应于5日内退还
3.5	资格审查资料	本须知第3.5.1项至3.5.8项规定提供的资料均需提供原件备查
3.5.2	近年财务状况的年份要求	投标截止前三年（不包括本年），指2019年1月1日起至2021年12月31日止
3.5.3	近年完成的类似项目的年份要求	投标截止前三年，指2019年1月1日起至2021年12月31日止
3.5.4	正在施工和新承接的项目情况表	应附中标通知书和合同协议书复印件。每张表格只填写一个项目，并标明序号
3.5.5	近年发生的诉讼及仲裁情况的年份要求	投标截止前三年，指2019年1月1日起至2021年12月31日止
3.6	是否允许递交备选投标方案	☑不允许
3.7.3	签字盖章要求	按本章投标人须知3.7.3款执行

续表

条款号	条款名称	编列内容
3.7.4	投标文件的副本份数	投标文件副本2份
3.7.5	装订要求	1. 本工程技术部分《施工组织设计》采用暗标评审，应将投标函部分、商务部分、技术部分、资格审查资料各自分别装订成册。 2. 装订： （1）投标函部分的装订要求。 应按照第八章规定格式装订成册，并应编制目录，逐页标注页码。 （2）商务部分的装订要求。 应按照第八章规定格式装订成册，并应编制目录，逐页标注页码。 （3）技术部分的装订要求。 （4）资格审查资料的装订要求。 应按照第八章规定格式装订成册，并应编制目录，逐页标注页码
4.1.1	投标文件的密封	1. 投标文件袋使用“××市工程建设招标代理协会制”“××市建筑工程招投标办公室监制”的“投标函部分”袋、“技术部分”袋、“商务部分”袋及“投标文件”大袋、“资格审查资料”。 2. 投标函部分装入“投标函部分”袋中，密封并在袋上加盖投标人单位公章。 3. 商务部分装入“商务部分”袋中，密封并在袋上加盖投标人单位公章。 4. 技术部分装入“技术部分”袋中，密封不加盖任何印章。 5. “投标函部分”“技术部分”“商务部分”等小袋装入“投标文件”大袋中，密封并在大袋上加盖投标人单位公章，同时“投标文件”大袋应按本表第4.1.2项的规定写明相应内容。 6. “资格审查资料”单独封装，密封并加盖投标人单位公章，同时应按本表第4.1.2项的规定写明相应内容。 7. 如果投标文件没有按上述规定密封，该投标文件将被拒绝接收
4.1.2	封套上写明	应在“投标文件”大袋和“资格审查资料”封套上写明如下内容： 招标人的地址： 招标人名称： （项目名称）　　投标文件　在　　　年　　月　　日　　时　　分前不得开启
4.2.2	递交投标文件地点	投标人应当在投标截止时间前，通过互联网使用CA数字证书登录××市电子招投标系统，将加密的电子投标文件上传。 特别注意：投标人如需现场递交不加密电子投标文件（光盘备份）等备用资料，则须在投标截止时间前递交，递交地点为××市××县公共资源交易中心开标区（具体请登录××市公共资源交易网（××县）查询或递交文件当日见交易中心大厅电子显示屏）
4.2.3	是否退还投标文件	☑否 □是
5.1	开标时间和地点	开标时间：同投标截止时间。 开标地点：××市工程建设招投标交易中心（地址：××市××区×××）

续表

条款号	条款名称	编列内容
5.2	开标程序	1. 按5.2（1）执行； 2. 按5.2（2）执行； 3. 核验参加开标会议的投标人的法定代表人或委托代理人本人身份证（原件），核验被授权代理人的授权委托书（原件），以确认其身份合法有效； 4. 按5.2（3）执行； 5. 密封情况检查：招标人检查投标文件是否按本须知4.1.1的规定密封，如发现投标文件未按本须知4.1.1的规定密封，则当众原封退还。 6. 开标顺序：随机开启； 7. 按5.2（6）执行； 8. 开启资格审查资料袋、投标文件大袋及投标函部分袋、商务部分袋、技术部分袋，并执行5.2（7）的内容； 9. 按5.2（8）和（9）执行
6.1.1	评标委员会的组建	1. 评标委员会构成：5人。 2. 评标专家确定方式：在××市综合评标专家库中随机抽取
7.1	是否授权评标委员会确定中标人	□是 ☑否，推荐经评审得分由高到低排名前三名为中标候选人
7.3.1	履约担保	1. 担保形式：转账或现金形式 2. 担保金额：履约担保金额为签约合同价格的10%
8.1	重新招标	1. 按投标人须知8.1（1）执行； 2. 按投标人须知8.1（2）执行； 3. 经评审后，如合格的投标人少于三个的，且明显缺乏竞争的，评标委员会可以否决全部投标，招标人将重新组织招标。 二次招标的项目可以按照条例约定
10	需要补充的其他内容	
10.1	最高限价	本工程招标人设最高限价，最高限价在投标截止日3天前公布
10.2	工程结算	结算总价＝分部分项工程量清单结算价＋钢材、水泥、商品混凝土材料价差调整金额＋措施费＋分部分项工程量清单新增或变更等引起的增（减）子项结算价＋安全文明施工“专项费用”＋规费＋税金＋合同约定其他费用。各部分的结算原则如下： 1. 各分部分项工程量清单结算价： 以中标人投标报价时的分部分项工程量清单中子项综合单价×子项工程量； 2. 钢材、水泥、商品混凝土材料价差调整； 3. 措施费； 4. 设计变更及调整、施工过程中出现新增项目（含招标范围以外的项目）价款结算办法； 5. 安全文明施工“专项费用”； 6. 规费：按投标费率结算，若中标人的投标报价中规费费率高于规定费率，则以规定费率结算； 7. 税金：按规定费率结算； 8. 合同约定费用

请根据给出的招标文件背景，按下列格式编制投标文件（投标函及附录）：

（一）投标函

（招标人名称）：

1. 我方已仔细研究了（项目名称）招标文件的全部内容，愿意以人民币（大写）________（¥____）的投标总报价进行报价，其中安全文明施工费暂定金额为人民币________万元，该工程项目经理为________，身份证号码为________；委托代理人为________，身份证号码为________。工期________，缺陷责任期________，按合同约定实施和完成承包工程，修补工程中的任何缺陷，工程质量达到________。

2. 我方承诺在投标有效期内不修改、撤销投标文件。

3. 随同本投标函提交投标保证金一份，金额为人民币（大写）________（¥________）。投标保证金有效期与投标有效期一致，在此期间，若我方违反招投标有关法律、法规及本招标文件的相关规定，投标保证金的受益人为招标人。

4. 如我方中标：

（1）我方承诺在收到中标通知书后，在中标通知书规定的期限内与你方签订合同。

（2）随同本投标函递交的投标函附录属于合同文件的组成部分。

（3）我方承诺按照招标文件规定向你方递交履约担保。

（4）我方承诺在合同约定的期限内完成并移交全部合同工程。

5. 我方在此声明，所递交的投标文件及有关资料内容完整、真实和准确，且不存在“投标人须知”第 1.4.3 项规定的任何一种情形。同时我方承诺接受招标文件及附件、澄清及修改通知中所有的内容。

6. ____（其他补充说明）。

投 标 人：____（盖单位法人章）

法定代表人或其委托代理人：____________________________（签字或盖章）

地　　址：____

网　　址：____

单位电话（座机）：____

委托代理人电话（手机）：__________________________________

传　　真：____

邮政编码：____

________年____月____日

注：联合体投标的，应在本投标函第 6 条中列明联合体全体成员的单位全称；要求加盖单位法人章的地方由联合体牵头人使用 CA 数字证书加盖单位电子印章即可。

（二）投标函附录

表 3-19　投标函附录

序号	条款名称	合同条款号	约定内容	备注
1	项目经理	1.1.2.8	姓名：	
2	工期	1.1.4.3	天数：___	
3	缺陷责任期	1.1.4.4		
4	分包	3.5		
…	……	……	……	

投　标　人：______________________（盖单位法人章）

法定代表人或其委托代理人：__________（签字或盖章）

项目 4

建筑工程项目开标、评标与定标

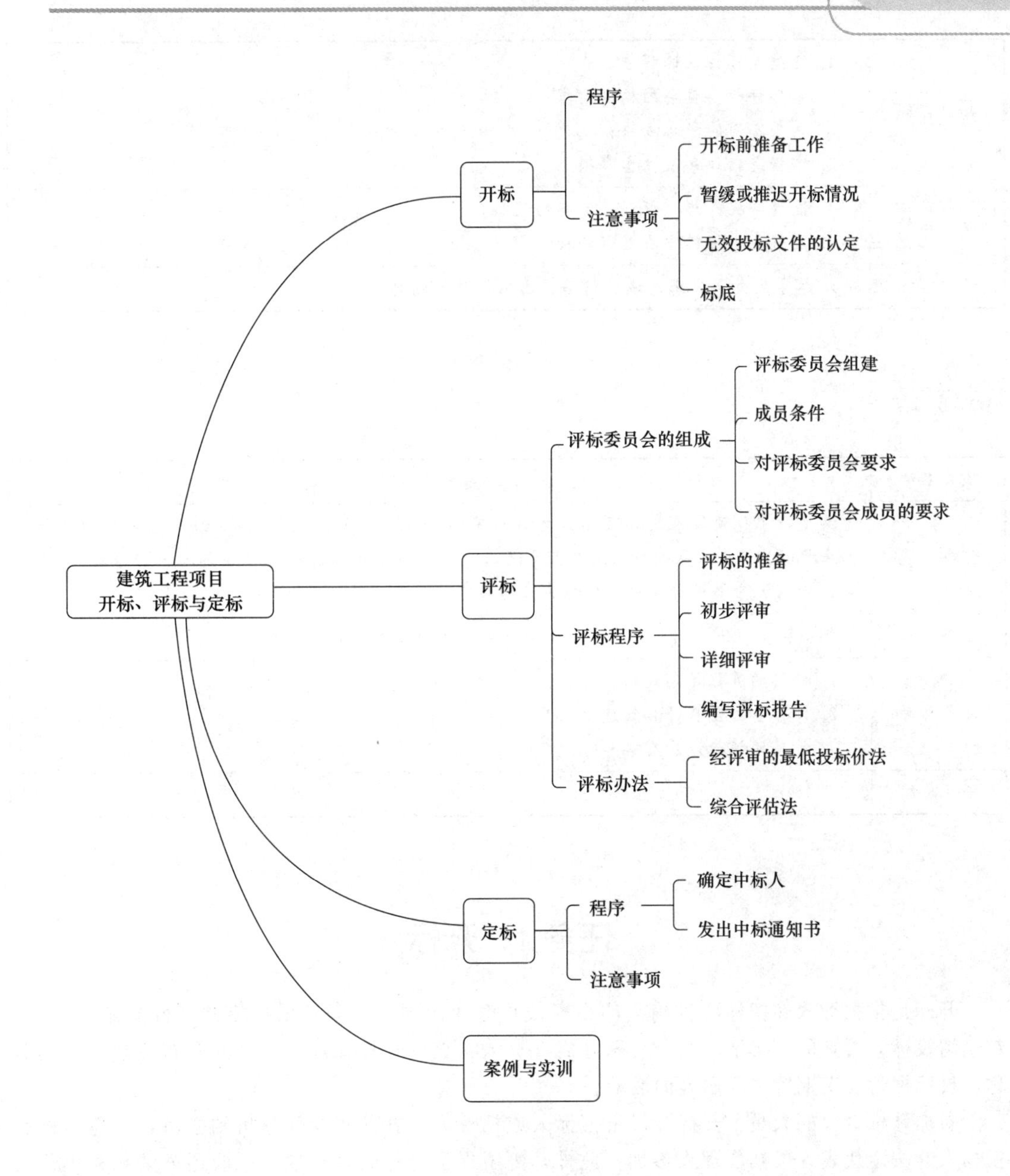

思政元素

开标、评标与定标工作必须坚持公平、公正、公开、诚实信用；创新则要求我们综合考虑经济造价、施工技术两方面因素，选择出工程造价适中、施工技术方案可靠、机械劳动力充裕、工期符合要求、信誉度高的施工单位中标。

学习目标

知识目标	1. 熟悉开标会议的程序； 2. 掌握评标委员会的构成要求； 3. 掌握常用的评标方法； 4. 掌握定标程序及注意事项
能力目标	1. 能够掌握开标、评标、定标的流程； 2. 能够运用评标方法进行评标
素质目标	培养学生公平公正、诚实信用、团队协作的精神

任务清单

项目名称	任务清单内容
任务情境	某建筑工程项目采用公开招标方式，有 A、B、C、D、E、F 共 6 家承包商参加投标，经资格预审，6 家承包商均满足业主要求。该工程采用二阶段评标法评标。请根据评标规则，对以上 6 个投标人进行投标文件的技术标和商务标评比
任务要求	根据投标规则，对投标文件中的技术部分和商务部分进行评标
任务思考	1. 评标的流程是怎样的？ 2. 评标委员会有什么组建要求？ 3. 常见的评标方法有哪些？
任务总结	

任务 1　开标

开标是指招标人在招标文件确定的投标截止时间的同一时间，依据招标文件规定的地点，在邀请投标人参加的情况下，当众公开开启投标人提交的投标文件，并公开宣布各投标人的名称、投标报价、工期等主要内容的活动。

参加开标会议的人员：开标会议由招标人或招标人委托的招标代理机构主持，并邀请所有投标人的法定代表人或其代理人参加。此外，为了保证开标的公正性，一般还邀请相关单位的代表参加，如招标项目主管部门的人员、监察部门代表等。有些招标项目，招标人还可以委托公证部门的公证人员对整个开标过程依法进行公证。

视频：开标流程

1.1 开标程序

开标会议按下列程序进行。

1. 招标人签收投标人递交的投标文件

在开标当日且在开标地点递交的投标文件的签收，应当填写投标文件报送签收一览表，招标人安排专人负责接收投标人递交的投标文件。提前递交的投标文件也应当办理签收手续，由招标人携带至开标现场。在招标文件规定的截止投标时间后递交的投标文件不得接收，由招标人原封退还给有关投标人。

在截止投标时间前递交投标文件的投标人少于3家的，招标无效，开标会即告结束，招标人应当依法重新组织招标。

2. 投标人出席开标会的代表签到

投标人授权出席开标会的代表本人填写开标会签到表，招标人安排专人负责核对签到人身份，并与签到的内容一致。

3. 开标会主持人宣布开标会开始，并宣布开标人、唱标人、记录人和监督人员

主持人一般为招标人代表，也可以是招标人指定的招标代理机构的代表。开标人一般为招标人或招标代理机构的工作人员，唱标人可以是投标人的代表，也可以是招标人或招标代理机构的工作人员，记录人由招标人指派，有形建筑市场工作人员同时记录唱标内容，招标办监管人员或招标办授权的有形建筑市场工作人员对会议进行监督。记录人按开标会记录的要求开始记录。

4. 开标会主持人介绍主要与会人员

主要与会人员包括到会的招标人代表，招标代理机构代表，各投标人代表，公证机构公证人员、见证人员及监督人员等。

5. 主持人宣布开标会纪律和当场废标的情形

（1）开标会纪律：

1）场内严禁吸烟；

2）凡与开标无关人员不得进入开标会场；

3）参加会议的所有人员应关闭通信设备，开标期间不得高声喧哗；

4）投标人代表有疑问应举手发言，参加会议人员未经主持人同意不得在场内随意走动。

（2）应当场宣布为废标的情形：

1）逾期送达的或未送达指定地点的；

2）未按招标文件要求密封的。

6. 核对投标人授权代表的身份证件、授权委托书及出席开标会人数

投标人代表出示法定代表人委托书和有效身份证件，同时招标人代表当众核查投标人授权代表的授权委托书和有效身份证件，确认授权代表的有效性并留存授权委托书和身份证件的复印件，法定代表人按照开标会的要求出示其有效证件，主持人还应当核查各投标人出席开标会代表的人数，无关人员应当离场。

7. 主持人介绍招标文件、补充文件或答疑文件的组成和发放情况，投标人确认

主持人主要介绍招标文件的组成部分、发标时间、答疑时间、补充文件或答疑文件的组成、发放和签收情况，可以同时强调主要条款和招标文件中的实质性要求。

8. 主持人宣布投标文件截止和实际送达时间

主持人宣布招标文件规定的递交投标文件的截止时间和各投标单位的实际送达时间，在截止时间后送达的投标文件应当场宣布为废标。

9. 招标人和投标人的代表共同检查（或公证机关检查）各投标书密封情况

密封不符合招标文件要求的投标文件，招标人应当通知监督人到场见证，并当场宣布为废标，不得进入评标。

10. 主持人宣布开标和唱标次序

一般按投标书送达时间逆顺序开标、唱标。

11. 唱标人依唱标顺序依次开标并唱标

开标由指定的开标人在监督人员及与会代表的监督下当众拆封，拆封后应当检查投标文件组成情况并记入开标会记录，开标人应将投标书和投标书附件，以及招标文件中可能规定需要唱标的其他文件交唱标人进行唱标。唱标内容一般包括投标报价、工期和质量标准、质量奖项等方面的承诺、替代方案报价、投标保证金、主要人员等，在递交投标文件截止时间前收到的投标人对投标文件的补充、修改，同时宣布；在递交投标文件截止时间前收到投标人撤回其投标的书面通知的投标文件不再唱标，但须在开标会上说明。

12. 公布标底

招标人设有标底的，唱标人必须公布标底。

13. 开标会记录签字确认

开标会记录人员应当如实记录开标过程中的重要事项，包括开标时间、开标地点、出席开标会的各单位及人员，唱标记录、开标会程序、开标过程中出现的需要评标委员会评审的情况，有公证机构出席公证的还应记录公证结果。投标人代表、招标人代表、监标人、记录人等有关人员都应当在开标会记录上签字确认，对记录内容有异议的可以注明，但必须对没有异议的部分签字确认。

14. 投标文件、开标会记录等送封闭评标区封存

实行工程量清单招标的，招标文件约定在评标前先进行清标工作的，封存投标文件正本，副本可用于清标工作。

15. 开标会结束

主持人宣布开标会议结束，转入评标阶段。

1.2 开标注意事项

1. 开标前准备工作

开标会是招投标工作中一个重要的法定程序。开标会上将公开各投标单位标书、当众宣布标底、宣布评定方法等，这表明招投标工作进入一个新的阶段。开标前应做好下列各项准备工作。

（1）成立评标委员会，制定评标办法；

（2）委托公证，通过公证人的公证，从法律上确认开标是合法有效的；

（3）按招标文件规定的投标截止日期密封标箱。

2. 暂缓或推迟开标情况

如果发生了下列情况，可以暂缓或推迟开标时间。

(1) 招标文件发售后对原招标文件做了变更或补充；

(2) 开标前发现有影响招标公正性的不正当行为；

(3) 出现突发事件等。

3. 无效投标文件的认定

(1) 投标文件未按照招标文件的要求予以标志、密封、盖章。

(2) 投标文件中的投标函未加盖投标人的企业及企业法定代表人印章，或者企业法定代表人委托代理人没有合法、有效的委托书（原件）及委托代理人印章。

(3) 投标文件未按照招标文件规定的格式、内容和要求填报，投标文件的关键内容字迹模糊、无法辨认。

(4) 投标人在投标文件中对同一招标项目报有两个或多个报价，且未书面声明以哪个报价为准。

(5) 投标人未按照招标文件的要求提供投标保证金或者投标保函。

(6) 组成联合体投标的，投标文件未附联合体各方共同投标协议。

(7) 投标人与通过资格审查的投标申请人在名称和法人地位上发生实质性改变。

4. 标底

投标单位可以编制标底，也可以不编制标底。需要编制标底的工程，由招标单位或者由其委托具有相应能力的单位编制；对于编制标底的工程，招标单位可以规定在标底上下浮动一定范围内的投标报价为有效，并在招标文件中写明。

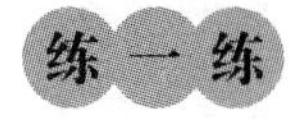

扫描下方二维码完成练习。

学习笔记

任务2　评标

评标是招标工作的最重要阶段，按《招标投标法》和招标文件规定的评标组织、评标方法、评标内容和评标标准，对每个投标人的投标文件进行检查、澄清和比较。

2.1　评标委员会的组成

1. 评标委员会的组建

评标委员会由招标人的代表和有关技术、经济等方面的专家组成，成员人数为5人以上单数，其中招标人、招标代理机构以外的技术、经济等方面专家不得少于成员总数的三分之二。

视频：评标委员会的组建

评标委员会的专家成员应当从省级以上人民政府有关部门提供的专家名册或者招标代理机构专家库内的相关专家名单中确定。确定评标专家，可以采取随机抽取或直接确定的方式。一般招标项目可以采取随机抽取方式；技术特别复杂、专业性要求特别高或者国家有特殊要求的招标项目，采取随机抽取方式确定的专家难以胜任的，可以由招标人直接确定。评标委员会成员名单在开标前确定，在中标结果确定前应当保密。

2. 评标委员会成员条件

评标专家应符合下列条件：

(1) 从事相关专业领域工作满8年，并具有高级职称或者同等专业水平；

(2) 熟悉有关招投标的法律法规，并具有与招标项目相关的实践经验；

(3) 能够认真、公正、诚实、廉洁地履行职责。

3. 对评标委员会成员的要求

(1) 评标委员会成员应当客观、公正地履行职责，遵守职业道德，对所提出的评审意见承担个人责任。

(2) 评标委员会成员不得私下接触投标人或者与投标结果有利害关系的人，不得收受投标人的财物或者其他好处。

(3) 评标委员会成员和参与评标的有关工作人员不得透露对投标文件的评审和比较、中标候选人的推荐情况及与评标有关的其他情况。

(4) 评标委员会可以要求投标人对投标文件中含义不明确的内容做必要的澄清或说明；但是澄清或说明不得超出投标文件的范围或者改变投标文件的实质性内容。

(5) 评标委员会应当按照招标文件确定的评标标准和方法，对投标文件进行评审和比较；设有标底的，应当参考标底。

(6) 评标委员会完成评标后，应当向招标人提出书面评标报告，并推荐合格的按名次排列的中标候选人1～3人（且要排列先后顺序），也可以按照招标人的委托，直接确定中标人。

(7) 评标委员会应接受依法实施的监督。

评标委员会成员有下列情形之一的，不得担任评标委员会成员。

(1) 投标人或者投标主要负责人的近亲属。

(2) 项目主管部门或者行政监督部门的人员。

(3) 与投标人有经济利益关系，可能影响对投标公正评审的。

(4) 曾因在招标、评标以及其他与招投标有关活动中从事违法行为而受过行政或刑事处罚的。

(5) 法律法规规定的其他情形。

2.2 评标程序

视频：评标程序

开标会结束后，投标人退出会场，开始评标。评标的一般程序如下。

1. 评标的准备

评标应做好以下准备工作。

(1) 评标委员会成员在正式对投标文件进行评审前，应当认真研究招标文件，应了解和熟悉以下内容。

1) 招标的目标；

2) 招标项目的范围和性质；

3) 招标文件中规定的主要技术要求、标准和商务条款；

4) 招标文件规定的评标标准、评标方法和在评标过程中考虑的相关因素。

(2) 招标人或者其委托的招标代理机构应当向评标委员会提供评标所需的重要信息和数据。

2. 初步评审

初步评审是对投标文件的外在形式、投标资格、投标文件是否响应招标文件实质性要求进行评审。

(1) 符合性评审。投标文件的符合性评审包括商务符合性和技术符合性鉴定。投标文件应实质上响应招标文件的所有条款、条件，无显著差异或保留。

符合性评审一般包括下列内容。

1) 投标文件的有效性。具体涉及以下内容。

① 投标人及联合体形式投标的所有成员是否已通过资格预审，获得投标资格。

② 投标单位是否与资格预审名单一致，递交的投标保函的金额和有效期是否符合招标文件的规定。如果以标底衡量有效性，投标报价是否在规定的范围内。

③ 投标文件中是否提交了投标人的法人资格证书及企业法定代表人的授权委托书；如果是联合体，是否提交了合格的联合体投标共同协议书及投标负责人的授权委托书。

④ 投标保证的格式、内容、金额、有效期，开具单位是否符合招标文件要求。

⑤ 投标文件是否按规定进行了有效的签署。

2) 投标文件的完整性。看投标文件中是否包括招标文件规定的应递交的全部文件，工程量清单、报价汇总表、施工进度计划、施工方案、施工人员和施工机械设备的配备等，以及应该提供的必要的支持文件和资料。

3) 与招标文件的一致性。具体包括以下内容。

① 招标文件中要求投标人填写的空白栏目是否全部填写，是否均做出明确的回答；

② 对于招标文件的任何条款、数据或说明是否有任何修改、保留和附加条件。

(2) 技术性评审。技术性评审的目的是确认和比较投标人完成本工程的技术能力及其施工方案的可靠性。技术性评审的主要内容如下。

1) 施工方案的可行性。应对各分部分项工程的施工方法、施工人员和施工机械设备的配备、施工现场的布置和临时设施的安排、施工顺序及其相互衔接等方面进行评审，特别是对该项目的关键工序的施工方法进行可行性论证，应审查其技术的最难点或先进性和可靠性。

2) 施工进度计划的可靠性。应审查施工进度计划是否满足对竣工时间的要求，并且是否科学合理、切实可行，同时还要审查保证施工进度计划的措施，如施工机具、劳务的安排是否合理、可行等。

3）施工质量保证。应审查投标文件中提出的质量控制和管理措施，包括质量管理人员的配备、质量检验仪器的配置和质量管理制度。

4）工程材料和机器设备供应的技术性能。应审查投标文件中关于主要材料和设备的样本、型号、规格和制造厂家名称、地址等，判断其技术性能是否达到设计标准。

5）分包商的技术能力和施工经验。如果投标人拟在中标后将中标项目的部分工作分包给他人完成，应当在投标文件中载明。应审查拟分包的工作是否为非主体、非关键性工作；审查分包商是否具备相应的资格条件、完成相应工作的能力和经验。

6）对于投标文件中按照招标文件规定提交的建议方案做出技术评审。如果招标文件中规定可以提交建议方案，则应对投标文件中的建议方案的技术可靠性与优缺点进行评审，并与原招标方案进行对比分析。

（3）商务性评审。商务性评审的目的是从工程成本、财务和经验分析等方面评审投标报价的准确性、合理性、经济效益和风险等，比较投标项目给不同的投标人可能产生的不同后果。商务性评审在整个评标工作中通常占有重要地位，商务性评审的主要内容如下。

1）审查全部报价数据计算的正确性。通过对投标报价数据进行全面审核，查看其是否有计算上或累计上的错误。如果有，应按“投标者须知”中的规定改正和处理。

2）分析报价构成的合理性。通过分析工程报价中直接费、间接费、利润和其他费用所占的比例关系，主体工程各专业工程价格的比例关系等，判断报价是否合理。注意审查工程量清单中的单价有无脱离实际的“不平衡报价”，计日工劳务和机械台班（时）报价是否合理等。

3）如果有建议方案，对建议方案进行商务性评审。

（4）响应性审查。评标委员会应当对投标书的技术性评审部分和商务性评审部分做进一步的审查，审查投标文件是否响应了招标文件的实质性要求和条件，并逐项列出投标文件的全部投标偏差。投标文件对招标文件的实质性要求和条件响应的偏差分为重大偏差和细微偏差两类。

1）重大偏差是指投标文件未对招标文件做出实质性响应，包括以下情形：

① 没有按照招标文件要求提供投标担保或所提供的投标担保有瑕疵；

② 没有按照招标文件要求由投标人授权代表签字并加盖公章；

③ 投标文件载明的招标项目完成期限超过招标文件规定的完成期限；

④ 明显不符合技术规范、技术标准的要求；

⑤ 投标文件载明的货物包装方式、检验标准和方法等不符合招标文件的要求；

⑥ 投标文件附有招标人不能接受的条件；

⑦ 不符合招标文件中规定的其他实质性要求。

投标文件有上述情形之一的，为未能对招标文件做出实质性响应，并按规定作废标处理。

2）细微偏差是指投标文件基本上符合招标文件要求，但在个别地方存在漏项或者提供了不完整的技术信息和数据等，并且补正这些遗漏或不完整不会对其他投标人造成不公平的结果。对招标文件的响应存在细微偏差的投标文件仍属于有效投标书。属于存在细微偏差的投标书，可以书面要求投标人在评标结束前予以澄清、说明或者补正。

（5）投标文件澄清说明。为了有助于投标文件的审查、评审和比较，必要时评标委员会可以约见投标人，让其对其投标文件予以澄清或补正。评标委员会以口头或书面形式提出问题，要求投标人回答，随后在规定的时间内，投标人以书面形式予以确认并做出正式答复。

1）需要澄清或补正的内容如下。

① 投标文件中含义不明确、对同类问题表述不一致或者有明显文字和计算错误的内容；

② 可以要求投标人补充报送某些标价计算的细节资料；

③ 对其具有某些特点的施工方案做出进一步的解释；

④ 补充说明其施工能力和经验，或对其提出的建议方案做出详细的说明。

2）澄清或补正问题时应注意以下原则。

① 澄清或补正问题的文件不允许变更投标价格或对原投标文件进行实质性修改。

② 澄清和确认的问题必须由授权代表正式签字，并声明将其作为投标文件的组成部分。投标人拒不按照要求对投标文件进行澄清或补正的，招标人将否决其投标，并没收其投标保证金。

（6）投标人废标的认定。废标包括如下情形。

1）弄虚作假。在评标过程中，评标委员会发现投标人以他人名义投标、串通投标、以行使手段谋取中标或以其他弄虚作假方式投标的，该投标人的投标应作废标处理。

2）报价低于其个别成本。在评标过程中，评标委员会发现投标人的报价明显低于其他投标报价或者在设有标底时明显低于标底，使得其投标报价可能低于其个别成本的，应当要求该投标人书面说明，提供相关证明材料。投标人不能合理说明或者不能提供相关证明材料的，由评标委员会认定该投标人以低于成本报价竞标，其投标作废标处理，但评标委员会一定要慎重，不能简单地把报价低于标底确认为恶意低价竞标。

3）投标人不具备资格条件或投标文件不符合形式要求，其投标也应按废标处理。这类情况包括：投标人资格条件不符合国家有关规定和招标文件要求的，或者拒不按照要求对投标文件进行澄清、说明或补正的，评标委员会可以否决其投标。

4）未能在实质上响应的投标。评标委员会应当审查每一投标文件是否对招标文件提出的所有实质性要求和条件做出响应，未能在实质上响应的投标应作废标处理。

3. 详细评审

在初步评审的基础上，对经初步评审合格的投标文件，评标委员会应当根据招标文件确定的评标标准和方法，对其技术部分和商务部分做进一步的评审、比较，推荐出合格的中标候选人或在招标人授权的情况下直接确定中标人。

4. 编写评标报告

评标报告是评标委员会根据全体评标成员签字的原始评标记录和评标结果编写的报告，是评标阶段的结论性报告，主要包括以下内容：

（1）基本情况和数据表；

（2）评标委员会成员名单；

（3）开标记录；

（4）符合要求的投标一览表；

（5）废标情况说明；

（6）评标标准、评标方法或评标因素一览表；

（7）经评审的价格或者评分比较一览表；

（8）经评审的投标人排序；

（9）推荐的中标候选人名单与签订合同前要处理的事宜；

（10）澄清、说明、补正事项纪要。

评标报告由评标委员会全体成员签字。对评标结论持有异议的评标委员会成员可以书面方式阐述其不同意见和理由，评标委员会成员拒绝在评标报告上签字且不陈述其不同意见和理由的，视为同意评标结论。评标委员会应当对此做出书面说明并记录在案。

2.3 评标办法

1. 经评审的最低投标价法

以经过初步评审合格的投标报价为基础。投标总价的算术错误一般不予修正，均以开标确认后的价格为准。然后，按招标文件约定的方法、因素和标准计算评标价，并进行比较。评标价计算通常包括工程招标文件引起的报价内容范围差异、投标人遗漏的费用、投标方案租用临时用地的数量（如果由发包人提供临时用地）、提前竣工的效益以及扣除按报价比例计算或招标人的暂列金额等直接反映价格的因素。使用外币项目，应根据招标文件约定，将不同外币报价金额转换为约定的货币金额进行比较。一般小型工程为了简化评标过程，也可以忽略以上价格的评标量化因素，而直接采用投标报价进行比较。

2. 综合评估法

综合评估法详细评审的内容通常包括投标报价、施工组织设计、项目管理机构及其他评标因素等。

（1）投标报价。投标报价评审包括评标价计算和价格得分计算，评标价计算的方法和要求与经评审的最低投标价法相同，工程投标价格得分计算通常采用基准价得分法。常见的评标基准价的计算方式：有效的投标报价去掉一个最高值和一个最低值后的算术平均值（在投标人数量较少时，也可以不去掉最高值和最低值），或该平均值再乘以一个合理下降系数，作为评标基准价。然后按规定的办法计算各投标人评标价的评分。

（2）施工组织设计。施工组织设计的各项评审因素通常为主观评审，由评标委员会成员独立评审判分。

（3）项目管理机构。由评标委员会成员按照评标办法的规定独立评审判分。

（4）其他评标因素。包括投标人的财务能力、业绩与信誉等，财务能力的评标因素包括投标人注册资本、总资产、净资产收益率、资产负债率等财务指标和银行授信额度等。业绩与信誉的评标因素包括投标人在规定时间内已有类似项目业绩的数量、规模和成效，政府或行业组织建立的诚信评价系统对投标人的诚信进行评价等。

视频：综合评估法

视频：投标总报价得分

视频：经评审的最低评标价法

视频：技术部分评审

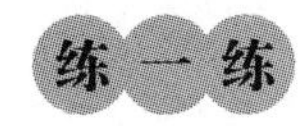

扫描下方二维码完成练习。

学习笔记

任务3　定标

3.1　定标程序

1. 确定中标人

中标是指投标人被招标人按照法定流程确定为招标项目合同签订的对象，一般情况下，投标人中标的，应当收到招标人发出的中标通知书。

确定中标人的程序如下：

（1）评标委员会完成评标后，应当向招标人提出书面评标报告，并推荐合格的中标候选人。

（2）招标人根据评标委员会的书面评标报告和推荐的中标候选人确定中标人，招标人也可以授权评标委员会直接确定中标人。

（3）法律上规定了两项中标的标准：第一项是能够最大限度地满足招标文件中规定的各项综合评价标准。这里所指的综合评价标准，就是对投标文件进行总体评估和比较，既按照价格标准又按照非价格标准尽量量化成货币计算，评价最佳者中标；第二项是能够满足招标文件的实质性要求，并且经评审的投标价格最低，但是投标价格低于成本的除外。这项标准是与市场经济的原则相适应的，体现了优胜劣汰的原则，经评审的投标价格最低，仍然是以投标报价最低的中标作为基础，但又不是简单地去比较价格，而是对投标报价作评审，在评审的基础上进行比较，这样较为可靠、合理。

2. 发出中标通知书

中标人确定后，招标人应当向中标人发出中标通知书。中标通知书对招标人和中标人具有法律效力，中标后招标人改变中标结果的，或者中标人放弃中标项目，应当依法承担法律责任。

3. 签订合同，履行义务

（1）招标人和中标人应当在中标通知书发出后的法定期限内，按照招标文件和中标人的投标文件订立书面合同，招标人和中标人不得再行订立背离合同实质性内容的其他协议。这项规定是要用法律的形式肯定招标的成果，或者说招标人、中标人双方都必须尊重竞争的结果，不得任意改变。

（2）招标文件要求中标人提交履约保证金的，中标人应当提交。履约保证金是指招标人要求投标人在接到中标通知书后提交的保证履行合同各项义务的担保。这是采用法律形式促使中标人履行合同义务的一项特定的经济措施，也是保护招标人利益的一种保证措施。一旦中标人不履行合同义务，该项担保用于赔偿招标人因此所受的损失。

（3）中标人应当按照合同约定履行义务，完成中标项目。要禁止中标人转让中标项目的行为，谁中标只能由谁来完成中标项目。中标人是一个特定的市场主体，并不能由他人代替，更要防止在转让时产生的种种弊端，所以禁止转让中标项目。中标人按照合同约定或者经招标人同意，可以将中标项目的部分非主体、非关键性工作分包给他人完成。

3.2　定标注意事项

根据《招标投标法》及其配套法规和有关规定，定标应满足下列要求。

(1) 评标委员会经评审，认为所有投标都不符合招标文件要求的，可以否决所有投标。依法必须进行招标项目的所有投标都被否决的，招标人应当依照本法重新招标。

(2) 在确定中标人前，招标人不得与投标人就投标价格、投标方案等实质性内容进行谈判。

(3) 评标委员会推荐的中标候选人应该为1～3人，并且要排列先后顺序，招标人优先确定排名第一的中标候选人作为中标人。对于使用国有资金投资和国际融资的项目，如排名第一的投标人因不可抗力不能履行合同、自行放弃中标或没按要求提交履约保证金的，招标人可以选取排名第二的中标候选人作为中标人，依此类推。

(4) 依法必须进行招标的项目，招标人应当自确定中标人之日起15日内，向工程所在地县级以上建设行政主管部门提交招投标情况的书面报告。招投标情况书面报告一般包括如下内容。

1) 招投标基本情况，包括招标范围、招标方式、资格审查、开标评标过程、定标的原则等；

2) 相关的文件资料，包括招标公告或投标邀请书、投标报名表、资格预审文件、招标文件、评标报告、中标人的投标文件及评标结果公示书等。

建设行政主管部门自收到招投标情况书面报告之日起5日内未通知招标人在招标活动中有违法行为的，招标人可以向中标人发出中标通知书。

(5) 招标人向中标人发出中标通知书，并同时将中标结果通知所有未中标的投标人，并退还他们的投标保证金或保函。中标通知书发出即生效，且对招标人和中标人都具有法律效力，招标人改变中标结果或中标人拒绝签订合同，均要承担相应的法律责任。

(6) 招标人和中标人应当自中标通知书发出之日起30日内，按照招标文件和中标人提交的投标文件订立书面合同。

(7) 中标人不得向他人转让中标项目，也不得将中标项目肢解后分别向他人转让，中标人按照合同约定或者经招标人同意，可以将中标项目的部分非主体、非关键性工作分包给他人完成，接受分包的人应当具备相应的资质条件，并不得再次分包。中标人应当就分包项目向招标人负责，接受分包的人就分包项目承担连带责任。

(8) 定标时，应当由业主行使决策权，招标人应该根据评标委员会提出的评标报告和推荐的中标候选人确定中标人；招标人也可以授权评标委员会直接确定中标人。

(9) 中标人的投标应当符合下列条件之一。

1) 能够最大限度地满足招标文件中规定的各项综合评价标准；

2) 能够满足招标文件的各项要求，并经评审的价格最低，但投标价格低于成本的除外。

(10) 投标有效期是招标文件规定的从投标截止日起至中标人公布日止的期限，一般不能延长，因为它是确定投标保证金有效期的依据，不能在投标有效期结束日30个工作日前完成评标和定标的，招标人应当通知所有投标人延长投标有效期。拒绝延长投标有效期的投标人有权收回投标保证金；同意延长投标有效期的投标人应当相应延长其投标担保的有效期，但不得修改投标文件的实质性内容。因延长投标有效期造成投标人损失的，招标人应当给予补偿，但因不可抗力需延长投标有效期的除外。

(11) 退回招标文件押金。公布中标结果后，未中标的投标人应当在发出中标通知书后的7日内退回招标文件和相关的图样资料，同时招标人应当退回未中标人的投标文件和发放招标文件时收取的押金。

知识拓展

投标人是响应招标、参加投标竞争的法人或者其他组织。

《招标投标法》中，对于投标人有如下要求：

投标人应当具备承担招标项目的能力；国家有关规定对投标人资格条件或者招标文件对投标人资格条件有规定的，投标人应当具备规定的资格条件；投标人应当按照招标文件的要求编制投标文件：投标文件应当对招标文件提出的实质性要求和条件作出响应；投标人应当在招标文件要求提交投标文件的截止时间前，将投标文件送达投标地点；投标人在招标文件要求提交投标文件的截止时间前，可以补充、修改或者撤回已提交的投标文件，并书面通知招标人；补充、修改的内容为投标文件的组成部分；投标人根据招标文件载明的项目实际情况，拟在中标后将中标项目的部分非主体、非关键性工作进行分包的，应当在投标文件中载明。

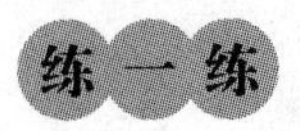

扫描下方二维码完成练习。

学习笔记

实 训

案例一

某建筑工程的建设单位自行办理招标事宜。由于该工程技术复杂且需采用大型专用施工设备，经有关主管部门批准，建设单位决定采用邀请招标，共邀请A、B、C三家国有特级施工企业参加投标。

招标文件中规定：6月30日为投标截止日；该项目总投资为4 000万元；投标保证金统一为80万元；评标采用综合评估法，技术标和商务标各占50%。

在评标的过程中，鉴于各投标人的技术方案大同小异，建设单位决定将评标方案改为经评审的最低投标价法。评标委员会根据修改后的评标方法，确定的评标结果排名为A公司、C公司、B公司。建设单位于7月8日确定A公司中标，于7月15日向A公司发出中标通知书，并于7月18日与A公司签订了合同。

在签订合同中，经审查，A公司所选择的设备安装分包单位不符合要求，建设单位指定国有一级安装企业D公司作为A公司的分包单位。建设单位于7月28日将中标结果通知B、C两家公司并退还保证金。建设单位于7月31日向当地招投标管理部门提交了该工程招投标情况的书面报告。

【问题】

该建设单位在招标工作中有哪些不妥之处？并说明理由。

案例二

某国有资金投资的大型建设项目，建设单位采用工程量清单公开招标方式进行施工招标，建设单位委托具有相应资质的代理机构编制了招标文件，招标文件包括如下规定。

(1) 招标人设有最高投标限价和最低投标限价，高于最高投标限价或低于最低投标限价的投标人报价均按废标处理。

(2) 投标人应对工程量清单进行复核，招标人不对工程量清单的准确性和完整性负责。

投标和评标过程中发生了如下事件：

事件1：投标人A对工程量清单中某分项工程工程量的准确性有异议，并于投标截止时间15日前向招标人书面提出了澄清申请。

事件2：投标人B在投标截止时间前10分钟以书面形式通知招标人撤回已交的投标文件，并要求招标人5日内退还已递交的投标保证金。

事件3：在评标过程中，投标人D主动对自己的投标文件向评标委员会提出了书面澄清说明。

事件4：在评标过程中，评标委员会发现投标人E和投标人F的投标文件中载明的项目管理成员中有一人为同一人。

【问题】

(1) 招标文件中，除了投标人须知图纸、技术标准和要求、投标文件格式外，还包括哪些内容？

(2) 招标代理机构编制的招标文件中 (1)、(2) 项规定是否妥当？并说明理由。

(3) 针对事件1和事件2，招标人应如何处理？

(4) 针对事件3和事件4，评标委员会应如何处理？

案例三

某国企单位准备将自营35层宾馆建筑工程项目的施工招标和施工阶段监理任务委托给某一

建设监理公司，并签订了建筑工程监理合同。该监理单位建议建设单位采取公开招标方式，并在招标公告中要求具有一级资质等级的施工单位参加投标，招标文件中公布的招标控制价为1 989万元，经过资格预审，参加投标的施工单位与施工联合体共有9家。

在开标会上，与会人除参与投标的施工单位与施工联合体的有关人员外，还有市招标办公室人员、市公证处法律顾问以及建设单位的招标委员会全体成员和监理单位的有关人员。

开标前，公证处提出要对各投标单位的资质进行审查。在开标中，对参与投标的A建筑公司的资质提出了质疑。该公司资质材料齐全，文件中缺少投标保函，但是有一盖有公章和公司法定代表人章的承诺信，承诺评标结束前会提交符合要求的投标保函。投标单位B是由三家建筑公司联合组成的施工联合体。其中，甲、乙建筑公司为一级施工企业，丙建筑公司为二级施工企业，该施工联合体也被认定为不符合投标资格要求，撤销了其标书。投标单位C投标价格为1 990万元，但是，其在投标文件中声明，如果被选为中标单位，可以从总价中让利64万元。最后参加投标的E单位中标，招标人开会宣布了中标结果并当场发出中标通知书，未中标单位接到中标结果通知书后都提出要求5日内退还投标保证金。

【问题】

(1) A建筑公司投标资格是否应被取消？为什么？

(2) 为什么B建筑施工联合体也被认定不符合投标资格？

(3) 对C单位，应如何处理？请说明理由。

(4) 未中标单位接到中标结果通知书后都提出要求5日内退还投标保证金，是否正确？应如何处理？

案例四

某建筑工程项目采用公开招标方式，有A、B、C、D、E、F共6家承包商参加投标，经资格预审6家承包商均满足业主要求。该工程采用二阶段评标法评标，评标委员会由7名委员组成。评标的具体规定如下。

1. 第一阶段评技术标

技术标共计40分，其中施工方案15分，总工期8分，工程质量6分，项目班子6分，企业信誉5分。技术标各项内容的得分为各评委的评分去掉一个最高分和一个最低分的算术平均值。技术标合计得分不满28分者，不再评其商务标。

评标情况见表4-1、表4-2。

表4-1　各评委对6家承包商施工方案评分汇总表　　单位：分

评标 / 投标单位	一	二	三	四	五	六	七
A	13.0	11.5	12.0	11.0	11.0	12.5	12.5
B	14.5	13.5	14.5	13.0	13.5	14.5	14.5
C	12.0	10.0	11.5	11.0	10.5	11.5	11.5
D	14.0	13.5	13.5	13.0	13.5	14.0	14.5
E	12.5	11.5	12.0	11.0	11.5	12.5	12.5
F	10.5	10.5	10.5	10.0	9.5	11.0	10.5

表 4-2　各承包商总工期、工程质量、项目班子、企业信誉得分汇总表　　单位：分

投标单位	总工期	工程质量	项目班子	企业信誉
A	6.5	5.5	4.5	4.5
B	6.0	5.0	5.0	4.5
C	5.0	4.5	3.5	3.0
D	7.0	5.5	5.0	4.5
E	7.5	5.5	4.0	4.0
F	8.0	4.5	4.0	3.5

2. 第二阶段评商务标

商务标共计 60 分。以承包商报价算术平均数为基准价，但最高（最低）报价高于（低于）次高（次低）报价的 15%者，在计算承包商报价算术平均数时不予考虑，且商务标得分为 15 分。

以基准价为满分（60 分），报价比基准价每下降 1%，扣 1 分，最多扣 10 分；报价比基准价每增加 1%，扣 2 分，扣分不保底。

商务标评标汇总表见表 4-3。

表 4-3　各承包商的报价汇总表　　单位：万元

投标单位	A	B	C	D	E	F
报价	13 656	11 108	14 303	13 098	13 241	14 125

3. 评分结果

评分的最小单位为 0.5，计算结果保留两位小数。

【问题】

请按综合得分最高者中标的原则确定中标单位。

项目 5

建筑工程招投标的发展

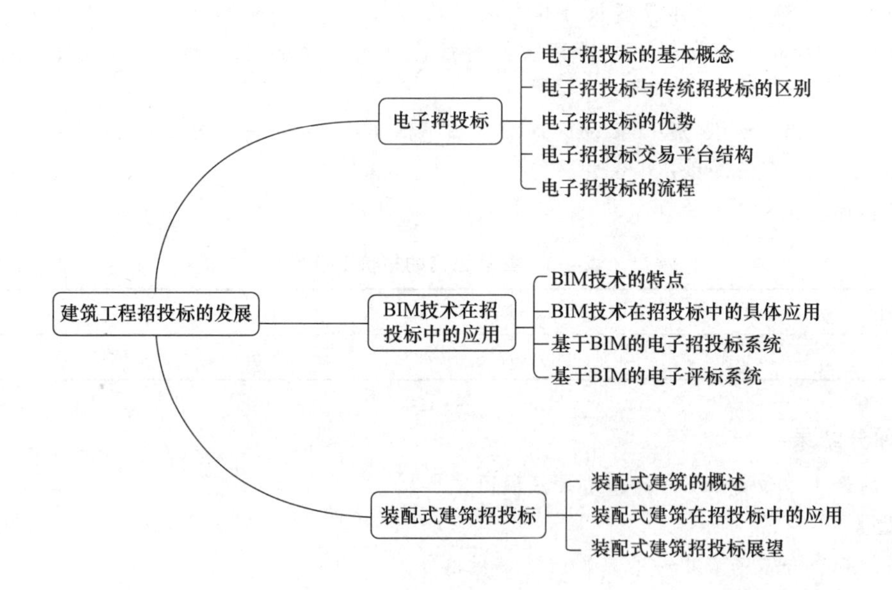

思政元素

BIM（建筑信息模型）技术、装配式建筑是当前建筑现代化的主要技术手段，也是建筑业高质量发展、绿色发展的根本要求，将BIM技术融入招投标行业中，充分发挥BIM技术在招投标过程中信息传递高效、透明，可视化评审更加直观，工程量清单可靠、清晰等特性，可以快速提高招投标文件的质量和深度，提升招投标行业服务的水平。

近年来，我国新型建筑工业化快速推进，标准规范不断完善，建造水平和建筑品质明显提高，掀起了发展装配式建筑的高潮。推进新型建筑工业化、发展装配式建筑是建造方式的重大变革，是推进供给侧结构性改革和新型城镇化发展的重要举措，有利于节约资源能源、减少施工污染、提升劳动生产效率和质量安全水平。装配式招投标应结合当前国内装配式建筑技术规程和装配式建筑工程量清单规范，优化招投标文件与形式，合理调整评标流程与针对性的评分细则，有效促进装配式建筑招投标工作质量的提升，促进装配式技术在整个建筑行业的推广和应用，提升建筑业的工业化水平。

学习目标

知识目标	1. 电子招投标的基础知识； 2. BIM技术的基本知识及在招投标中的应用； 3. 装配式建筑在招投标中的应用
能力目标	1. 掌握电子招投标的操作流程； 2. 运用BIM技术能在投标文件中展示自身优势
素质目标	1. 提高信息素养，工匠精神； 2. 培养与时俱进的世界观

任务清单

项目名称	任务清单内容
任务情境	2022年6月，济南某职业学院信息综合楼和实训教学楼设计项目在济南公共资源交易中心顺利完成开评标。该项目是济南应用BIM技术招投标的又一次有益尝试，也是该市推进“建筑信息模型（BIM）应用”从无到有、从有到优的重大突破。 济南某职业学院信息综合楼和实训教学楼设计项目工程规模56 000 m^2，总投资额4.5亿元。为保障该项目开评标活动的顺利开展，济南公共资源交易中心多次与该市住建部门沟通，充分了解市场主体需求，提前做好专家抽取等准备工作。 该项目是继历下总部商务中心D座装饰装修工程设计招标、大众数字创意文化产业园办公楼提升改造项目设计招标之后，济南应用BIM技术招投标的又一次有益尝试，也是济南公共资源交易中心以实施“七个创新提升”引领发展，以实现济南公共资源交易服务数字化为目标，将建筑信息模型（BIM）等现代数字技术引入公共资源交易领域，推进济南建筑工程招投标领域数字化应用，实现济南建筑工程招投标从二维电子文本到三维建筑信息模型可视化、智能化变革的一次成功探索和实践。通过应用BIM技术招标，进一步提高了招投标效率，并为该市后续的人工智能评标和大数据应用奠定了良好基础
任务要求	你对BIM技术有哪些了解？你知道如何将BIM技术运用到招投标过程中吗？
任务思考	1. BIM技术的可视化和参数化的特点如何在评标过程中体现？ 2. 如何在招标文件中提出项目BIM设计深度要求、后期运营及施工组织管理等内容？ 3. 根据招标文件中对BIM的技术要求，在投标文件中如何体现BIM技术水平？
任务总结	

任务1 电子招投标

1.1 电子招投标的基本概念

电子招投标是指以数据电文形式，依托电子招投标系统完成的全部或者部分招投标交易、公共服务和行政监督等活动。

一般来说，电子招投标更具有竞争性，它通过计算机、网络等信息技术，对招投标业务进行重组，优化重组工作流程，在网络上进行招投标、开标、评标、监理、监督等一系列业务操作，最终实现高效、专业、规范、安全、低成本的招投标管理。虽然前期准备时间长于投标时间，但总体持续时间缩短了。

1.2 电子招投标与传统招投标的区别

电子招投标是在计算机和网络上完成招投标的整个过程，它与依托纸质文件开展的招投标活动并无本质上的区别。国务院印发《关于进一步优化营商环境降低市场主体制度性交易成本的意见》（国办发〔2022〕30号）中明确2022年10月31日前全面施行电子招投标。其具体区别如下。

1. 公告发布环节不同

传统招投标：专人在政府采购相关媒体上发布招标公告。

电子招投标：系统自动发布。招标人或其委托代理机构应在资格预审公告、招标公告或投标邀请书中载明电子招投标交易平台网址和访问方法，供潜在投标人参考。同时，必须公开招标的项目，应在电子招投标交易平台和指定媒介上同步发布。

2. 招标文件发出环节不同

传统招投标：专人出售招标文件，标书打印成本高。

电子招投标：代理机构及时将资格预审文件、招标文件加载至电子招投标交易平台，供潜在投标人下载查阅。

3. 资格预审或招标文件的澄清、修改环节不同

传统招投标：组织标前答疑会，并逐个通知供应商。

电子招投标：通过电子招投标交易平台公告澄清或修改内容，并以短信等有效方式通知已下载资格预审文件或招标文件的潜在投标人。

4. 投标环节不同

传统招投标：打印装订多份纸质投标文件，并手签、盖章、现场投递。

电子招投标：制作电子投标书、电子签章、网上投递。

5. 开标环节不同

传统招投标：现场开标。大量纸质标书提交代理机构，供应商参加开标会的成本较高。

电子招投标：网上开标，有效节省差旅费。供应商对投标文件进行加密并自己解开。

6. 评标环节不同

传统招投标：人工绘制评标表格，评委翻阅纸质标书自行打分，最终人工汇总分值。

电子招投标：评标委员会成员登录相应交易平台评标。系统自动生成评标表格，抓取数据，对比分析。打分结束后，自动汇总。

7. 定标环节不同

传统招投标：手工标志评标报告，由专人发布中标公告，并以传真电话形式通知中标人领取中标通知书。

电子招投标：系统自动生成评标报告、中标公告等，以邮件、短信形式发送给供应商。中标人最终确认后，发送电子中标通知书，最后签订合同。

1.3 电子招投标的优势

电子招投标是以网络信息技术为支撑的招标业务协同运作模式。网络的实时性和开放性打破了传统的地域差异和时空限制，节省了大量的时间和经济成本；同时，信息可以及时沟通，增强了招投标过程的透明度，加快了招投标活动的全过程。电子招投标还将借助信息技术固化系统设计和流程标准，以规范操作程序，避免实施偏差，降低项目风险。一般来说，使用电子招投标有以下优势。

1. 全程电子化操作，突出绿色交易

整个投标过程电子化，节省了大量制作标书浪费的纸张；提高工作效率，节省大量人工成本；无须出差，节省差旅费；通过在线开标节省办公资源。

2. 信息公开透明，实现阳光运营

招标活动涉及的所有环节都可以在互联网上进行，交易各方都可以登录系统实时了解和掌握与其相关的各种公共信息，实现招标的阳光运作，避免信息不对称带来的暗箱操作。

3. 有利于提高政府采购办公效率

政府采用电子招标，政府采购是在阳光下进行的，有国企和民企参与；同时，也提高了投标效率，降低了投标成本。

4. 消除时空障碍，构建统一竞价市场

招标制度的一个重要目的是建立公平竞争的市场秩序，通过投标人之间的充分竞争获得最佳经济效益，实现资源的合理配置，建立统一、开放、竞争的招标市场。由于网络的开放性，电子招投标平台不仅突破了物理时空障碍，而且增强了信息的透明度，使投标人可以通过网络获取招投标信息，参与招投标活动，提高了工作效率，降低了成本。电子招标充分体现了公平、公开、公正竞争的原则，在一定程度上抑制了地方保护主义、行业垄断和各地区、各部门行政干预的发生。

5. 减少寻租空间，创造阳光招投标环境

利用网络信息技术，电子招投标可以使招投标环节电子化、数字化，从而实现资源共享、规范运作，使招投标交易行为由分散、隐蔽、无序向集中、公开、规范转变，从而避免信息不对称导致寻租行为的可能性。电子招投标利用网络作为平台化业务运营的载体，减少了灵活运营的空间，同时各种运营都留下痕迹和日志，更有利于事后监督检查，最大限度地实现阳光交易。

6. 文件模板规范，避免量身定制

采用专用招标模板，固化“通用条款”，突出“专用条款”的提示，使文件编制更加规范统一，便于阅读和审阅。同时，也防止招标人或代理机构设置有利于“权利人”的条款，规避监管，拒绝潜在投标人，从而打破投标人之间的利益链条。

7. 详细分析招标文件，锁定违法线索

系统自动记录用户的硬件特征码、工具软件、定价软件识别码等，并将此信息与投标文件绑定。在评标时，对不应该相同的信息进行详细的识别、比较和分析，可以有效锁定违法线索。

8. 积累基础信息，建立招标资源信息库

在传统的招投标活动中，招投标数据只能通过人工登记或重新录入的方式进行管理，不仅由于重复劳动浪费人力，而且由于数据更新不同步、数据相关性差，导致业务与管理脱节。电子招投标平台直接收集业务流程中的相关信息和数据，数据关联紧密，联动作用强。严谨的招投标流程保证了数据信息的准确性和可靠性，通过一定时期的积累形成招投标资源信息库，有利于招投标机构分析总结招投标采购工作，提高业务管理水平。同时，为政府监管部门实时掌握行业发展现状和趋势、做出科学的宏观经济决策提供有效的数据支持。

9. 投标信息保密，增加违规难度

通过网上招标公告、网上投标报名、网上投标文件、网上答疑、网上支付等功能的应用，可以通过手机短信平台快速反馈各节点的办理情况。这样，投标人的信息在投标截止时间前处于高度保密状态，使有意绕标串标的人很难掌握对方的相关信息，无法串通投标。

10. 随机抽取评委，促进公平评价

利用计算机自动抽取、语音通知和法官远程考评，实现了法官抽取和考评过程的保密性，实现了全省法官资源的整合和共享。由于法官选拔的随机性和地域的不确定性，避免了人为因素对法官的影响，大大提高了客观公正的评价结果。

11. 设立多轮检查，遏制定向浪费达标

在标书制作、上传和评审过程中，全面校对和检查标书内容的完整性、符合性和准确性，防止评委以评标为目的选择定向拒绝投标，切断评委与部分投标人的利益关系。

12. 操作时要留痕迹，加强节点监控

系统完整记录整个招投标过程，完整保存所有数据，并通过设置监控点对违规操作进行实时预警和及时纠正，方便招投标监管部门和纪检部门对招投标活动进行实时监控和跟踪检查，确保招投标监管及时、准确、全面。同时，科学合理地固化相应的程序，特别是对于政府投资项目，可以规范程序，加强监督管理。

13. 减少人为因素，减少贿赂

电子化的全过程大大降低了评标人、投标人、机构等人员对投标结果人为因素的影响，减少了投标企业行贿的冲动，降低了当事人腐败的风险。

14. 违反法规的成本增加了，促进了行业的诚信

网上竞价系统由企业信用数据库支持。一旦确认，欺诈企业将被列入黑名单数据库，并在互联网上公布。系统会自动关闭其信息渠道，在以后的招标活动中无法获得网上报名资格。这样无疑会增加招投标企业的违法成本，使招投标企业更加珍惜招投标信用记录；通过招标单位对建设单位的信息反馈，可以有效遏制建设单位工程款的恶意拖欠，有助于提高建设单位的诚信建设。

1.4 电子招投标交易平台结构

1. 电子招投标系统架构

电子招投标系统由电子招投标交易平台、电子招投标公共服务平台、电子招投标行政监督平台三个部分组成。交易平台是为项目招投标主体提供交易活动服务的信息载体；公共服务平台是为各交易平台提供信息交互、整合和发布服务的信息枢纽；监督平台是为行政部门履行监督职责提供服务的信息通道。三大平台相互支撑、相互补充，共同构成完整的电子招投标系统。三个平台的主要功能和架构关系如图 5-1 所示。

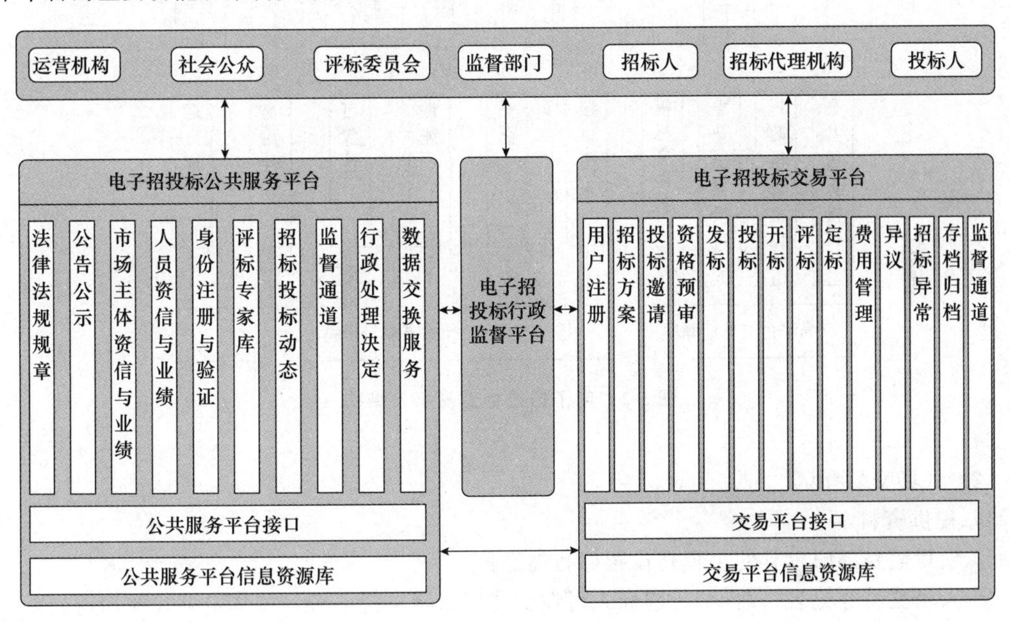

图 5-1 电子招投标系统架构图

2. 电子招投标交易平台结构

交易平台由基本功能、信息资源库、技术支撑与保障、公共服务接口、行政监督接口、专业工具接口、投标文件制作软件等构成，并通过接口与公共服务平台和行政监督平台相连接，其基本功能结构如图 5-2 所示。

3. 电子招投标交易平台基本功能要求

交易平台基本功能应当按照招投标业务流程要求设置，包括用户注册、招标方案、投标邀请、资格预审、发标、投标、开标、评标、定标、费用管理、异议、监督通道、招标异常、存档归档等功能。

1.5 电子招投标的流程

视频：电子招投标流程

1. 招标人办事流程

（1）办理电子招标文件制作的软硬件。招标人首次制作电子招标文件，需要办理电子招标文件制作软件加密锁、电子印章和电子标书存储器。办理申请表及办理流程可在各省或直辖市工程建设招投标交易信息网（以下简称交易信息网）自行下载。

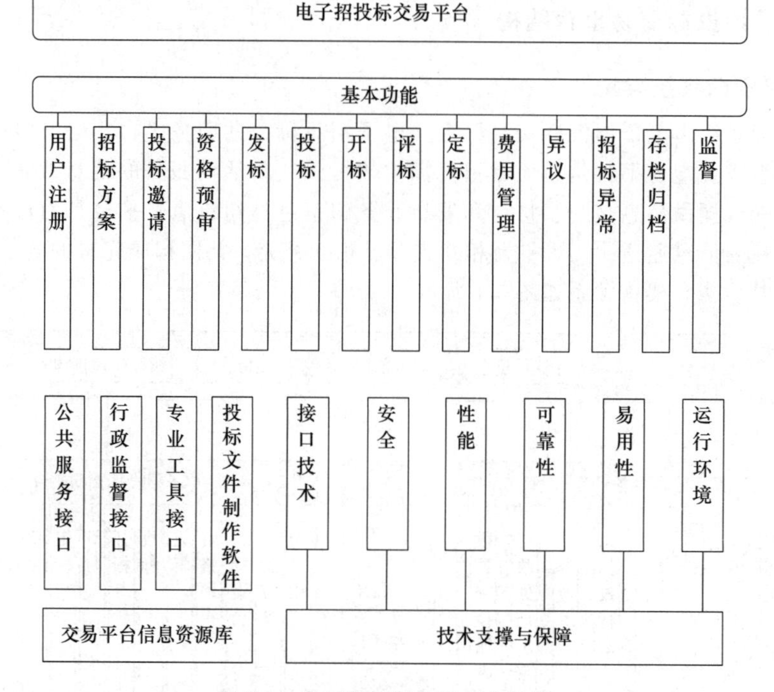

图 5-2　电子招投标交易平台结构

(2) 入场交易登记。

1) 提供资料：

① 项目监督部门出具的工程建设招标备案意见；

② 入场交易登记表（两份），招标人可在交易信息网自行下载，按规定填写并加盖公章；

③ 已备案的招标公告（纸质与 Word 格式电子版光盘各一份）；

④ 已备案的招标文件（纸质与 GEF 格式电子版光盘各一份）；

⑤ 已备案的图纸、工程量清单电子版光盘一份；

⑥ 已备案的资格预审文件（纸质与 GEF 格式电子版光盘各一份）（资格预审项目）；

⑦ 已备案的投标邀请书（纸质版一份）（邀请招标项目）。

2) 确定跟标人员：入场交易登记完成后，市交易中心将确定项目跟标人员。跟标人员应与招标人确定的项目负责人建立“一对一”见证服务关系，为该项目在场内的交易活动提供全程见证服务，并负责填写相关交易环节的交易记录。

(3) 项目建档。跟标人员根据招标人提供的入场交易登记表对项目进行网上建档，从系统获取项目编码和投标保证金账号，并将项目编码和投标保证金账号提供给招标人。

(4) 交易日程安排。跟标人员负责落实交易活动场地安排，并及时将项目交易日程安排上网发布。交易日程安排因故发生变化的，招标人应提前 3 个工作日将项目监督部门核准的招标补遗通知书送跟标人员。

(5) 招标公告及招标文件发布。跟标人员负责将已备案的招标公告在交易信息网上发布。同一项目在其他网站发布的招标公告须与交易信息网一致。如需当日发布招标公告的，招标人应于当日 16 时前将相关资料送达市交易中心交易部。如图 5-3 所示为发布招标公告流程。

招标人将制作完成的 GEF 格式的电子招标文件及需要在网上发布的图纸、工程量清单等相关资料刻成光盘送至市交易中心，跟标人员根据招标人提供的光盘，将其发布在交易信息网上，供投标（被邀标）人自主下载。

(6) 补遗、答疑发布。投标人网上质疑的提交时间截止后，招标人应与跟标人员联系，从交易管理系统中导出质疑内容，并进行签字确认。交易项目的补遗、答疑经项目监督部门备案后，招标人或招标代理机构应将补遗、答疑制作在 GEF 格式的电子招标文件中，并及时送跟标人员上网发布，供投标（被邀标）人自主下载，所有补遗、答疑应在发布当日 16 时前送达市交易中心。

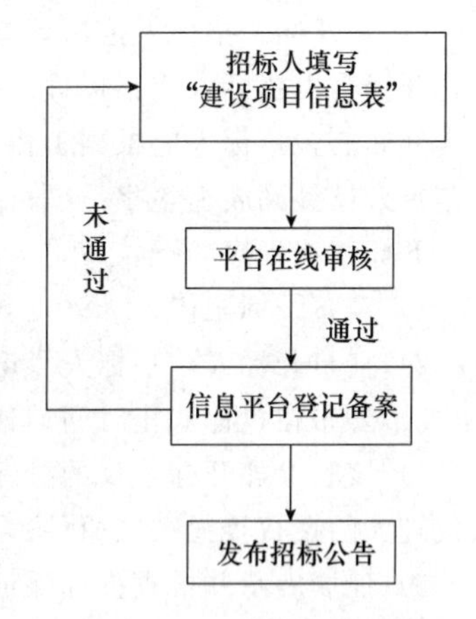

图 5-3　发布招标公告流程

(7) 接收投标资料。招标人或招标代理机构按招标文件约定的时间，在交易中心指定接标处接收投标人递交的投标资料。

招标人或招标代理机构应做好投标资料的密封情况检查，并做好登记。投标人若有意向，即可进入在线投标报名的流程，如图 5-4 所示。

(8) 评委抽取。招标人依法组建资格预审委员会或评标委员会，抽取专家在市交易中心的专家抽取室进行。抽取时间应在投标截止前 3 小时以内。

1）在各省自治区直辖市综合评标专家库抽取评标专家的，招标人须持经项目监督部门确认的综合评标专家库评标专家抽取申请表（可在交易信息网上下载）到市交易中心专家抽取室抽取专家。参加抽取的人员须在专家抽取签到表上签字。

2）在国家综合评标专家库或部委设立的专家库抽取评标专家的，招标人须持经项目监督部门确认的评标专家抽取申请表到市交易中心专家抽取室抽取专家。参加抽取的人员须在专家抽取签到表上签字。

3）直接确定评标专家的，招标人在评标前将项目监督部门同意的书面意见送至交易中心评标区前台，由评标区前台工作人员交跟标人员随项目资料存档。

(9) 资格预审（资格预审项目）。

1）招标人或招标代理机构按资格预审文件约定的时间，在交易中心指定接标处接收投标人递交的资格预审申请文件。接收完成后，招标人应安排投标人在接标大厅等候，待专家对原件资料核查后，由招标人集中或分批在接标处向投标人退还原件资料。评审结束后招标人将电子标书存储器退还给投标人。

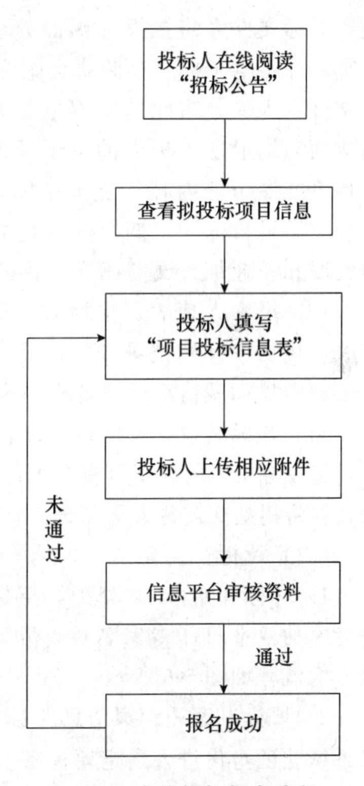

图 5-4　在线投标报名流程

2）资格预审评审在市交易中心评标室进行。资格预审开始前，招标人应向跟标人员领取工作牌。

3）资格预审结束后，招标人应及时将已备案的招标文件（纸质与 GEF 格式电子版光盘各一份）及招标文件备案表送跟标人员上网发布，并在开标后向跟标人员提交资格预审结果。

（10）开标。招标人按招标文件规定的提交投标文件截止时间在各省或市交易中心公开开标，开标会由招标人或招标代理机构主持。

开标前，招标人应根据工作人员到场情况，向跟标人员领取工作牌。项目监督人员应在项目监督人员签到表上签字。项目监督人员应到场监督，未到场的不得开标。

开标基本程序如下：

1）宣布开标纪律。

2）宣布开标人、唱标人、记录人、监督人员等有关人员姓名。

3）公布在投标截止时间前递交投标文件的投标人名称，并点名确认投标人是否派人到场。

4）核验参加开标会议的投标人的法定代表人或委托代理人本人身份证（原件），核验被授权代理人的授权委托书（原件），以确认其身份合法有效。

5）现场展示并核查投标保证金的缴纳情况。

6）投标文件密封情况检查。

7）设有最高限价的，公布最高限价。

8）开启投标文件顺序：随机开启。

9）按照宣布的开标顺序当众开标，开启资格审查资料袋、投标文件大袋及投标函部分袋、商务部分袋、技术部分袋，并将电子标书存储器交跟标人员，将 GEF 格式的投标文件导入××市建筑工程电子开标系统，投标文件导入完成后当场退还投标人的电子标书存储器，同时按照电子开标系统展示的内容，公布投标人名称、标段名称、投标报价、质量目标、工期及其他内容，查询项目经理在建项目情况和企业综合诚信评价分并记录在案。

10）投标人代表、招标人代表、监督人员、记录人等有关人员需在开标记录表、保证金缴纳情况表、××市建筑工程招投标诚信综合评价应用表上签字确认；

11）开标结束。开标会议结束后，招标人或招标代理应当场将投标资料封存于资料专用运输设备中。招标人负责加锁，并将钥匙交监督人员保管。整个开标流程如图 5-5 所示。

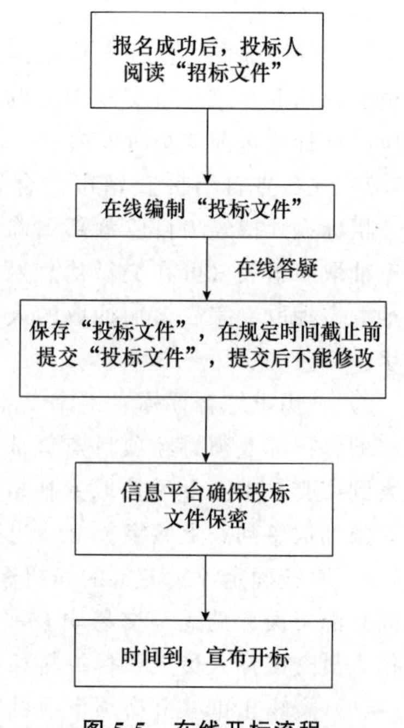

图 5-5　在线开标流程

（11）评标。

1）评标开始前 10 分钟，招标人和项目监督人员共同到专家抽取室打印专家名单，并对专家进行点名。在线抽取专家流程如图 5-6 所示。

2）评标专家凭专家信息卡进入评标区，点名后通过门禁系统验证身份进入指定评标室。评标专家到齐后，由监督人员宣布评标纪律，并请评标专家自行推荐评标小组组长，组成评标委员会。

3）其他工作人员凭工作牌进入半封闭评标区。招标人在监控室办理进入评标监督室的相关手续后，安排有关监督人员进入评标监督室指定区域。

4）评标专家登录各省或市建筑工程电子评标系统，按照招标文件设定的评标流程对各投标文件进行评审。

5）评标过程中需要询标时，答疑人应先登记，然后在监督人员的监督下，到指定答疑室进行答疑。

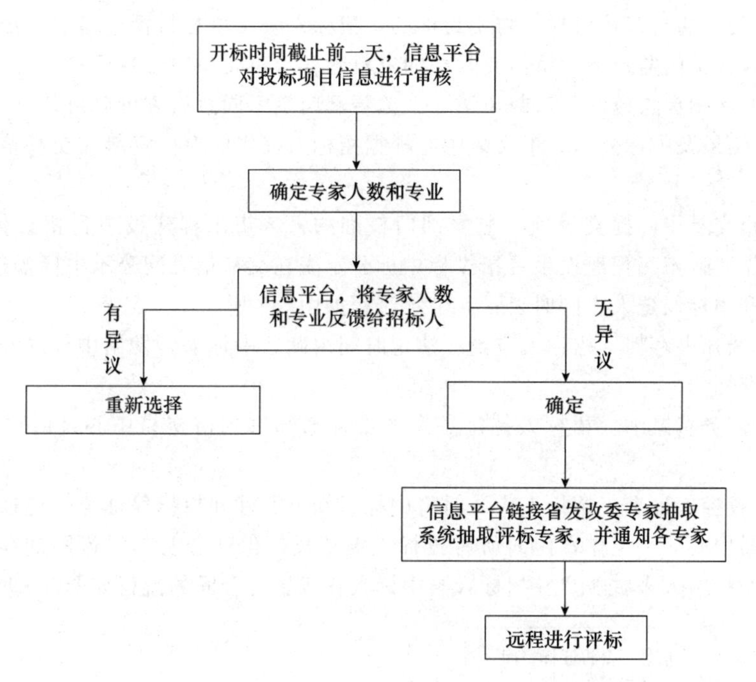

图 5-6　在线抽取专家的流程

6）评标委员会成员以外的其他人员不得擅自进入评标室。投标资料运抵评标区门禁后，招标人或招标代理应进行登记，经监督人员签字同意后，由监督人员陪同进入评标室，服务工作完成后立即退出评标室。评标过程中确需参加评标服务工作的，按前述规定执行。凡进入评标室人员一律不得携带通信工具。在线评标流程如图 5-7 所示。

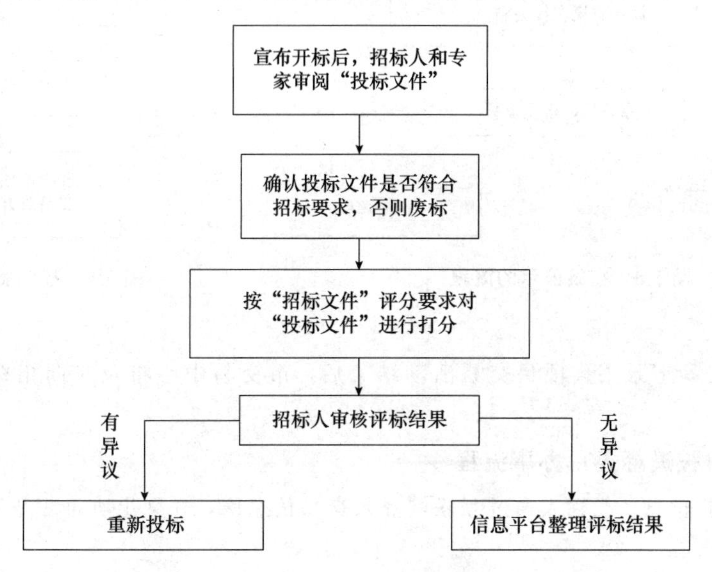

图 5-7　在线评标的流程

7）评审结果汇总后，生成电子评标报告，评标专家在评标报告上加盖个人 CA 电子印章。

8）评标结束后，招标人向市交易中心提交已签字确认的开标评标相关表格。

(12) 投标资料的封存及启封。需要封标的，招标人应先填写封标申请表，经监督人员签字同意后，在监督人员的监督下，将需要封存的资料封存于市交易中心封标室。

资料启封时，招标人应填写启封申请，经监督部门签字同意后方可启封。

(13) 评标结果及中标公示。市交易中心根据招标人提供的评标资料在交易信息网公示评标结果。

招标人向市交易中心提交经项目监督部门核准的××市工程建设项目招投标中标公示表，市交易中心根据××市工程建设项目招投标中标公示表在交易信息网公示中标候选人。

评标结果和中标候选人将同时公示。公示流程如图 5-8 所示。

(14) 中标通知书存档。招标人应当在法定时间内确定中标人，发出中标通知书，并同时抄送市交易中心存档。

(15) 交易服务费缴纳。招标人持已签发的中标通知书到市交易中心及时办理交易服务费手续。

(16) 退还投标保证金。招标人应及时将中标通知书原件和投标保证金退还通知原件送市交易中心，市交易中心 5 个工作日内向所有投标人退还投标保证金及其银行同期存款利息，且投标保证金退还至投标人来款账户。招标人与中标人在线签订合同的流程如图 5-9 所示。

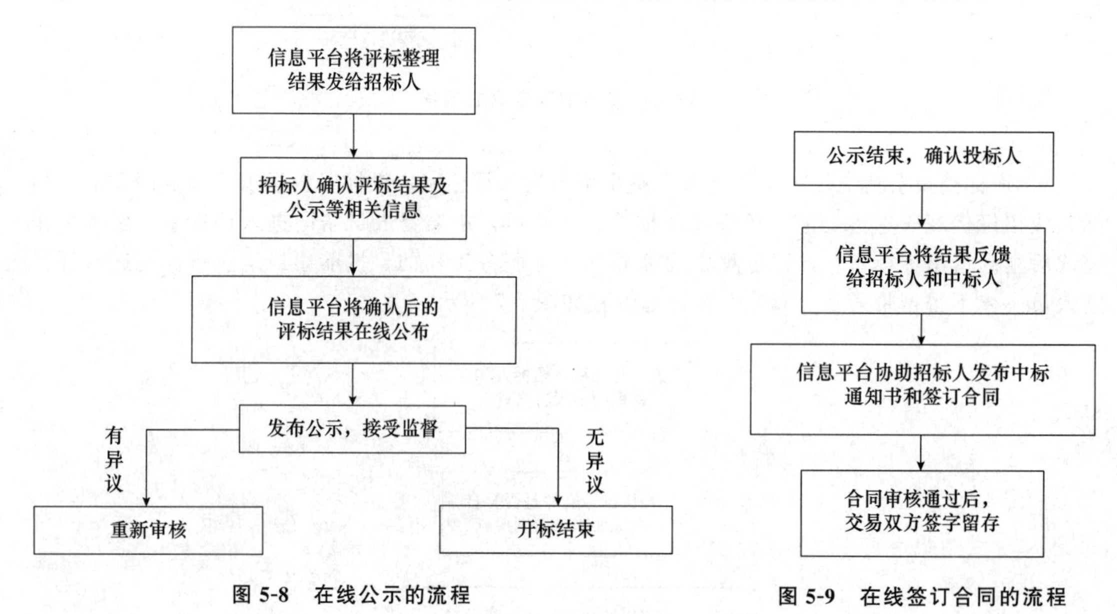

图 5-8　在线公示的流程

图 5-9　在线签订合同的流程

(17) 出具交易记录书。项目交易活动结束后，市交易中心将及时向招标人出具交易记录书。

2. 投标人（被邀标人）办事流程

(1) 项目招标信息。投标人通过互联网登录交易信息网，在网上查询工程项目信息和招标公告信息。

(2) 招标文件获取。投标人在交易信息网选定拟参加投标的项目后，可在项目下载区自主下载招标文件及相关资料。

(3) 办理电子投标文件制作的软硬件。投标人首次制作电子投标文件，需要办理电子投标文件制作软件加密锁、电子印章和电子标书存储器。申请表及办理流程可在各省或市交易信息网自行下载，办理地址为各省或市工程建设招投标交易中心电子招投标软件咨询办理处。

（4）投标质疑。投标人（被邀标人）按照招标文件规定的时限，在交易信息网上“质疑区”提出质疑，并自行上传质疑。

（5）补疑、答疑获取。投标人可在交易信息网“补遗、答疑区”自主下载招标人的补遗和答疑文件。

（6）递交投标保证金。按照招标文件规定的时间和方式，投标人将投标保证金由投标单位的基本账户转入市交易中心投标保证金专用账户。

投标人应在开标前3天到市交易中心对银行基本账户进行登记，已经登记过的投标人无须进行重复登记，如投标人银行基本账户发生变更，需及时到市交易中心进行变更登记。“投标单位银行基本账户登记表”在交易信息网下载。

（7）投标资料递交。投标人按招标文件约定的时间、地点递送投标资料，逾期送达的将被拒收。

（8）开标［同招标人办事流程（10）］。

（9）评标［同招标人办事流程（11）］。

（10）评标结果及中标公示（同招标人办事流程（13））。

（11）中标通知书。中标公示结束后，招标人向中标人签发中标通知书。

（12）交易服务费缴纳。中标人收到中标通知书后，应持中标通知书及时到市交易中心办理交易服务费手续。

（13）退还投标保证金。收到中标通知书原件和投标保证金退还通知原件后5个工作日内，市交易中心向所有投标人退还投标保证金及其银行同期存款利息。

投标人可以通过交易信息网对投标保证金的退还情况进行查询。

知识拓展

国家对电子招投标的立法

国务院办公厅印发《关于进一步优化营商环境降低市场主体制度性交易成本的意见》中指出，2022年10月底前，推动工程建设领域招标、投标、开标等业务全流程在线办理和招投标领域数字证书跨地区、跨平台互认，取消各地区违规设置的供应商预选库、资格库、名录库等，政府采购和招投标不得限制保证金形式。

《招标投标法》第46条规定：招标人和中标人应当自中标通知书发出之日起30日内，按照招标文件和中标人的投标文件订立书面合同。

《中华人民共和国民法典》第469条规定：书面形式是合同书、信件、电报、电传、传真等可以有形地表现所载内容的形式。以电子数据交换、电子邮件等方式能够有形地表现所载内容，并可以随时调取查用的数据电文，视为书面形式。

《中华人民共和国电子签名法》第2条规定：电子签名是指数据电文中以电子形式所含、所附用于识别签名人身份并表明签名人认可其中内容的数据。

《中华人民共和国电子签名法》第7条规定：数据电文不得仅因为其是以电子、光学、磁或者类似手段生成、发送、接收或者储存的而被拒绝作为证据使用。

《中华人民共和国电子签名法》第14条规定：可靠的电子签名与手写签名或者盖章具有同等的法律效力。

《电子招投标系统技术规范》第3.16条规定：电子印章是指模拟在纸质文件上加盖传统实

物印章的外观和方式进行电子签名的形式。

《中华人民共和国招投标法实施条例》第5条规定：国家鼓励利用信息网络进行电子招投标。

《电子招投标办法》第2条规定：数据电文形式与纸质形式的招投标活动具有同等法律效力。

扫描下方二维码完成练习。

学习笔记

任务2　BIM技术在招投标中的应用

BIM国内比较统一的中文翻译为建筑信息模型（Building Information Modeling）或者建筑信息管理（Building Information Management），是以建筑工程项目中的各项作为基础，建立三维建筑模型。通过相关的数字信息将建筑设计立体化。如图5-10所示，BIM不是一种简单地将数字信息进行整合，而是通过对数字信息的整合应用，并将此应用于设计、建造、管理的数字化方法。这种方法支持建筑工程的总体集合管理环境，并且可以使建筑工程在整体建设的过程中明显地提高效率、大量地减少风险隐患。

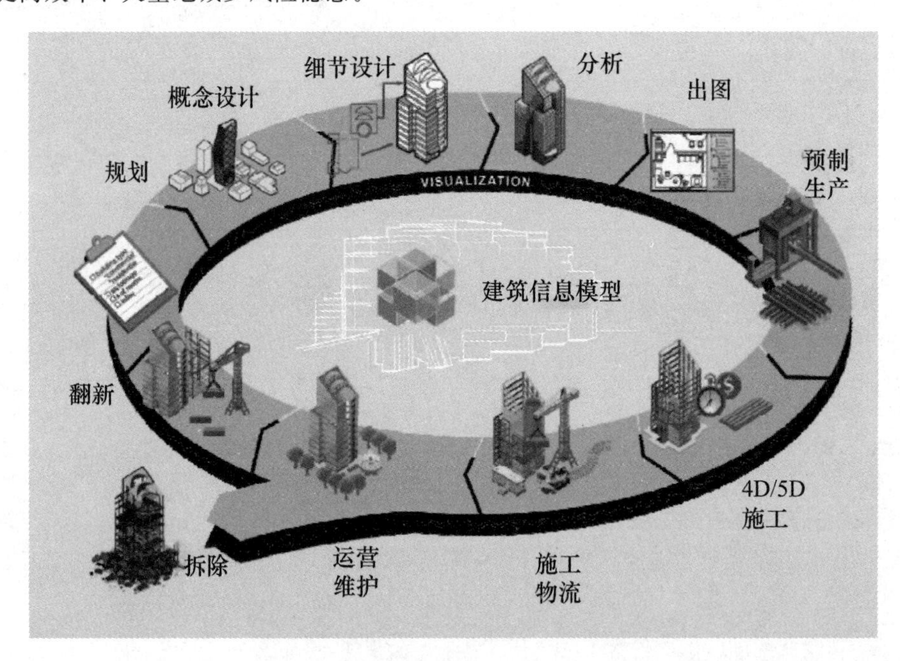

图5-10　BIM技术数字化的虚拟建筑

2.1　BIM技术的特点

1. 操作的可视化

应用BIM技术的一切操作都是在可视化的环境下完成的，有利于解决设施规模越来越大、空间划分越来越复杂、功能越来越多等问题。一些比较抽象的信息如应力温度、热舒适性也可以用可视化方式表达出来，还可以将设施建设过程及各种相互关系动态地表现出来，如图5-11所示。

2. 信息的完备性

建筑信息模型是设施的物理和功能特性的数字化表达，包含了设施的所有信息，将设施的前期策划、设计、施工、运维各个阶段都连接起来，各阶段信息都存储进BIM模型中。信息完备性使BIM能支持可视化操作、优化分析、模拟仿真等。BIM技术合规性检查见图5-12。

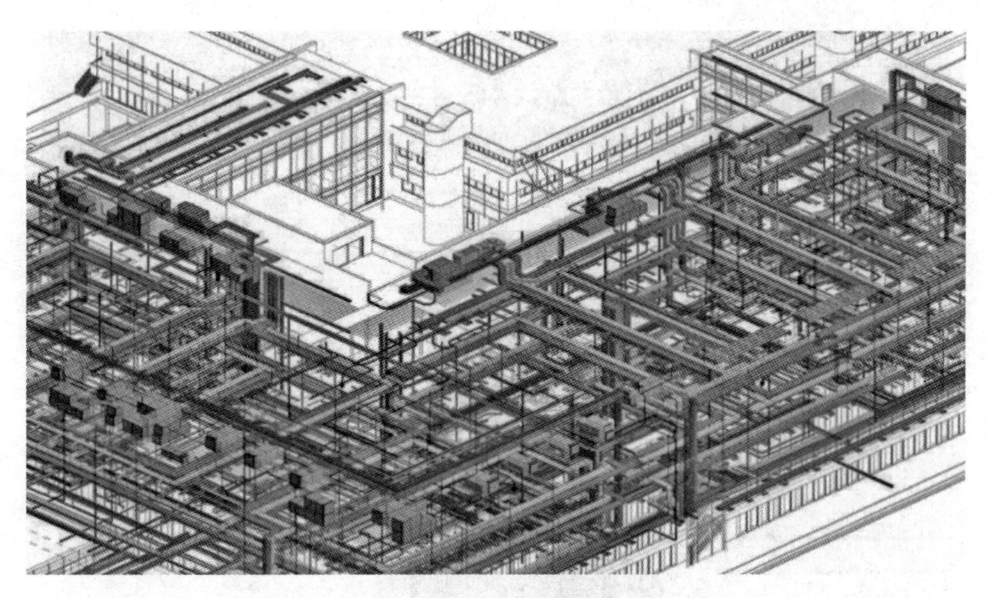

图 5-11　BIM 技术可视化示意图

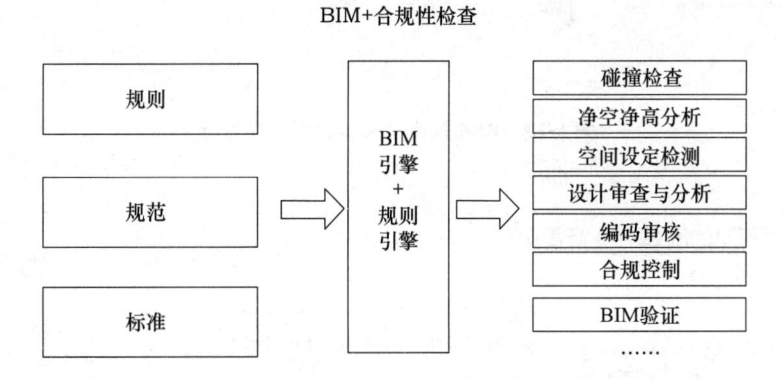

图 5-12　BIM 技术合规性检查

3. 信息的协调性

协调性体现在两方面：一是在数据之间创建实时的、一致性的关联，对数据库中数据的任何更改，都马上可以在其他关联的地方反映出来；二是在各构件实体之间实现关联显示、智能互动、设计协调、冲突检测、合理安排施工计划等（图 5-13）。

4. 信息的互用性

应用 BIM 可以实现信息的互用性，充分保证了信息经过传输与交换以后，信息前后的一致性。实现互用性就是 BIM 中所有数据只需要一次性采集或输入，就可以在整个设施的全生命周期中不同专业、不同品牌的软件应用中实现信息的共享、交换与流动（图 5-14）。

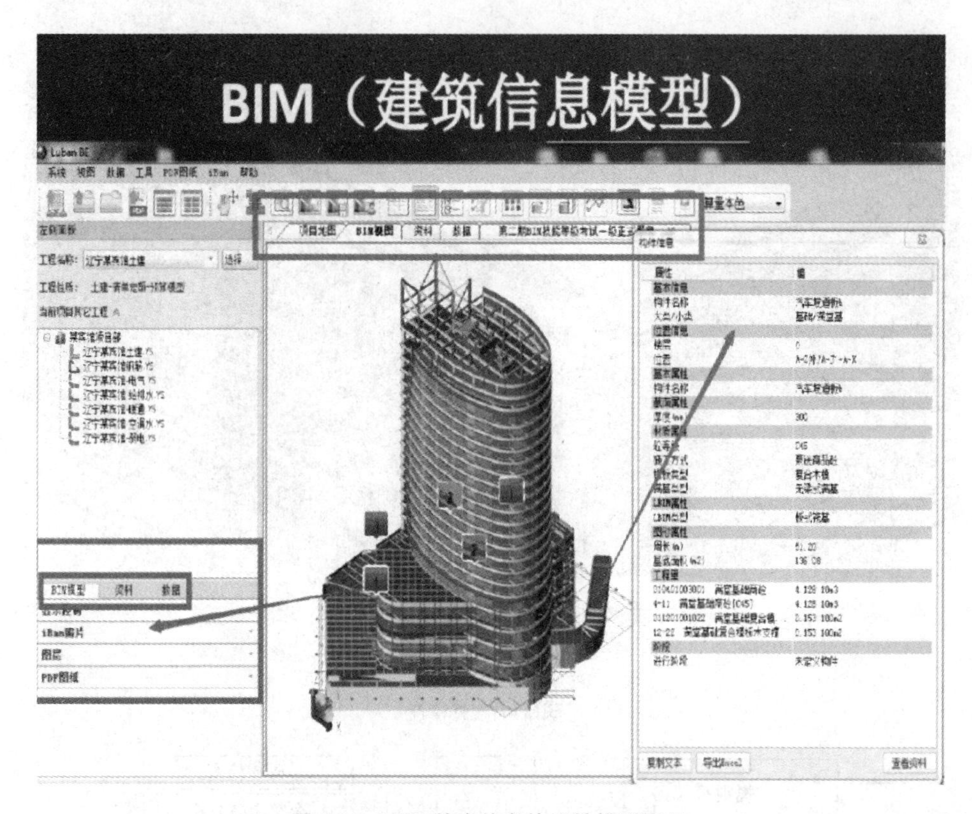

图 5-13　BIM 技术信息协调性模型展示

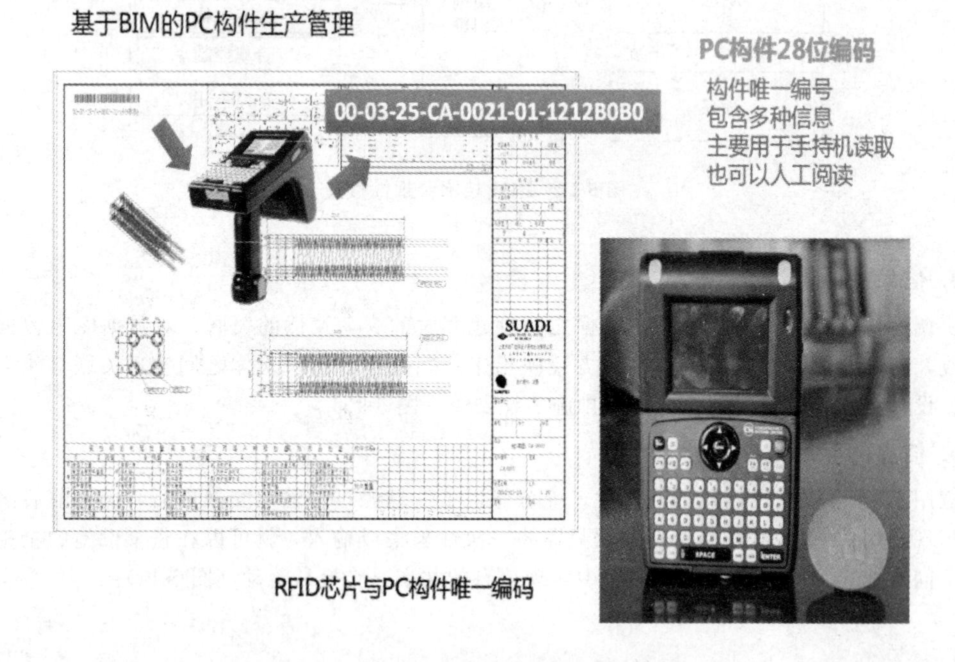

图 5-14　BIM 技术使各专业信息互用案例

2.2 BIM技术在招投标中的应用

BIM技术作为建筑行业的新兴技术，极大地促进了建筑行业整体的精细化程度和管理水平。借助BIM技术可以直观地基于三维场景对项目进行方案展示和论证。在评标环节，通过BIM技术的引入代替传统的纸质投标方案或电子化投标方案；就招投标中的重要环节进行可视化模拟分析，为建筑工程招投标环节带来又一次的技术革新，从而实现招投标改革四阶段的最终过度，实现BIM可视化评审的新时代。

1. BIM在建筑工程招投标中的优势

投标方在精确核算工程量之后，在确定投标策略和预留的利润值时，有了具体数据的支撑，摆脱了以前靠经验估算的风险。基于BIM可以将施工方案动漫化，模拟实际建筑过程，不仅可以对施工组织设计进行优化，而且可以直观地展示施工过程，使评标专家和建设单位相关负责人都能够对施工方案和施工过程一目了然，极大地提高了投标方的中标概率。

(1) 降低招投标操作难度。通过互联网等信息手段可以省去招投标企业大量的重复奔波，实现全流程网上的高效互动操作和基于模型的高效数据共享和互通，招投标人通过互联网就可以实现在线招标和投标操作，可以突破传统招标的时间和空间限制，招投标人可以借助BIM，完成高效的设计方案、工程造价和施工方案编制，进一步降低招标人和投标人的操作难度和成本支出，提升效率。

(2) 强化全过程动态监管。借助互联网和BIM技术的深度应用，系统可以实现全程电子监管和直观审批，改变传统的监管模式，丰富监管形式。系统可以实现全程留痕可查、监管信息全程可追溯，大幅提高监管效率。

(3) 减少评委自由裁量权。通过BIM技术的应用，使投标文件方案更加直观，技术经济关联性更加友好。在评标过程中，评委可以借助基于BIM的方案直观地进行方案评审，并可以动态准确地对资源投入和现场方案等进行查看，从而使方案评审效率更高，过程更加公开透明。

2. BIM在建设过程全生命周期内的应用

在设计阶段，借助BIM信息库可以进行限额设计，与此同时，参与设计工作中的各专业可以基于同一个模型进行不同专业的设计信息的填充，进而通过碰撞检查审核各专业之间的设计是否存在冲突，避免了施工阶段的设计变更。在施工阶段可以模拟建造过程，提前预知具体的施工任务并且提前做好材料的供应，避免了不当施工，节约了成本，缩短了工期，进而达到对施工过程的动态控制。BIM系统中的数据是在工程进行的过程中不断更新的，所以在竣工验收阶段，BIM系统中的数据的完整性加快了结算的效率，同时也避免了结算常见的扯皮现象。在后期运营阶段，业主可以借助BIM快速获取相应资料，同时，物业管理人员可以借助BIM快速了解建筑内各种设备的数据等资料，方便维护和智能化管理。

3. BIM技术在建筑工程招投标中的应用

BIM技术的推广与应用，极大地促进了招投标管理的精细化程度和管理水平。在招投标过程中，招标方根据BIM模型可以编制准确的工程量清单，达到清单完整、快速算量、精确算量，有效地避免漏项和错算等情况，最大限度地减少施工阶段因工程量问题而引起的纠纷。投标方根据BIM模型快速获取正确的工程量信息，与招标文件的工程量清单比较，可以制订更好的投标策略。

4. BIM 在招标控制中的应用

在招标控制环节，准确和全面的工程量清单是核心关键；而工程量计算是招投标阶段耗费时间和精力最多的重要工作。BIM 是一个富含工程信息的数据库，可以真实地提供工程量计算所需要的物理和空间信息。借助这些信息，计算机可以快速对各种构件进行统计分析，从而大大减少根据图纸统计工程量带来的烦琐的人工操作和潜在错误，在效率和准确性上得到显著提高。

（1）建立或复用设计阶段的 BIM。在招投标阶段，各专业的 BIM 建立是 BIM 应用的重要基础工作。BIM 建立的质量和效率直接影响后续应用的成效。模型的建立主要有三种途径：

1）直接按照施工图纸重新建立 BIM，这也是最基础、最常用的方式。

2）如果可以得到二维施工图的 AutoCAD 格式的电子文件，利用软件提供的识图转图功能，将 DWG 二维图转成 BIM。

3）复用和导入设计软件提供的 BIM，生成建筑信息算量模型。这是从整个 BIM 流程来看最合理的方式，可以避免重新建模所带来的大量手工工作及可能产生的错误。

（2）基于 BIM 的快速、精确算量。基于 BIM 算量可以大大提高工程量计算的效率。基于 BIM 的自动化算量方法将人们从手工烦琐的劳动中解放出来，节省更多时间和精力用于更有价值的工作，如询价、评估风险等，并可以利用节约的时间编制更精确的预算。

基于 BIM 算量提高了工程量计算的准确性。工程量计算是编制工程预算的基础，但计算过程非常烦琐，造价工程师容易因各种人为原因而导致很多的计算错误。BIM 是一个存储项目构件信息的数据库，可以为造价人员提供造价编制所需的项目构件信息，从而大大减少根据图纸人工识别构件信息的工作量以及由此引起的潜在错误。因此，BIM 的自动化算量功能可以使工程量计算工作摆脱人为因素影响，得到更加客观的数据。

5. BIM 在投标过程中的应用

（1）基于 BIM 的施工方案模拟。借助 BIM 手段可以直观地进行项目虚拟场景漫游，在虚拟现实中身临其境地进行方案体验和论证。基于 BIM 对施工组织设计方案进行论证，就施工中的重要环节进行可视化模拟分析，按时间进度进行施工安装方案的模拟和优化。对于一些重要的施工环节或采用新施工工艺的关键部位、施工现场平面布置等施工指导措施进行模拟和分析，以提高计划的可行性。在投标过程中，通过对施工方案的模拟，将施工方案直观、形象地展示给甲方。

（2）基于 BIM 的 4D 进度模拟。建筑施工是一个高度动态和复杂的过程，传统的横道图或者网络计划，可视化程度低，无法清晰描述施工进度以及各种复杂关系，难以形象表达工程施工的动态变化过程。通过将 BIM 与施工进度计划相链接，将空间信息与时间信息整合在一个可视的 4D（3D＋Time）模型中，可以直观、精确地反映整个建筑的施工过程和虚拟形象进度。4D 施工模拟技术可以在项目建造过程中合理制订施工计划、精确掌握施工进度，优化使用施工资源以及科学地进行场地布置，对整个工程的施工进度、资源和质量进行统一管理和控制，以缩短工期、降低成本、提高质量。另外，借助 4D 模型，施工企业在工程项目投标中将获得竞标优势，BIM 可以让业主直观地了解投标单位对投标项目主要施工的控制方法、施工安排是否均衡、总体计划是否基本合理等，从而对投标单位的施工经验和实力作出有效评估。

（3）基于 BIM 的资源优化与资金计划。利用 BIM 可以方便、快捷地进行施工进度模拟、资源优化，以及预计产值和编制资金计划。通过进度计划与模型的关联，以及造价数据与进度关联，可以实现不同维度（空间、时间、流水段）的造价管理与分析。

将三维模型和进度计划相结合，模拟出每个施工进度计划任务对应所需的资金和资源，形成进度计划对应的资金和资源曲线，便于选择更加合理的进度安排。

通过对 BIM 的流水段划分，可以按照流水段自动关联快速计算出人工、材料、机械设备和资金等的资源需用量计划。所见即所得的方式，不但有助于投标单位制订合理的施工方案，还能形象地展示给甲方。

（4）提高了编制商务标效率。

1）工程量统计。在对工程项目投标文件进行编制的过程中，工程量清单属于投标文件中的关键组成部分。现阶段，我国各省份的电子招标交易平台都会向投标人发放相应的工程量清单编制工具，在计算过程中也会出现一定的误差。而将 BIM 技术应用在工程量统计中，系统便能对工程量清单进行自动化计算，相较于传统的编制方式而言，不管是工程量还是工程量计价，都有着很精确的计算结果。可见，BIM 技术在工程量统计中的应用效果，更能保证招标与投标双方的利益合理化。

2）碰撞检查。所谓“碰撞检查”，是通过 BIM 检测工具发现项目中图元之间的冲突。建筑工程项目的施工建设过程极为复杂，会涉及大量复杂且不同的地质条件、气候条件、水文条件等，仅仅借助设计单位给出的设计图纸，很难完全按照图纸去进行正确的施工，还有可能发生不同专业之间的碰撞以及施工现场不断变化的问题，导致无法按期完工，带来不必要的损失。而 BIM 技术的应用，能够在投标阶段对构件与管线、建筑与结构、结构与管线等进行碰撞检查、施工模拟等优化设计，对施工中机械位置、物料摆放进行合理规划，在施工前尽早地发现未来将会面对的问题及矛盾，寻找出施工中不合理的地方及时进行调整，降低传统 2D 模式的错、漏、碰、缺等现象的出现，提高施工效率和质量，缩短工期。

3）工期校验。应用 BIM 技术的 5D 模型，工程项目的施工全过程能够得到真实模拟。鉴于大部分工程项目的建设工期较紧且内容复杂，所以在虚拟建造过程中要尽量考量更多施工阶段，保证工序的合理性。结合 BIM 技术对工期可行性进行检验，分析施工方案，推算出最合理的成本以及投标底价。对标书进行评审的过程中，结合建设单位所给出的 BIM 5D 模型，更有助于建设单位与施工单位进行沟通，确定投标人编制施工方案的可行性。

4）场地布置。建筑工程施工场地的布置是整个施工工程开展的基础环节，其中包含临时道路施工、混凝土拌合站建设、钢筋加工场建设、预制场建设、临时水电等方面的布置。通过应用 BIM 技术，能够基于对整个施工现场的调研去模拟，结合调研中收集到的详细信息数据，对不同阶段的施工现场变化动态形成展示，从而对施工场地的布置给出最优处理方案，消除有可能影响施工质量与进度的风险因素，为施工顺利完工打好基础。而通过对场地布置的全面模拟，在编制投标标书时便能够综合各项风险因素去约定合同条款，保证施工单位的利益得到全方位保障。

5）施工方案模拟。应用 BIM 技术能够更加直观地看到施工现场与建设投入使用的虚拟场景，而在虚拟场景中去分析施工方案的可行性更加便捷，论证中也更加有针对性。基于 BIM 平台对施工组织设计方案展开分析，找出工程项目施工中的重难点，辅以可视化虚拟施工，加入时间节点去优化施工工序。针对工程项目施工中需要启用全新技术与工艺的重点环节，应用 BIM 技术去模拟施工，能够更清楚新技术工艺的可操作性，降低不确定因素的发生概率。工程项目投标中，投标单位通过应用 BIM 技术去模拟施工方案，向建设单位直观呈现，也能提高自己的技术标竞争优势，从而提升中标概率。

6）5D进度模拟。工程项目的施工有着复杂、系统且动态的特点。目前，工程项目针对施工管理的做法更多采取的是进度网络图方式，但是这种方式对专业性要求高，并且直观性表现不足，无法清晰地描述工程项目施工的全过程，也难以对错综复杂的施工流程有直接表述，更无法灵活体现施工变更项目。而BIM技术的应用能将工程项目的施工进度、空间信息进行融合，实现三维、时间、造价的进度模拟，精准反映出工程项目施工过程中不同时间节点的进度。5D技术能够保证工程项目投标中更加准确地掌握施工进度，从而制订合理的施工计划、优化施工资源、科学布置施工现场，这些对于缩短工期、缩减成本、提升工程质量都有极大帮助。而投标单位以5D技术能够争取到更大的竞标优势，保证建设单位对投标单位的施工方法及计划有更直观地了解，从而加深对施工单位的良好印象，中标概率也会随之增大。

7）投标报价优化。应用BIM技术去搭建的建筑模型，能够更快捷地展开施工模拟和资源优化，从而保证资金使用的合理化。结合施工成本及施工进度的关联，从不同维度去分析资本管理，模拟出不同施工阶段要投入的资金和资源，作出更精准地进度计划和施工组织安排，计算不同时间节点的人工、材料、机械设备的配置。通过资源利用及资金使用计划的优化，投标单位能够在投标阶段更加精准地预测出工程造价，报出更具竞争力的竞标价格，也让建设单位清楚了解投标单位的资金使用重点和计划，无形中提高了投标单位的中标概率。

总之，BIM对于建筑项目全生命周期内的管理水平提升和生产效率提高具有不可比拟的优势。利用BIM技术可以提高招投标的质量和效率，有力地保障工程量清单的全面和精确，促进投标报价的科学、合理，加强招投标管理的精细化水平，减少风险，进一步促进招投标市场的规范化、市场化、标准化的发展。

2.3 基于BIM的电子招投标系统

1. 基于BIM的电子招投标系统

基于BIM的电子招投标系统在现有电子招投标系统基础上，将BIM技术引入招投标过程，建立基于BIM的电子评标系统。在招标和投标阶段包括以下方面：建模或模型导入、施工方案编制和优化（模拟）、施工进度方案编制和优化、资源和资金方案编制和优化、施工专项方案编制和优化、标书文件编制工具（招标、投标）、网上招投标系统、施工进度计划编制软件、场地布置方案编制软件、计价软件等。在评标阶段，需要进行施工方案比选评审、施工5D评审、资源计划评审、施工专项方案评审、设计方案评审，应当具备电子（远程）评标系统、BIM技术投标评审子系统。

2. 基于BIM的电子招投标系统的实践

随着BIM技术应用的不断深入，全国各省市逐渐在开发基于BIM的电子招投标系统。虽然国内在施工、设计阶段已有部分单位应用BIM，但在招投标阶段的BIM应用仍待研究。深圳市完成全国首个应用BIM技术的电子招投标系统建设。在现有电子招投标系统基础上，基于三维模型与成本、进度相结合，以全新的五维视角，集成大数据研究成果，并与深圳市空间地理信息平台（GIS）对接，打造基于BIM＋大数据＋GIS的专业招投标模式，实现深圳建筑工程招投标向智能化、可视化跨越式变革。同时，采用基于BIM的电子招投标系统，提高行业监管的精细化程度和便捷性，促进建筑行业更快普及和发展BIM技术，推动建筑工程设计、施工、运维各阶段之间的有机衔接。

（1）建设背景。深圳市是全国首个电子招投标试点城市，国家发改委在《关于深入开展2016年国家电子招投标试点工作的通知》（发改办法规〔2016〕1392号）中对深圳明确提出了“深化BIM等技术应用，推进电子招投标与相关技术融合创新发展”的BIM应用试点要求。深圳市建筑工程交易服务中心作为深圳电子招投标试点城市实施单位，在电子招投标系统交易平台获得全国首个三星证书后，又在全国率先将BIM技术应用在建筑工程招投标环节，开展基于BIM的电子招投标系统建设及应用。

深圳市建筑工程招投标分为五个阶段，分别为招标、投标、开标、评标和定标阶段。基于BIM的招投标系统是在传统的电子招投标系统基础上增加了BIM相关内容，简述如下：

1）招标阶段：招标人编制含有BIM招标相关标准与要求的招标文件。

2）投标阶段：投标文件中增加了BIM标书，投标人采用市场化的工具，按照招标文件中BIM相关标准与要求，编制并提交BIM标书。

3）开标阶段：招标人或招标代理对投标人递交的BIM标书进行合规性检测，并导入到内部服务器。

4）评标阶段：评标专家通过BIM辅助评标系统对投标递交的BIM标书进行评审。

5）定标阶段：定标委员会查看评审结果（含BIM标书）和标书文件（含BIM标书）。

（2）创新点。BIM电子招投标系统的建设与应用，是国内率先将BIM技术应用到建筑工程招投标阶段，率先实现技术标和商务标的关联评审，率先将BIM技术与GIS、大数据进行融合应用。

1）基于BIM模型的评审，使评标更直观和精准。采用BIM辅助评标后，专家可以借助BIM可视化优势，在评标中通过单体、专业构件等不同维度，对模型完整度和精准度进行审查，形象展示本项目的建设内容。基于进度和模型的关联关系，在平台中动态展示施工过程，方便评委专家对投标单位的施工组织进行更加精准的评审。另外，将场地等措施模型与实体模型结合展示，对现场的临建板房、现场监控布设等文明施工要素进行可视化审查。从而彻底改变传统电子评标阅读难度大、评审不直观的问题。

2）基于BIM模型投标方案，实现技术标和商务标一体化评审。采用BIM辅助评标后，改变了以往技术标和商务标脱离的现状。专家可以根据项目周期，查看项目的资金资源需求，结合业主的资金拨付能力，评审最适合的项目进度计划。还可以通过筛选模型，查看对应部位预算文件中清单工程量及直接费，能够有效针对重点区域进行详查，辨别投标人不平衡报价，提前排除项目施工过程中因变更产生的成本超支风险。

3）采用BIM与GIS融合技术，增加设计方案周边环境的精准定位和分析。通过BIM技术与GIS技术的融合应用，将BIM模型与深圳市空间地理信息平台进行对接，将建筑方案设计模型基于真实的空间地理环境中进行精准定位、展示，实现了基于模型的设计方案周边环境查看和对比分析。

4）结合大数据技术应用，实现同类工程BIM方案对比分析。通过BIM技术与大数据技术创新应用，基于当前项目的特征参数，利用大数据研究成果，智能推送历史同类工程的中标方案，实现不同工程之间的BIM设计方案横向对比分析。

（3）突破性进展。本项目建设突破性进展是设计BIM辅助评标系统和施工BIM辅助评标系统。施工BIM辅助评标系统实现了施工投标方案的施工组织安排、工艺工法、资金资源、基于模型的动态展示等，见图 5-15～图 5-19。设计 BIM 辅助评标系统实现了设计方案的模型展示、亮点展示、建筑周边环境展示、方案对比和历史工程查看，见图 5-20～图 5-23。

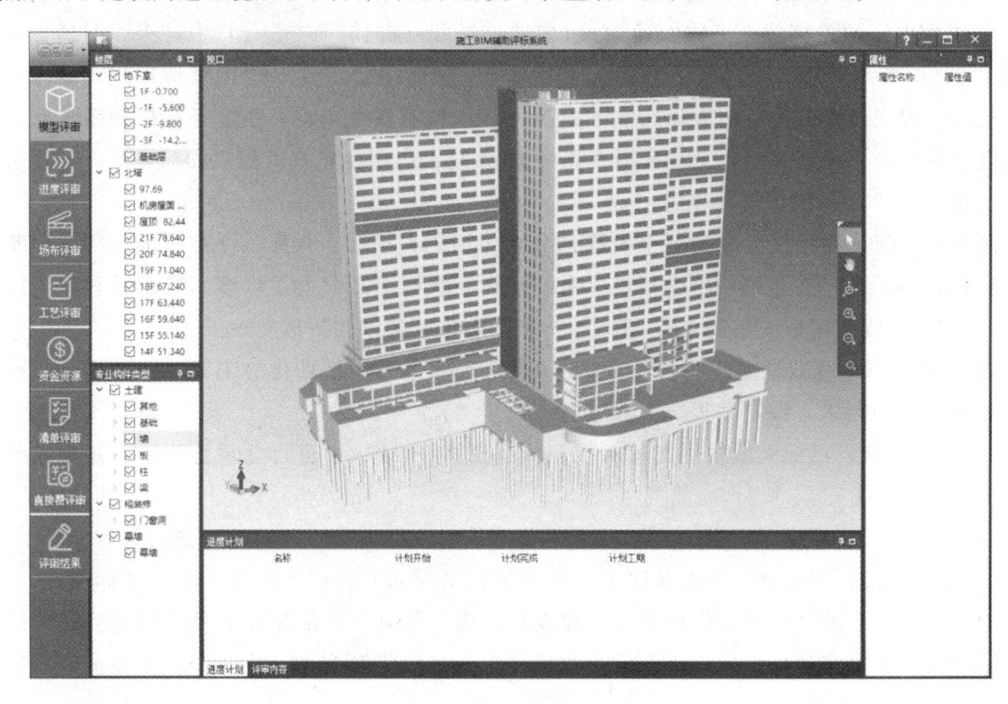

图 5-15　模型评审

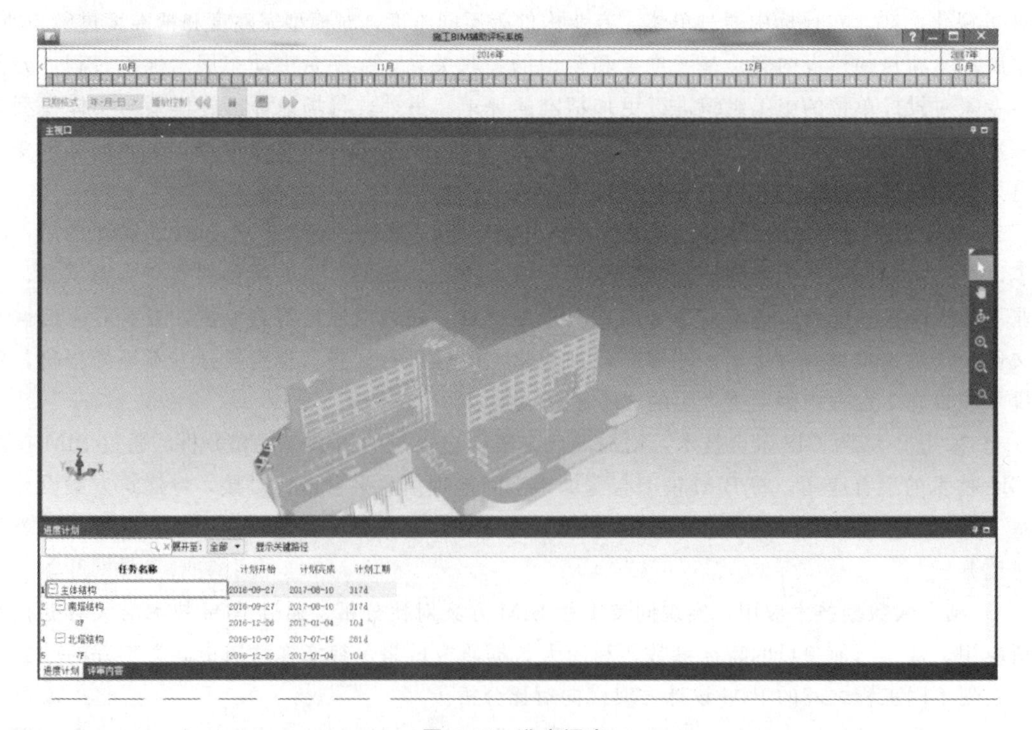

图 5-16　进度评审

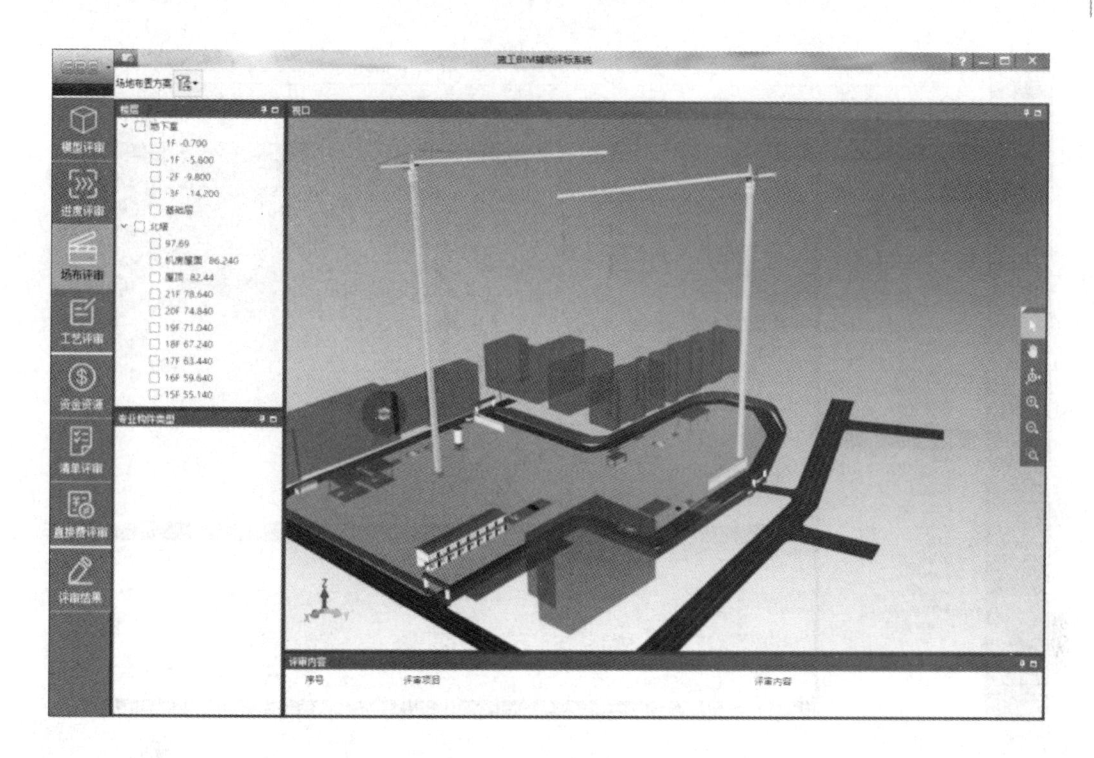

图 5-17　场地布置评审

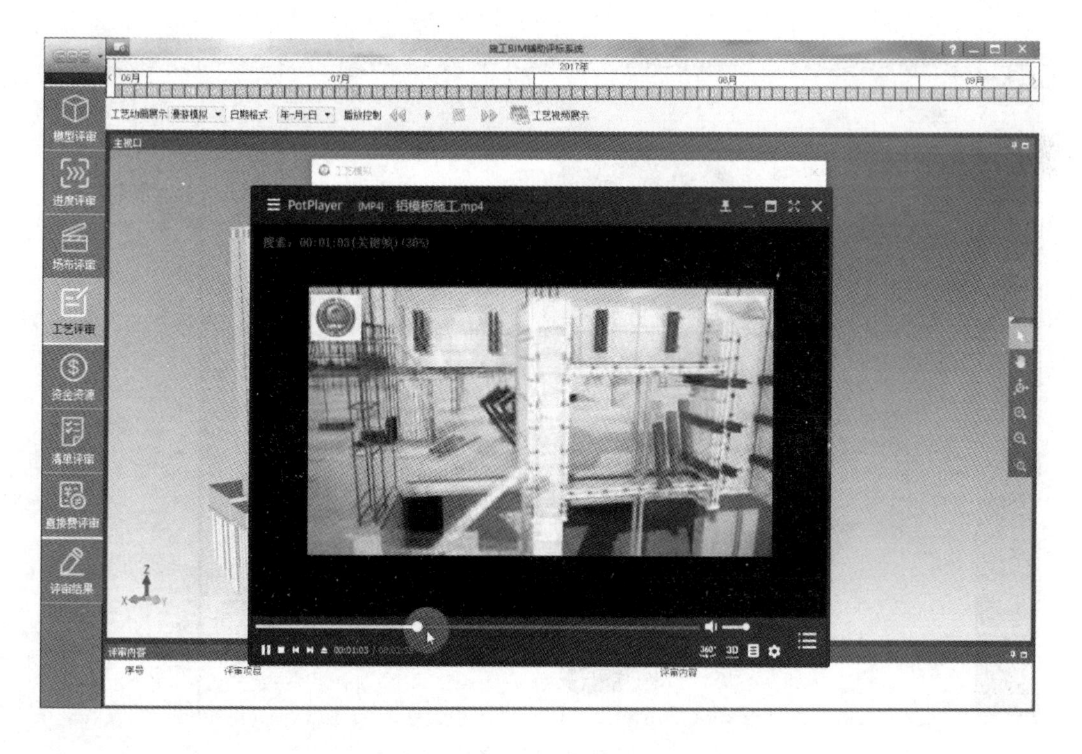

图 5-18　工艺评审

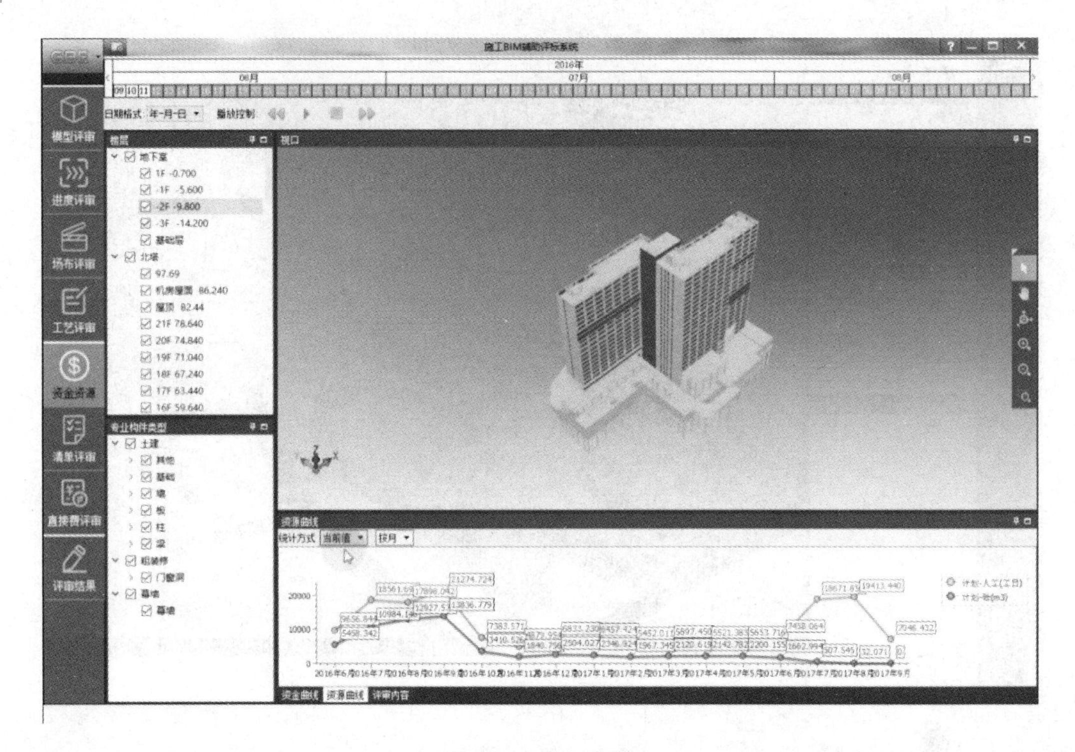

图 5-19　资金资源

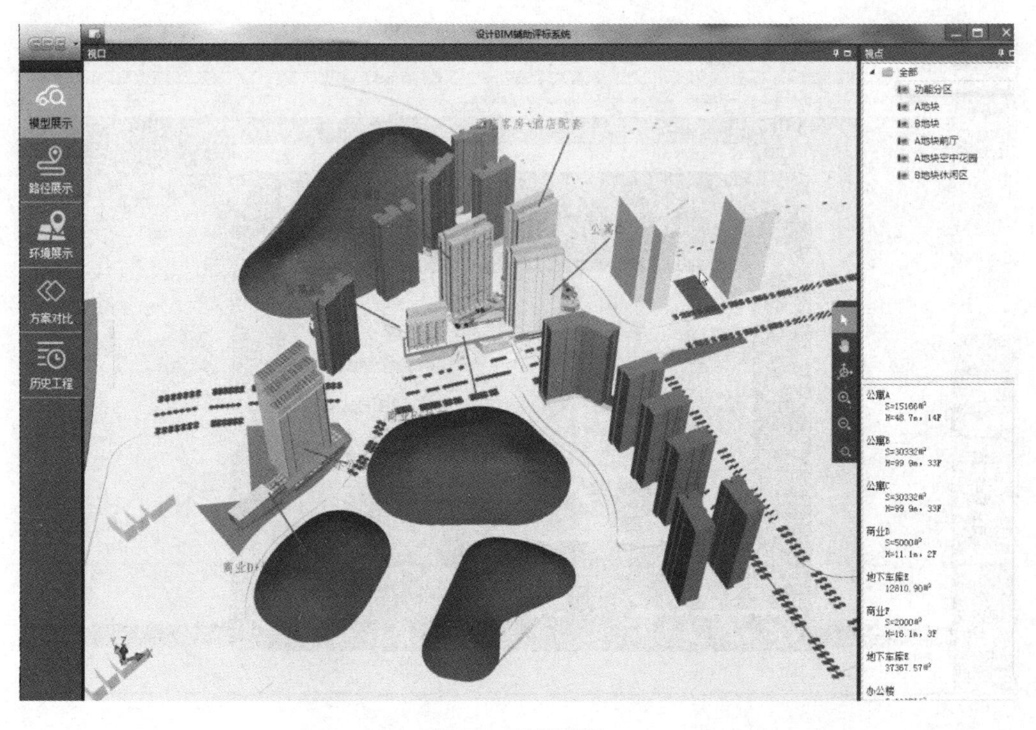

图 5-20　模型展示

图 5-21　路径展示

图 5-22　环境展示

图 5-23　方案对比

2.4　基于 BIM 的电子评标系统

现实中，装配式建筑投标文件评审的难点集中在设计方案、施工方案和投标报价方面。对于装配式建筑招投标来说，基于 BIM 的电子评标将更科学、高效。基于 BIM 的投标评审关键在于以下 7 个方面。

（1）模型检查。即直观地对构件信息、时间信息、优化合理性进行审查，选取需要查看的楼层及专业构件类型，通过属性窗口，审查构件参数信息、施工计划、施工优化的合理性。将传统的图表文字转变为可立体观察的三维信息模型，提升评标过程的针对性和深入程度。

（2）进度模拟。进度模拟是对技术标的进度计划进行可视化评审，用 4D 动画形式审查技术标的进度计划，通过多窗口查看施工计划中不同专业模型的建造顺序及合理性，改变文字及图表的进度展现方式，便于评标专家加深对施工组织的理解，做出准确评判。

（3）资金资源检查。资金资源检查是多维度地显示投标人的资金和资源使用计划。从当前值或累计值角度，以月、周、日不同的时间单位，根据资金呈现的平滑度判断资金计划的合理性。这个步骤便于评标专家对资金资源计划进行全面、深度的评估。

（4）场地布置方案评估。场地布置方案评估是立体展现施工场地及临时设施布置，通过三维场地与实体模型、措施方案模型结合，以漫游方式，从不同的查看视角，对场地布置方案进行评审。可以改变二维平面图纸无法直观呈现场地布置与技术方案的情况，提升评审结果的准确性。

（5）关键节点方案评审。关键节点方案评审主要是以动画形式呈现重难点施工方案，直接动画播放和播放视频两种途径对重难点部位的施工工艺进行检查，改变传统冗长的文字说明方式，增强了直观体验，便于评标专家对重难点方案的理解，同时降低了动画方案交底门槛。

（6）投标报价评审。利用BIM技术提供了工程量清单整体查看功能，从项目整体出发，全面详细地展现投标人商务标内容，可直观展示整体清单组成内容，与大数据应用结合，便于专家发现工程报价中存在的问题。

（7）直接费详查。对专家选择的BIM区域进行可视化的商务标审查。通过勾选、框选、构件查询等方式，快速筛选出需要评审的构件项，以立体信息模型与数据相结合的方式，从构件级呈现商务标数据，便于评标专家直观、深入地发现存在的问题。

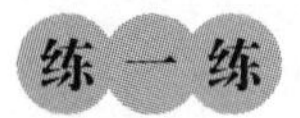

扫描下方二维码完成练习。

学习笔记

任务3　装配式建筑招投标

3.1　装配式建筑概述

装配式建筑是指将在加工厂或现场预制的构件，通过机械运送、机械吊装及一定的连接手段，连接成为一种整体而建造起来的房屋。这种建造方式具有施工速度快、劳动强度低、环境污染少及资源有效节省等特点。

3.2　装配式建筑发展前景

装配式建筑具有建造技术的集成创新，设计后结构体系灵活化、可控化、设计规划、设施设备系统一体化等特点，整体性强。材料方面采用新型的轻质材料，其隔声、隔热、耐火、防潮，有着优越的物理性能，施工速度快，受天气因素影响小，利于冬季施工，可交叉作业。设计生产装配管理一体化模式和现代化的信息管理方式能够高效地利用和整合资源，减少浪费和闲置。经济效益较传统的建造方式，减少了人工（约30%）、工期（约60%）、现场作业、装修程序（装修成本减少60%），相应地减少了成本支出。前期对工期进度计划、资源配置优化、电气、设备、生产、吊装等的标准化深化设计标准要求较高，人员的技术管理能力和工程经验的要求也相对应要提高。

（1）节约资源。现浇的混凝土建筑，在建筑解体后并不能够再利用而是变成了建筑垃圾，而且这些用能还会排放大量的温室气体，给环境带来了极大的压力。而装配式建造方式可以减少内外墙的模板用量，这样就可减少25%的钢模、40%的木材及12%的钢架用量。不但如此，预制构件还可减少39%的湿作业、76%的外墙抹灰作业、71%的金属焊接作业等。另外，节约的一个大方面是水资源和劳动力资源。先进的设备可以解决人工生产技术水平低、工艺落后等问题，减少对劳动力的依赖。生产的规模化，可以实现各个工程之间的互用，降低生产的成本。

（2）缩短工期。为了使预制外墙、预制楼梯和预制飘窗完整安装时间得到缩短，每个预制件都预留了后期要用的孔洞，与此同时预埋了安装部件的预埋件和管槽。预制墙、板、楼梯等结构部件可以省去部件的浇筑时间和减少其养护时间。在工厂预制好的装配式建筑部件，不需要打光粉，并且避免了搭架外装修，有着很好的防火防潮能力，不需要进行防火施工，整体施工速度较现浇要快许多。

（3）降低造价。形成产业链后，集中预制可以减少原材料因分散而造成的浪费，预制部件可以实现在设计阶段设计出其外观形状，并且通过制模实现大批量高质量生产，简单的钢模加工即可实现复杂产品的生产，大大减少成本支出。

（4）保证工程质量。由于装配式建筑采用的是工厂集中生产，集中生产就能够很好地控制构件制作的尺寸大小和原料的配比。工艺标准化、模数化、生产流程一致化、生产过程中全程数字监控，这种条件下的产品质量比较均匀。预制构件做好后，到现场进行安装即可，这样可以免去现场浇筑工艺不精湛带来的质量缺陷。预制产品的保温性、耐火性、隔热性、防火防潮性和结构尺寸都可以在生产过程中进行有效控制，若有偏差，进行参数调整即可解决，可控性高。

（5）高环保。预制构件在工厂生产后，运输至施工现场进行装配即可，减少了现场的湿作业，对环境影响较小。在工厂就已经生产好的预制混凝土构件在制作过程和运输过程中可以减少扬尘，减少颗粒物流入大气中，具有很好的环保性。预制外墙，可以免去第一道底面粉刷程序，可以减少一道伤害施工作业者的身体健康的程序。由于采用预制工艺，不但可以减少施工现场的噪声污染，还可以减少建筑垃圾的产生和水资源的浪费。

（6）高功能。装配式建筑材料性能稳定且优质，能够具备很好的保温隔热性能，冬暖夏凉，效果显著。钢筋混凝土构件对于季节变换带来的冷热交替，有着很好的适应性，随之带来的是建筑寿命的延长。装配式建筑对于抗震十分重视，整体结构的强度及各个部件之间的连接吻合度都以高标准来监督，因此，建筑的抗震性能够为居住者带来较高的安全感。

3.3 装配式建筑在招投标中的应用

1. 现阶段装配式建筑招投标方式分析

自2015年以来，我国装配式建筑相关政策密集颁布，各省市高度重视，积极响应，迅速制定了装配式建筑产业发展规划和实施办法。其目的有以下两个：

（1）推进装配式建筑有利于当地节约能源与资源，提升工程效率和质量，同时也有利于促进建筑业和信息化工业融合。例如，作为国内最早开展装配式建筑工作的城市之一，北京市2018年新开工的装配式建筑面积达1 337万平方米，占全市开工建筑面积的29%；2019年，新开工装配式建筑约1 413万平方米。和传统的施工方式相比，装配式装修的施工效率至少提高2/3，如很多装饰装修材料都是事先在工厂加工好后，直接拉到现场进行组装的，不用水泥砂石，也无须墙面找平。装配式建筑的地板和墙面皆拼接而成，不需要用胶黏合，大大提高了室内装修的环保性。

（2）为促进监管机制创新，规范装配式建筑市场行为。

（3）招投标阶段作为装配式建筑推进的重要环节，各省市迫切需要制定规范及指导性意见，以便当地装配式建筑工程的迅速顺利实施。

2. 装配式建筑在招投标过程中面临的窘境

装配式建筑在我国的发展尚未成熟，采用清单计价模式进行招投标时存在一定的问题。

（1）既有的《建筑工程工程量清单计价规范》（GB 50500—2013）未对装配式建筑工程的分部分项工程进行项目划分、特性描述及工程量计算规则的确定，导致在实际施工过程中出现投标人项目划分不明确、特性描述不精确和工程量的计算随意性大等状况。

（2）预制构件的生产厂家为了尽快回收建设成本，对构件厂的长期投资常常采用加速折旧法摊到预制构件中，导致预制构件的单价提高，从而间接提高了投标人的投标报价。

（3）装配式建筑在我国尚且属于新技术，具有施工工艺和施工能力的投标人相对较少，导致了投标人在投标过程中也许存在互相串标等潜在的不利于装配式建筑发展的现象。

3. 装配式建筑与传统建筑的发承包模式比较

装配式建筑推行工程项目总承包，传统项目则更倾向于将设计、施工、监理等环节分开招标。这样的选择和装配式建筑项目的特点是分不开的，基于装配式建筑项目具有设计标准化、生产工厂化、施工装配化、主体机电装修一体化和全过程管理信息化的特征，唯有推广工程总承包管理模式才能将工程建设全过程连接为完整的一体化产业链，发挥装配式建筑的优势。

为了对应建筑产业现代化的内在需求，提倡发展工程总承包模式，以此来推进建筑产业现代化。工程总承包模式下装配式项目的中标者，必须统筹设计、生产、施工和管理各个环节，清晰明确主次关系和项目管理的层次关系，优化整合工程资源，统筹控制工程建设的全过程，并形成一体化的产业链，跟进建筑产业化的发展目标。装配式建筑要具备现代化，就必须具备技术创新和管理创新两个核心元素。装配式建筑在新材料和新技术的应用方面速度较快，但是却忽视了管理的创新。现阶段的管理创新比技术创新更重要，发展装配式建筑，就必须充分认识管理的作用，重点发展工程项目总承包模式。

装配式建筑在目前阶段存在阶段性瓶颈问题，即增量建造成本问题。目前大部分建筑企业分散发展，发展不具备规模化，工程队伍和技术体系不能满足现代化生产方式要求。关键的装配式技术和整个预制体系都处于探索阶段，要形成一个产业链，尚不具备条件。增量成本的产生是由于预制构件的制作和安装费用。一体化制订设计方案、加工方案、装配方案，实现设计、加工、装配协同推进，保障设计产品利于工厂化制作、机械化装配，并在此基础上形成现代化的管理模式，可以有效地降低装配式建筑增量建造成本。

装配式建筑招投标根据情况可按技术复杂类项目采用邀请招标方式招标，经核准招标方式为公开招标的，可采取资格预审方式进行招标。基于装配式建筑与预制构件生产、装配式安装、BIM技术深化设计密切相关，装配式建筑宜采用工程总承包模式，其在招投标、设计优化、组织施工、选择分包商、资源整合、信息集成等方面具有更大的自主权与显著的综合优势。

4. 装配式建筑的招标文件与资格条件

根据装配式建筑的特点，调整现行的标准施工招标文件示范文本，特别是对计价规范、工程量清单、评标办法中的评审项进行调整。由于装配式建筑目前尚处于起步阶段，关于对投标人类似业绩的要求，可不作为门槛条件，建议作为加分选项。

5. 装配式建筑的评标办法与评审项目

装配式建筑工程评标办法宜采用综合评估法。评审的主要项目包括报价评审、商务评审（包括预制构部件工厂生产能力、类似装配式建筑工程业绩、企业信用评价等）、技术评审（项目管理组织方案、项目设计技术方案、施工组织设计、工程质量安全专项方案、设备采购方案、智能化集成方案等）。

（1）装配式建筑招投标评标办法建议。评标是招投标过程中的关键环节，评标办法对工程招投标的成败至关重要。目前，评标办法主要有综合评估法、经评审的最低投标价法等。评标办法不仅影响到具体项目的评审结果和经济效益，而且影响到建筑市场环境。如综合评估法可准确客观地对投标人作出评价，通过形式、资格、响应性评审等初步评审，确定进入详细评审的投标人。

（2）评审项目。根据对装配式建筑招投标方式的分析、比较和总结，装配式建筑招投标评标办法宜采用综合评估法。其详细评审项目建议分为报价评审、商务评审和技术评审三部分。

确定这三部分评审项目时，通常采用定量与定性相结合的方法，招标人根据装配式建筑特点选择评审项，制定评审标准，对评审项目的权重进行最优设计。其总体原则：一是装配式建筑招投标不能只比投标价格，要更加重视投标人针对该项目的“设计＋生产＋施工”的能力；二是在商务评审中应将评审标准中的定性因素转化为定量因素，减少人为因素的影响，以提高评审的准确性；三是根据装配式建筑项目适用工程总承包模式，按其设计施工一体化及构配件预制生产的特点来考虑技术评审项与评审标准，招标人按项目需要设计各评审方案的分值权重。

1）报价评审。对通过初步评审的有效投标文件进行总报价评分，总分为100分，建议该项权重为40%～50%。

2）商务评审。商务评审按构配件生产基地能力、企业类似装配式建筑工程业绩、拟派项目管理人员配备及企业诚信评价情况等项进行评审，总分为100分，建议该项权重为10%～20%，见表5-1。

表5-1　商务评审表

序号	评审项	评审标准	分值（招标人根据项目要求设置）	评审得分
1	构配件生产基地能力	基地面积		
		生产能力		
		运输能力		
		……		
2	企业类似装配式建筑工程业绩	每有一项得分，设定最高可获分值，没有业绩的得零分		
3	拟派项目管理人员配备	根据项目需要，在资格条件基础上，每增加各专业管理人员得分，设定最高可获分值		
4	企业诚信评价情况	投标截止日，企业失信违约情况或者受通报表扬情况		

3）技术评审。技术评审按项目管理组织方案、项目设计技术方案、部件生产及运输方案、施工组织设计、质量安全专项方案、设备采购方案、智能化集成方案等几个重要评审项设置，总分为100分，建议该项权重为30%～50%，见表5-2。

表5-2　技术评审表

序号	评审项	评审标准	分值（招标人根据项目要求设置）	评审得分
1	项目管理组织方案	装配式建筑工程总管理组织机构，设计、采购、生产、运输、装配、施工等各个环节的管理组织方案及保障措施		
2	项目设计技术方案	在满足招标文件要求的建设规模和范围内，评审设计方案的集成性、协调性、优化性		
3	部件生产及运输方案	部件生产、检测、存放及保护方案，完善的部件生产质量控制措施、部件运输方案等		
4	施工组织设计	结合项目设计、构配件生产及运输、装配施工、装饰装修等环节，评审设计、生产、施工的进度计划，人材机投入计划及各专业的工作协调安排		

续表

序号	评审项	评审标准	分值（招标人根据项目要求设置）	评审得分
5	质量安全专项方案	包括设计、生产、运输、装配、施工及装修各环节中的质量控制和安全保障措施及应急预案等		
6	设备采购方案	部品、构件原材料采购的质量保障体系及可追溯性方案，设备采购计划，设备供应保障措施等		
7	智能化集成方案	各智能化子系统的有机连接、自动监测与智能化控制体系、预警和报警功能体系、信息共享系统设计、综合节能管理设计方案等		

（3）评审结果。最终投标人的投标得分＝报价评审得分＋商务评审得分＋技术评审得分，按照得分高低依次为中标候选人排名。综合评估法的评标结果更具科学性，有效防止了投标人恶意低价不正当竞争，在优选设计＋生产＋施工技术方案的基础上，选择综合实力强、投标报价合理的中标候选人为中标单位。

3.4　装配式建筑招投标展望

1. 装配式建筑技术标准体系逐步建立完善

装配式建筑在我国发展较晚，缺乏统一的技术规范及操作规程，生产及实施差别大，无法建立统一的招投标方式，在一定程度上影响了装配式建筑的快速推进。但从目前的发展来看，国家和地方装配式建筑技术标准体系正逐步建立完善，通用型的装配式建筑技术体系和产品部品正在大力推广应用。

2. 装配式建筑的成本进一步得到控制

目前，由于装配式建筑部品构件标准化、通用化程度低，受生产、运输、拼装等环节和工艺的影响，装配式建筑的成本仍然相对较高。但随着装配式建筑标准体系的建立、部品部件标准化设计应用、装配施工工艺优化、项目规模化实施以及新型工程量清单的划分，将加快推动实施装配式建筑全过程造价目标管理，有望进一步降低成本。

3. 新技术在装配式建筑招投标中逐步应用

在大数据及人工智能的大趋势下，招投标活动由传统模式逐渐演变到现在的电子招投标。BIM技术逐步应用于工程项目招投标，在装配式建筑招投标中，运用BIM等新技术可使投标方案立体动态呈现，利用智能分析，促进深度评审，从而为招标人选择优秀的装配式建筑承包商提供极大的便利。

4. 装配式建筑招投标推行评定分离

《招标投标法》颁布实施20多年来，我国招投标行业取得了举世瞩目的成绩，各项规章制度日益健全。未来，可在装配式建筑招投标中推行评定分离，围绕高质量发展要求，根据投标报价和创新、节能等技术方案建议，招标人择优选择承包商，进而有效推进装配式建筑的高速发展。

知识拓展

目前，许多地方结合本地实际情况制定了装配式建筑招投标的相关规定和实施管理办法，从发包方式、资格条件及评标办法等方面进行了规定与指导。

1. 江西省

江西省于2017年11月印发《江西省装配式建筑招投标管理暂行办法》（赣建招〔2017〕15号），规定项目可行性研究报告或项目申请报告不需审批、核准的依法必须进行招标的装配式建筑项目，可按技术复杂项目采用邀请招标方式招标。经核准招标方式为公开招标的，招标人可采取资格预审方式，可根据项目具体情况将类似工程业绩、相应构件的生产能力、信息化管理水平等作为资格审查条件。鼓励装配式建筑项目积极采用工程总承包模式。若采用工程总承包方式招标的，评标办法宜采用综合评估法。

2. 北京市

北京市住房和城乡建设委员会、北京市规划和国土资源管理委员会于2017年12月联合印发《关于在本市装配式建筑工程中实行工程总承包招投标的若干规定（试行）》（京建法〔2017〕29号），规定北京区域内装配式建筑原则上采用工程总承包模式，建设单位应将项目的设计、施工、采购一并进行发包。工程总承包项目的承包人应当是具有与发包工程规模相适应的工程设计资质和施工总承包资质的企业或联合体。试行期内，发包人不宜将工程总承包业绩设定为承包人的资格条件，工程总承包评标办法宜采用综合评估法。

3. 山东省

山东省于2018年4月发布《关于开展装配式建筑工程总承包招投标试点工作的意见》（鲁建建管字〔2018〕5号），明确装配式建筑是指满足国家、省有关评价标准要求的建筑物，装配率不低于50%。装配式建筑原则上采用工程总承包模式，工程总承包项目评标一般采用综合评估法。评审的主要因素包括工程总承包报价、项目管理组织方案、设计方案、设备采购方案、施工组织设计或者施工计划、工程质量安全专项方案、工程业绩、项目经理资格条件、信用评价等。

4. 重庆市

重庆市于2018年4月发布《关于做好装配式建筑项目实施有关工作的通知》（渝建〔2018〕147号），要求规范装配式建筑招投标管理。规定国有资金占主导地位的装配式建筑工程项目，可依据国办发〔2016〕71号文件精神按照技术复杂类工程项目采取邀请招标或资格预审方式公开招标。装配式建筑工程项目运距100 km范围内具备预制构部件生产能力的施工总承包企业不足7家（含7家）时，可采用邀请招标。采用资格预审方式公开招标的，招标人可根据项目情况将投标人具备工厂化生产基地和相应预制构部件的生产及安装能力、类似装配式建筑工程业绩、信息化管理水平和BIM技术应用等作为资格审查条件。装配式建筑工程项目原则上应采用设计施工一体化为核心的工程总承包模式，评标办法宜采用综合评估法，根据项目特点将技术实施方案、预制构部件工厂生产能力、装配式建筑工程业绩等作为评审因素。

从政策导向、技术发展趋势，以及解决建筑业质量通病和高质量发展要求方面来看，装配式建筑都将是建筑业发展的必然趋势和客观要求。装配式建筑招投标工作作为装配式建筑工程的前期工作，其实施成功与否直接关系到项目的经济效益。作为行业从业者，应积极顺应新趋势，对装配式建筑招投标认真研究与思考，及时总结经验，科学制定行业操作规程，加快实现装配式建筑招投标技术、管理、机制的新跨越，努力抓住装配式建筑的发展机遇，不断提升自身服务水平和所在企业的综合竞争力。

扫描下方二维码完成练习。

学习笔记

实 训

案例

在盐城市南海未来城基础设施及公共配套项目（一期）EPC总承包投标中，招标文件中明确要求在技术标中需要对BIM的建立、检查和指导方案设计的科学性、先进性、合理性进行阐述，并且这一要求在评分中占据一定分值。

该项目的招标范围包括公园建设、市政工程、水运工程及建筑工程等。其中，地下空间和华师大等工程中机电系统复杂、数量种类繁多、使用功能特殊、技术要求高，一般施工图仅在平面范围内对各专业的管线作了初步的排布设计，这在实际施工中往往会造成一些重点部位尤其是管线密集区域、管线交叉部位以及吊顶内的各专业管道之间的碰撞和冲突，既影响到施工质量和施工速度，也可能影响到相应的使用功能和外观上的整齐美观。

鉴于以上原因，为阐述利用BIM可优化设计使各机电系统高效运行、配合完善，拟采用Revit、Navisworks等BIM应用软件，在计算机中建立工程的三维BIM，在三维模型中组合、排列、漫游、检查、调整各专业管线，最终确定各专业管线综合平衡布置的合理方案。

根据建立的建筑模型，进行节点碰撞分析，基于BIM技术的碰撞检查，可以在项目施工前快速找到图纸设计的错误之处，可以避免在施工过程中的返工和怠工，有效加快项目进度，减少材料浪费，节约建筑工程的建造成本。

在可视化现场校验方面，通过BIM软件建模实行虚拟施工，对施工难点提前反映，使施工组织计划更加形象、精确。另外，利用虚拟施工和实际工程照片对比，进行施工全过程的动态控制和管理。

提问：你还能列举出BIM技术对投标文件的应用还有哪些优势吗？

项目6

建筑工程施工合同

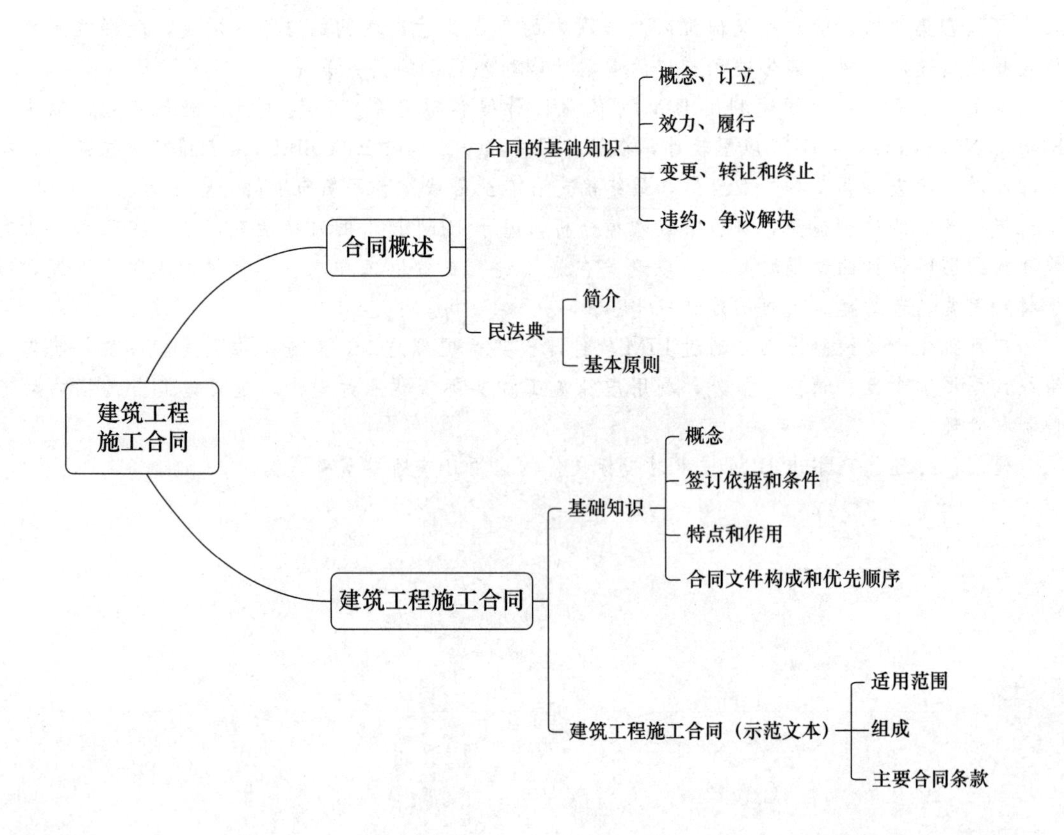

思政元素

合同的基本原则就是平等、自愿、公平和诚实信用，其本质就是契约精神。自古我国便是守契约的国家。契约精神就是要求我们有约必守，也就是我们常说的“受人之托，忠人之事”。契约精神约束的不仅是个人，还包括法人及其他组织，甚至是国家。只要身在契约之中，必遵守契约精神。

学习目标

知识目标	1. 掌握合同的基础知识； 2. 了解《中华人民共和国民法典》（合同编）； 3. 了解建筑工程施工合同
能力目标	1. 能够分析合同双方当事人各自的权力和义务； 2. 能够运用建筑工程施工合同《示范文本》
素质目标	1. 培养团队合作和协作精神； 2. 培养合同契约精神

任务清单

项目名称	任务清单内容
任务情境	某商场为了扩大营业范围，准备建设分店。商场通过招投标的方式与一家建筑工程公司签订了建筑工程施工合同。之后，承包人将各种设备、材料运抵工地现场开始施工。在施工过程中，城市规划行政管理部门指出该工程不符合城市建设规划，未领取建筑工程规划许可证，属于非法建筑，必须停止施工。最后，城市规划行政管理部门对发包人作出行政处罚，罚款2万元，勒令停止施工，拆除已建部分。承包人因此而蒙受损失。承包人向法院起诉，要求发包人予以赔偿。发包人与承包人签订的是建筑工程合同，属于施工合同类别
任务要求	承包人的请求会得到法院的支持吗？
任务思考	1. 发包人与承包人签订的建筑工程施工合同是有效合同吗？ 2. 发包人与承包人谁违约了？ 3. 违约责任怎么处理？
任务总结	

任务1　合同概述

1.1　合同基础知识

1. 合同的概念

合同是当事人双方之间设立、变更、终止民事权利、义务关系的协议（婚姻、收养、监护等有关身份关系的协议，适用其他法律的规定）。合同当事人的法律地位平等，遵循公平原则确定各方的权利和义务，享有自愿订立合同的权利，任何单位和个人不得非法干预。当事人订立、履行合同，应当遵守法律、行政法规，尊重社会公德，不得扰乱社会经济秩序，损害社会公共利益。依法成立的合同，受法律保护，对当事人具有法律约束力。

视频：合同的概念

2. 合同的订立

订立合同的当事人，应当具有相应的民事权利能力和民事行为能力。当事人依法可以委托代理人订立合同。

民事权利能力是指法律赋予民事主体享有民事权利和承担民事义务的资格；民事行为能力是指民事主体通过自己的行为取得民事权利和履行民事义务的资格。

（1）合同的形式。当事人订立合同，有书面形式、口头形式和其他形式。法律、行政法规规定采用书面形式的，应当采用书面形式。当事人约定采用书面形式的，应当采用书面形式。书面形式是指合同书、信件和数据电文（包括电报、电传、传真、电子数据交换和电子邮件）等可以有形地表现所载内容的形式。

视频：合同的类型

（2）合同的内容。合同的内容由当事人约定，一般包括以下条款：

1）当事人的名称或者姓名和住所；

2）标的；

3）数量；

4）质量；

5）价款或者报酬；

6）履行期限、地点和方式；

7）违约责任；

8）解决争议的方法。

当事人也可以参照各类合同的示范文本订立合同。

（3）合同订立的程序。当事人订立合同的程序包括要约、承诺或其他方式。

1）要约。要约是希望和他人订立合同的意思表示。该意思表示应当符合下列规定：内容具体确定；表明经受要约人承诺，要约人即受该意思表示约束。

要约邀请是希望他人向自己发出要约的意思表示。寄送的价目表、拍卖公告、招标公告、招股说明书、商业广告等为要约邀请。

要约到达受要约人时生效。要约可以撤回。撤回要约的通知应当在要约到达受要约人之前或者与要约同时到达受要约人。要约也可以撤销。撤销要约的通知应当在受要约人发出承诺通知之前到达受要约人。

① 有下列情形之一的，要约不得撤销：

a. 要约人确定了承诺期限或者以其他形式明示要约不可撤销；

b. 受要约人有理由认为要约是不可撤销的，并已经为履行合同做了准备工作。

② 有下列情形之一的，要约失效：

a. 拒绝要约的通知到达要约人；

b. 要约人依法撤销要约；

c. 承诺期限届满，受要约人未作出承诺；

d. 受要约人对要约的内容作出实质性变更。

2）承诺。承诺是受要约人同意要约的意思表示。承诺应当以通知的方式作出，但根据交易习惯或者要约表明可以通过行为作出承诺的除外。承诺应当在要约确定的期限内到达要约人。承诺生效时合同成立。承诺可以撤回。撤回承诺的通知应当在承诺通知到达要约人之前或者与承诺通知同时到达要约人。承诺的内容应当与要约的内容一致。受要约人对要约的内容作出实质性变更的，为新要约。承诺生效的地点为合同成立的地点。

（4）合同成立。

1）当事人采用合同书形式订立合同的，自双方当事人签字或者盖章时合同成立。

2）当事人采用信件、数据电文等形式订立合同的，可以在合同成立之前要求签订确认书。签订确认书时合同成立。

3）法律、行政法规规定或者当事人约定采用书面形式订立合同，当事人未采用书面形式但一方已经履行主要义务，对方接受的，该合同成立。

4）采用合同书形式订立合同，在签字或者盖章之前，当事人一方已经履行主要义务，对方接受的，该合同成立。

（5）赔偿责任。当事人在订立合同过程中有下列情形之一，给对方造成损失的，应当承担损害赔偿责任：

1）假借订立合同，恶意进行磋商；

2）故意隐瞒与订立合同有关的重要事实或者提供虚假情况；

3）有其他违背诚实信用原则的行为。

当事人在订立合同过程中知悉的商业秘密，无论合同是否成立，不得泄露或者不正当地使用。泄露或者不正当地使用该商业秘密给对方造成损失的，应当承担损害赔偿责任。

3. 合同的效力

（1）合同生效的条件。

依法成立的合同，自成立时生效。应当具备以下几个条件：

1）当事人具有相应的民事权利能力和民事行为能力；

2）意思表示真实；

3）不违反法律或者社会公共利益；

（2）效力待定合同。

1）限制民事行为能力人订立的合同。限制民事行为能力人订立的合同，经法定代理人追认后，该合同有效，但纯获利益的合同或者与其年龄、智力、精神健康状况相适应而订立的合同，不必经法定代理人追认。相对人可以催告法定代理人在一个月内予以追认。法定代理人未作表示的，视为拒绝追认。合同被追认之前，善意相对人有撤销的权利。撤销应当以通知的方式作出。

2）无权代理人订立的合同。行为人没有代理权、超越代理权或者代理权终止后以被代理人名义订立的合同，未经被代理人追认，对被代理人不发生效力，由行为人承担责任。相对人可以催告被代理人在一个月内予以追认。被代理人未作表示的，视为拒绝追认。合同被追认之前，善意相对人有撤销的权利。撤销应当以通知的方式作出。

行为人没有代理权、超越代理权或者代理权终止后以被代理人名义订立合同，相对人有理由相信行为人有代理权的，该代理行为有效。

3）法定代表人、负责人超越权限订立的合同。法人或者其他组织的法定代表人、负责人超越权限订立的合同，除相对人知道或者应当知道其超越权限的外，该代表行为有效。

4）无处分权人处分他人财产订立的合同。无处分权的人处分他人财产，经权利人追认或者无处分权的人订立合同后取得处分权的，该合同有效。

（3）无效合同。有下列情形之一的，合同无效：

1）一方以欺诈、胁迫的手段订立合同，损害国家利益；

2）恶意串通，损害国家、集体或者第三人利益；

3）以合法形式掩盖非法目的；

4）损害社会公共利益；

5）违反法律、行政法规的强制性规定。

（4）可变更或者可撤销的合同。下列合同，当事人一方有权请求人民法院或者仲裁机构变更或者撤销：

1）因重大误解订立的；

2）在订立合同时显失公平的。

一方以欺诈、胁迫的手段或者乘人之危，使对方在违背真实意思的情况下订立的合同，受损害方有权请求人民法院或者仲裁机构变更或者撤销。当事人请求变更的，人民法院或者仲裁机构不得撤销。

有下列情形之一的，撤销权消失：

1）具有撤销权的当事人自知道或者应当知道撤销事由之日起一年内没有行使撤销权；

2）具有撤销权的当事人知道撤销事由后明确表示或者以自己的行为放弃撤销权。

无效的合同或者被撤销的合同自始没有法律约束力。合同部分无效，不影响其他部分效力的，其他部分仍然有效。合同无效、被撤销或者终止的，不影响合同中独立存在的有关解决争议方法的条款的效力。合同无效或者被撤销后，因该合同取得的财产，应当予以返还；不能返还或者没有必要返还的，应当折价补偿。有过错的一方应当赔偿对方因此所受到的损失，双方都有过错的，应当各自承担相应的责任。当事人恶意串通，损害国家、集体或者第三人利益的，因此取得的财产收归国家所有或者返还集体、第三人。

4. 合同的履行

合同的履行是当事人应当按照约定全面履行自己的义务。

（1）合同履行的原则。合同生效后，当事人就质量、价款或者报酬、履行地点等内容没有约定或者约定不明确的，可以协议补充。不能达成补充协议的，按照合同有关条款或者交易习惯确定。仍不能确定的，适用下列规定：

1）质量要求不明确的，按照国家标准、行业标准履行；没有国家标准、行业标准的，按照通常标准或者符合合同目的的特定标准履行。

2）价款或者报酬不明确的，按照订立合同时履行地的市场价格履行；依法应当执行政府定价或者政府指导价的，按照规定履行。

3）履行地点不明确，给付货币的，在接受货币一方所在地履行；交付不动产的，在不动产所在地履行；其他标的，在履行义务一方所在地履行。

4）履行期限不明确的，债务人可以随时履行，债权人也可以随时要求履行，但应当给对方必要的准备时间。

5）履行方式不明确的，按照有利于实现合同目的的方式履行。

6）履行费用的负担不明确的，由履行义务一方负担。

（2）中止履行。应当先履行债务的当事人，有确切证据证明对方有下列情形之一的，可以中止履行：

1）经营状况严重恶化；

2）转移财产、抽逃资金，以逃避债务；

3）丧失商业信誉；

4）有丧失或者可能丧失履行债务能力的其他情形。

当事人没有确切证据中止履行的，应当承担违约责任。

5. 合同的变更和转让

（1）合同的变更。合同的变更是指合同成立后，当事人在原合同的基础上对合同的内容进行修改或者补充。合同变更既可能是合同标的变更，例如，买康佳牌彩电改为买长虹牌彩电。也可能是合同数量的增加或者减少，例如，本来计划租赁十间办公用房，后改为租五间。既可能是履行地点由北京改为上海，也可能是履行方式的改变，例如，原订出卖人送货改为买受人自己提货。既可能是合同履行期的提前或者延期，也可能是违约责任的重新约定。当事人给付价款或者报酬的调整更是合同变更的主要原因。另外，合同担保条款以及解决争议方式的变化也会导致合同的变更。当事人协商一致，可以变更合同。若当事人对合同变更的内容约定不明确的，推定为未变更。

（2）合同的转让。债权人可以将合同的权利全部或者部分转让给第三人，但有下列情形之一的除外：

1）根据合同性质不得转让；

2）按照当事人约定不得转让；

3）依照法律规定不得转让。

债权人转让权利的，应当通知债务人。未经通知，该转让对债务人不发生效力。债务人将合同的义务全部或者部分转移给第三人的，应当经债权人同意。当事人一方经对方同意，可以将自己在合同中的权利和义务一并转让给第三人。

6. 合同的权利、义务终止

合同权利、义务终止，也称合同终止，是指合同当事人的权利和义务在客观上不复存在。有下列情形之一的，合同的权利、义务终止：

（1）债务已经履行；

（2）债务相互抵销；

（3）债务人依法将标的物提存；

（4）债权人免除债务；

（5）债权债务同归于一人；

（6）法律规定或者当事人约定终止的其他情形。

合同解除的，该合同的权利、义务关系终止。

7. 违约责任

违约责任是指合同当事人因违反合同约定的义务所承担的法律责任。当事人一方不履行合同义务或者履行合同义务不符合约定的，应当承担继续履行、采取补救措施或者赔偿损失等违约责任。

当事人一方明确表示或者以自己的行为表明不履行合同义务的，对方可以在履行期限届满之前要求其承担违约责任。

当事人一方未支付价款或者报酬的，对方可以要求其支付价款或者报酬。

当事人一方不履行非金钱债务或者履行非金钱债务不符合约定的，对方可以要求履行，但有下列情形之一的除外：

(1) 法律上或者事实上不能履行；

(2) 债务的标的不适于强制履行或者履行费用过高；

(3) 债权人在合理期限内未要求履行。

质量不符合约定的，应当按照当事人的约定承担违约责任。对违约责任没有约定或者约定不明确，受损害方根据标的的性质以及损失的大小，可以合理选择要求对方承担修理、更换、重作、退货、减少价款或者报酬等违约责任。

视频：合同争议的解决方式

当事人一方不履行合同义务或者履行合同义务不符合约定的，在履行义务或者采取补救措施后，对方还有其他损失的，应当赔偿损失。

1.2 《中华人民共和国民法典（合同编）》

1.《中华人民共和国民法典（合同编）》简介

《中华人民共和国民法典（合同编）》于2020年5月28日第十三届全国人民代表大会第三次会议通过。

《中华人民共和国民法典（合同编）》分为第一分编、第二分编和第三分编，共三部分。

《中华人民共和国民法典（合同编）》第一分编通则包括一般规定、合同的订立、合同的效力、合同的履行、合同的保全、合同的变更和转让、合同的权利义务终止和违约责任。

《中华人民共和国民法典（合同编）》第二分编典型合同分别对买卖合同、供用水、电、气、热力合同、赠与合同、借款合同、租赁合同、融资租赁合同、承揽合同、建筑工程合同、运输合同、技术合同、保管合同、仓储合同、委托合同、行纪合同、中介合同等进行了专门的规定。

《中华人民共和国民法典（合同编）》第三分编准合同包括无因管理和不当得利。

《中华人民共和国民法典（合同编）》第二分编中的第十八章为“建筑工程合同”，共19条，专门对建筑工程中的合同关系作了法律规定。《中华人民共和国建筑法》《招标投标法》也有许多涉及建筑工程合同的规定。这些法律是我国建筑工程合同管理的依据。

2.《中华人民共和国民法典（合同编）》的基本原则

(1) 平等原则。平等原则是指地位平等的合同当事人，在权利、义务对等的基础上，经充分协商达成一致，以实现互利互惠的经济利益目的的原则。这一原则包括三个方面内容：合同当事人的法律地位一律平等；合同中的权利、义务对等；合同当事人必须就合同条款充分协商，取得一致，合同才能成立。

(2) 自愿原则。自愿原则是《中华人民共和国民法典（合同编）》的重要基本原则，合同当事人通过协商，自愿决定和调整相互权利义务关系。自愿原则意味着合同当事人即市场主体自主自愿地进行交易活动，让合同当事人根据自己的知识、认识和判断，以及直接所处的相关环境去自主选择自己所需要的合同。

(3) 公平原则。公平原则要求合同双方当事人之间的权利、义务要公平合理，要大体上平衡，强调一方给付与对方给付之间的等值性，合同上的负担和风险的合理分配。具体包括：第一，在订立合同时，要根据公平原则确定双方的权利和义务，不得滥用权力，不得欺诈，不得假借订立合同恶意进行磋商；第二，根据公平原则确定风险的合理分配；第三，根据公平原则确定违约责任。

(4) 诚实信用原则。诚实信用原则要求当事人在订立、履行合同，以及合同终止后的全过程中，都要诚实、讲信用、相互协作。诚实信用原则具体包括：第一，在订立合同时，不得有欺诈或其他违背诚实信用的行为；第二，在履行合同义务时，当事人应当遵循诚实信用的原则，根据合同的性质、目的和交易习惯履行及时通知、协助、提供必要的条件、防止损失扩大、保密等义务；第三，合同终止后，当事人也应当遵循诚实信用的原则，根据交易习惯履行通知、协助、保密等义务，称为后契约义务。

(5) 遵守法律、不损害社会公共利益。遵守法律，尊重公德，不得扰乱社会经济秩序，损害社会公共利益，是《中华人民共和国民法典（合同编）》的重要基本原则。一般来讲，合同的订立和履行，属于合同当事人之间的民事权利、义务关系，主要涉及当事人的利益，只要当事人的意思不与强制性规范、社会公共利益和社会公德相抵触，就承认合同的法律效力，国家及法律尽可能尊重合同当事人的意思，一般不予干预，由当事人自主约定，采取自愿的原则。但是，合同绝不仅仅是当事人之间的意思，有时可能涉及社会公共利益和社会公德，涉及维护经济秩序，合同当事人的意思应当在法律允许的范围内表示，不能随心所欲。为了维护社会公共利益，维护正常的社会经济秩序，对于损害社会公共利益、扰乱社会经济秩序的行为，国家应当予以干预。至于哪些要干预、怎么干预，都要依法进行，由法律、行政法规作出规定。

知识拓展

合同的法律关系

1. 主体

(1) 自然人：是指基于出生而成为民事法律关系主体的有生命的人。自然人包括公民、外国人和无国籍人。自然人要成为民事法律关系主体必须具备相应的民事权利能力和民事行为能力。

(2) 法人：法人是具有民事权利能力和民事行为能力，依法独立享有民事权利和承担民事义务的组织。法人应当具备以下条件：

1) 依法成立，设立法人必须经过政府主管机关的批准或者核准登记。

2) 有必要的财产或者经费，这是法人进行民事活动的物质基础。

3) 有自己的名称、组织机构和场所。名称是法人之间相互区别的标志，场所是确定法律管辖的依据。

4）独立承担民事责任。法人可以分为非企业法人和企业法人两大类，非企业法人包括行政法人、事业法人、社团法人。企业法人依法经工商行政管理机关核准登记后取得法人资格。企业法人分立、合并，法人的权利和义务由变更后的法人享有和承担。

（3）其他组织：法人以外的其他组织也可以成为合同法律关系的主体，主要包括：法人的分支机构，不具备法人资格的联营体、合伙企业、个人独资企业等。它是不具备法人资格的组织，与法人相比它的复杂性在于民事责任的承担较为复杂。

2. 客体

客体是指参加合同的法律关系的主体享有的权利和承担的义务所共同指向的对象。

（1）物：法律意义上的物是指可为人们控制并且有经济价值的生产资料和消费资料。货币作为一般等价物也是法律意义上的物，可以作为合同法律关系的客体，如借款合同。

（2）行为：法律意义上的行为是指人的有意识的活动。

（3）智力成果：智力成果是通过人的智力活动所创造出的精神成果，包括知识产权、技术秘密及在特定情况下的公知技术。

3. 内容

（1）权利；

（2）义务。

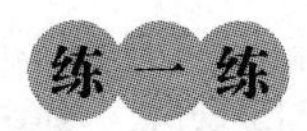

扫描下方二维码完成练习。

学习笔记

任务2　建筑工程施工合同

2.1　建筑工程施工合同基础知识

1. 概念

建筑工程施工合同（简称施工合同），是发包人（建设单位或总包单位）和承包人（施工单位）之间，为完成商定的建筑施工工程，明确相互权利、义务关系的协议。承发包双方签订施工合同，必须具备相应资质条件和履行施工合同的能力。对合同范围内的工程实施建设时，发包人必须具备组织协调能力或委托给具备相应资质的监理单位承担；承包人必须具备有关部门核定的资质等级并持有营业执照等证明文件。依据施工合同，承包人应完成发包人交给的建筑施工工程任务，发包人应按合同规定提供必需的施工条件并支付工程价款。

2. 签订的依据和条件

签订施工合同必须依据《中华人民共和国民法典（合同编）》《中华人民共和国建筑法》《招标投标法》《建筑工程质量管理条例》等有关法律、法规，按照《建筑工程施工合同（示范文本）》的“合同条件”，明确规定合同双方的权利、义务，并各尽其责，共同保证工程项目按合同规定的工期、质量、造价等要求完成。签订施工合同必须具备以下条件。

（1）初步设计已经批准。

（2）工程项目已列入年度建设计划。

（3）具有能够满足施工需要的设计文件和有关技术资料。

（4）建设资金和主要建筑材料、设备来源已经落实。

（5）招投标工程中标通知书已经下达。

（6）建筑场地、水源、电源、气源及运输道路已具备或在开工前完成等。

视频：建设工程合同分类

只有上述条件成立时，建筑工程施工合同才具有有效性，并能保证合同双方都能正确履行合同，以免在实施过程中引起不必要的违约和纠纷，从而圆满地完成合同规定的各项要求。

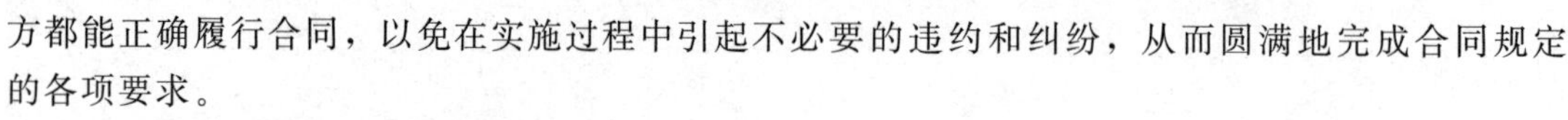

3. 建筑工程施工合同的特点

由于建筑产品是特殊的商品，建筑产品的单件性、建设周期长、施工生产和技术复杂、工程付款和质量论证具备阶段性、受外界自然条件影响大等特点，决定了建筑工程施工合同不同于其他经济合同，具有自身的特点，具体介绍如下。

（1）建筑工程施工合同标的物的特殊性。施工合同的“标的物”是特定的各类建筑产品，不同于其他一般商品，其标的物的特殊性主要表现在以下几个方面。

1）建筑产品的固定性（不动产）和施工生产的流动性，是区别于其他商品的根本特征。

2）由于建筑产品各有其特定的功能要求，其实物形态千差万别、种类繁多，这也就形成了建筑产品的个体性和生产的单件性。

3）建筑产品体积庞大，消耗的人力、物力、财力多，一次性投资额大。

施工合同“标的物”的这些特点必然会在施工合同中表现出来，使得施工合同在明确“标的物”时，不能像其他合同只简单地写明名称、规格、质量，而需要将建筑产品的幢数、面积、层数或高度、结构特征、内外装饰标准和设备安装要求等一一规定清楚。

（2）施工合同履行期限的长期性。由于建筑产品体积大、结构复杂、施工周期长，施工工期少则几个月，一般是几年甚至十几年，在合同实施过程中不确定影响因素多，受外界自然条件影响大，合同双方承担的风险高。当主观和客观情况变化时，就有可能造成施工合同的变化。因此，施工合同的变更较频繁，施工合同争议和纠纷也比较多。

（3）施工合同内容条款的多样性。由于建筑工程本身的特殊性和施工生产的复杂性，决定了施工合同必须有很多条款。我国《建筑工程施工合同（示范文本）》通用条款就有11大部分，共47个条款、173个子款；国际FIDIC施工合同通用条件有25节，共72个条款、194个子款。

施工合同一般应具备以下主要内容：

1）工程名称、地点、范围、内容，工程价款及开、竣工日期。

2）双方的权利、义务和一般责任。

3）施工组织设计的编制要求和工期调整的处置办法。

4）工程质量要求、检验与验收方法。

5）合同价款调整与支付方式。

6）材料、设备的供应方式与质量标准。

7）设计变更。

8）竣工条件与结算方式。

9）违约责任与处置办法。

10）争议解决方式。

另外，关于索赔、专利技术使用、发现地下障碍和文物、工程分包、不可抗力、工程保险、合同生效与终止等，也是施工合同的重要内容。

（4）施工合同涉及面的广泛性。签订施工合同，首先必须遵守国家的法律、法规。另外，还有其他法规规定和管理办法，如部门规章、地方法规，定额及相应预算价格、取费标准、调价办法等也是签订施工合同要涉及的内容。因此，承发包双方要熟悉和掌握与施工合同相关的法律、法规和各种规定。另外，施工合同在履行过程中，不仅仅是建设单位和施工单位两方面的事情，还涉及监理单位、施工单位的分包商、材料设备供应商、保险公司、保证单位等众多参与方。从施工合同监督管理上，还会涉及工商行政管理部门、建设主管部门、合同双方的上级主管部门以及负责拨付工程款的银行、解决合同纠纷的仲裁机关或人民法院，以及税务部门、审计部门及合同公证机关等机构和部门。

4. 建筑工程施工合同的作用

（1）施工合同明确了在施工阶段承包人和发包人的权利和义务。施工合同起着明确建筑工程发包人和承包人在施工中权利和义务的重要作用。通过施工合同的签订使发包人清楚地认识到自己一方和对方在施工合同中各自承担的义务或应享有的权利，以及双方之间的权利和义务的相互关系；也使双方认识到施工合同的正确签订，只是履行合同的基础，而合同的最终实现，还需要发包人和承包人双方严格按照合同的各项条款与条件，全面履行各自的义务，才能享受其权利，最终完成工程任务。

（2）施工合同是施工阶段实行监理的依据。目前，我国大多数工程都实行建设监理，监理单位受发包人的委托，对承包人的施工质量、施工进度、工程投资进行监督，监理单位对承包人的监督应依据发包人和承包人签订的施工合同进行。

（3）施工合同是保护建筑工程施工过程中发包人和承包人权益的依据。依法成立的施工合同，在实施过程中承包人和发包人的权益都受到法律保护。当一方不履行合同或不正确履行合同，使对方的权益受到侵害时，就可以以施工合同为依据，根据有关法律，追究违约一方的法律责任。

5. 建筑工程施工合同文件构成及优先顺序

组成合同的各项文件应互相解释，互为说明。除专用合同条款另有约定外，解释合同文件的优先顺序如下：

（1）合同协议书；

（2）中标通知书（如果有）；

（3）投标函及其附录（如果有）；

（4）专用合同条款及其附件；

（5）通用合同条款；

（6）技术标准和要求；

（7）图纸；

（8）已标价工程量清单或预算书；

（9）其他合同文件。

上述各项合同文件包括合同当事人就该项合同文件所作出的补充和修改，属于同一类内容的文件，应以最新签署的为准。在合同订立及履行过程中形成的与合同有关的文件均构成合同文件组成部分，并根据其性质确定优先解释顺序。

2.2 《建筑工程施工合同（示范文本）》（GF－2017－0201）介绍

1.《建筑工程施工合同（示范文本）》适用范围

为了指导建筑工程施工合同当事人的签约行为，维护合同当事人的合法权益，依据《中华人民共和国民法典（合同编）》《中华人民共和国建筑法》《招标投标法》以及相关法律法规，住房和城乡建设部、国家工商行政管理总局对《建筑工程施工合同（示范文本）》（GF－2013－0201）进行了修订，制定了《建筑工程施工合同（示范文本）》（GF－2017－0201）（以下简称《示范文本》）。《示范文本》适用于房屋建筑工程、土木工程、线路管道和设备安装工程、装修工程等建筑工程的施工承发包活动，合同当事人可结合建筑工程具体情况，根据《示范文本》订立合同，并按照法律法规规定和合同约定承担相应的法律责任及合同权利、义务。

2.《示范文本》的组成

《示范文本》由合同协议书、通用合同条款和专用合同条款三部分组成。

（1）合同协议书。《示范文本》合同协议书共计 13 条，主要包括工程概况、合同工期、质量标准、签约合同价和合同价格形式、项目经理、合同文件构成、承诺以及合同生效条件等重要内容，集中约定了合同当事人基本的合同权利、义务。

（2）通用合同条款。通用合同条款是合同当事人根据《中华人民共和国建筑法》《中华人民共和国民法典（合同编）》等法律法规的规定，就工程建设的实施及相关事项，对合同当事人的权利、义务作出的原则性约定。

通用合同条款共计 20 条，具体条款分别为一般约定、发包人、承包人、监理人、工程质量、安全文明施工与环境保护、工期和进度、材料与设备、试验与检验、变更、价格调整、合同价格、计量与支付、验收和工程试车、竣工结算、缺陷责任与保修、违约、不可抗力、保险、索赔和争议解决。前述条款安排既考虑了现行法律法规对工程建设的有关要求，也考虑了建筑工程施工管理的特殊需要。

（3）专用合同条款。专用合同条款是对通用合同条款原则性约定的细化、完善、补充、修改或另行约定的条款。合同当事人可以根据不同建筑工程的特点及具体情况，通过双方的谈判、协商对相应的专用合同条款进行修改补充。

3.《示范文本》主要合同条款

第一部分　合同协议书

发包人（全称）：____________________

承包人（全称）：____________________

根据《中华人民共和国民法典（合同编）》《中华人民共和国建筑法》及有关法律规定，遵循平等、自愿、公平和诚实信用的原则，双方就____________________工程施工及有关事项协商一致，共同达成如下协议：

一、工程概况

1. 工程名称：____________________。

2. 工程地点：____________________。

3. 工程立项批准文号：____________________。

4. 资金来源：____________________。

5. 工程内容：____________________。

群体工程应附《承包人承揽工程项目一览表》（附件 1）。

6. 工程承包范围：

____

____

二、合同工期

计划开工日期：________年____月____日。

计划竣工日期：________年____月____日。

工期总日历天数：________天。工期总日历天数与根据前述计划开竣工日期计算的工期天数不一致的，以工期总日历天数为准。

三、质量标准

工程质量符合____________________标准。

四、签约合同价与合同价格形式

1. 签约合同价为：

人民币（大写）____________（¥____________元）；

其中：

（1）安全文明施工费：

人民币（大写）____________（¥____________元）；

（2）材料和工程设备暂估价金额：

人民币（大写）____________（¥____________元）；

（3）专业工程暂估价金额：

人民币（大写）____________（¥____________元）；

（4）暂列金额：

人民币（大写）____________（¥____________元）。

2. 合同价格形式：____________________。

五、项目经理

承包人项目经理：________________。

六、合同文件构成

本协议书与下列文件一起构成合同文件：

（1）中标通知书（如果有）；

（2）投标函及其附录（如果有）；

（3）专用合同条款及其附件；

（4）通用合同条款；

（5）技术标准和要求；

（6）图纸；

（7）已标价工程量清单或预算书；

（8）其他合同文件。

在合同订立及履行过程中形成的与合同有关的文件均构成合同文件组成部分。

上述各项合同文件包括合同当事人就该项合同文件所作出的补充和修改，属于同一类内容的文件，应以最新签署的为准。专用合同条款及其附件须经合同当事人签字或盖章。

七、承诺

1. 发包人承诺按照法律规定履行项目审批手续、筹集工程建设资金并按照合同约定的期限和方式支付合同价款。

2. 承包人承诺按照法律规定及合同约定组织完成工程施工，确保工程质量和安全，不进行转包及违法分包，并在缺陷责任期及保修期内承担相应的工程维修责任。

3. 发包人和承包人通过招投标形式签订合同的，双方理解并承诺不再就同一工程另行签订与合同实质性内容相背离的协议。

八、词语含义

本协议书中词语含义与第二部分通用合同条款中赋予的含义相同。

九、签订时间

本合同于________年____月____日签订。

十、签订地点

本合同在________________签订。

十一、补充协议

合同未尽事宜，合同当事人另行签订补充协议，补充协议是合同的组成部分。

十二、合同生效

本合同自________________生效。

十三、合同份数

本合同一式____份，均具有同等法律效力，发包人执____份，承包人执____份。

发包人：（公章）	承包人：（公章）
法定代表人或其委托代理人： （签字）	法定代表人或其委托代理人： （签字）
组织机构代码：________________	组织机构代码：________________
地　　址：________________	地　　址：________________

邮政编码：______________　　邮政编码：______________
法定代表人：______________　　法定代表人：______________
委托代理人：______________　　委托代理人：______________
电　　话：______________　　电　　话：______________
传　　真：______________　　传　　真：______________
电子信箱：______________　　电子信箱：______________
开户银行：______________　　开户银行：______________
账　　号：______________　　账　　号：______________

第二部分　通用合同条款

2. 发包人

2.1　许可或批准

视频：通用合同条款（发包人）

发包人应遵守法律，并办理法律规定由其办理的许可、批准或备案，包括但不限于建设用地规划许可证、建筑工程规划许可证以及建筑工程施工许可证以及施工所需临时用水、临时用电、中断道路交通、临时占用土地等许可和批准。发包人应协助承包人办理法律规定的有关施工证件和批件。

因发包人原因未能及时办理完毕前述许可、批准或备案，由发包人承担由此增加的费用和（或）延误的工期，并支付承包人合理的利润。

2.2　发包人代表

发包人应在专用合同条款中明确其派驻施工现场的发包人代表的姓名、职务、联系方式及授权范围等事项。发包人代表在发包人的授权范围内，负责处理合同履行过程中与发包人有关的具体事宜。发包人代表在授权范围内的行为由发包人承担法律责任。发包人更换发包人代表的，应提前 7 天书面通知承包人。

发包人代表不能按照合同约定履行其职责及义务，并导致合同无法继续正常履行的，承包人可以要求发包人撤换发包人代表。

不属于法定必须监理的工程，监理人的职权可以由发包人代表或发包人指定的其他人员行使。

2.3　发包人人员

发包人应要求在施工现场的发包人人员遵守法律及有关安全、质量、环境保护、文明施工等规定，并保障承包人免于承受因发包人人员未遵守上述要求给承包人造成的损失和责任。

发包人人员包括发包人代表及其他由发包人派驻施工现场的人员。

2.4　施工现场、施工条件和基础资料的提供

2.4.1　提供施工现场。除专用合同条款另有约定外，发包人应最迟于开工日期 7 天前向承包人移交施工现场。

2.4.2　提供施工条件。除专用合同条款另有约定外，发包人应负责提供施工所需要的条件，包括：

（1）将施工用水、电力、通信线路等施工所必需的条件接至施工现场内；

（2）保证向承包人提供正常施工所需要的进入施工现场的交通条件；

（3）协调处理施工现场周围地下管线和邻近建筑物、构筑物、古树名木的保护工作，并承担相关费用；

(4) 按照专用合同条款约定应提供的其他设施和条件。

2.4.3　提供基础资料。发包人应当在移交施工现场前向承包人提供施工现场及工程施工所必需的毗邻区域内供水、排水、供电、供气、供热、通信、广播电视等地下管线资料，气象和水文观测资料，地质勘察资料，相邻建筑物、构筑物和地下工程等有关基础资料，并对所提供资料的真实性、准确性和完整性负责。

按照法律规定确需在开工后方能提供的基础资料，发包人应尽其努力及时地在相应工程施工前的合理期限内提供，合理期限应以不影响承包人的正常施工为限。

2.4.4　逾期提供的责任。因发包人原因未能按合同约定及时向承包人提供施工现场、施工条件、基础资料的，由发包人承担由此增加的费用和（或）延误的工期。

2.5　资金来源证明及支付担保

除专用合同条款另有约定外，发包人应在收到承包人要求提供资金来源证明的书面通知后28天内，向承包人提供能够按照合同约定支付合同价款的相应资金来源证明。

除专用合同条款另有约定外，发包人要求承包人提供履约担保的，发包人应当向承包人提供支付担保。支付担保可以采用银行保函或担保公司担保等形式，具体由合同当事人在专用合同条款中约定。

2.6　支付合同价款

发包人应按合同约定向承包人及时支付合同价款。

2.7　组织竣工验收

发包人应按合同约定及时组织竣工验收。

2.8　现场统一管理协议

发包人应与承包人、由发包人直接发包的专业工程的承包人签订施工现场统一管理协议，明确各方的权利义务。施工现场统一管理协议作为专用合同条款的附件。

3. 承包人

3.1　承包人的一般义务

承包人在履行合同过程中应遵守法律和工程建设标准规范，并履行以下义务：

(1) 办理法律规定应由承包人办理的许可和批准，并将办理结果书面报送发包人留存；

视频：通用合同条款（承包人）

(2) 按法律规定和合同约定完成工程，并在保修期内承担保修义务；

(3) 按法律规定和合同约定采取施工安全和环境保护措施，办理工伤保险，确保工程及人员、材料、设备和设施的安全；

(4) 按合同约定的工作内容和施工进度要求，编制施工组织设计和施工措施计划，并对所有施工作业和施工方法的完备性和安全可靠性负责；

(5) 在进行合同约定的各项工作时，不得侵害发包人与他人使用公用道路、水源、市政管网等公共设施的权利，避免对邻近的公共设施产生干扰。承包人占用或使用他人的施工场地，影响他人作业或生活的，应承担相应责任；

(6) 按照第6.3款〔环境保护〕约定负责施工场地及其周边环境与生态的保护工作；

(7) 按第6.1款〔安全文明施工〕约定采取施工安全措施，确保工程及其人员、材料、设备和设施的安全，防止因工程施工造成的人身伤害和财产损失；

(8) 将发包人按合同约定支付的各项价款专用于合同工程，且应及时支付其雇用人员工资，并及时向分包人支付合同价款；

(9) 按照法律规定和合同约定编制竣工资料，完成竣工资料立卷及归档，并按专用合同条款约定的竣工资料的套数、内容、时间等要求移交发包人；

(10) 应履行的其他义务。

3.2 项目经理

3.2.1 项目经理应为合同当事人所确认的人选，并在专用合同条款中明确项目经理的姓名、职称、注册执业证书编号、联系方式及授权范围等事项，项目经理经承包人授权后代表承包人负责履行合同。项目经理应是承包人正式聘用的员工，承包人应向发包人提交项目经理与承包人之间的劳动合同，以及承包人为项目经理缴纳社会保险的有效证明。承包人不提交上述文件的，项目经理无权履行职责，发包人有权要求更换项目经理，由此增加的费用和（或）延误的工期由承包人承担。

项目经理应常驻施工现场，且每月在施工现场时间不得少于专用合同条款约定的天数。项目经理不得同时担任其他项目的项目经理。项目经理确需离开施工现场时，应事先通知监理人，并取得发包人的书面同意。项目经理的通知中应当载明临时代行其职责的人员的注册执业资格、管理经验等资料，该人员应具备履行相应职责的能力。

承包人违反上述约定的，应按照专用合同条款的约定，承担违约责任。

3.2.2 项目经理按合同约定组织工程实施。在紧急情况下为确保施工安全和人员安全，在无法与发包人代表和总监理工程师及时取得联系时，项目经理有权采取必要的措施保证与工程有关的人身、财产和工程的安全，但应在48小时内向发包人代表和总监理工程师提交书面报告。

3.2.3 承包人需要更换项目经理的，应提前14天书面通知发包人和监理人，并征得发包人书面同意。通知中应当载明继任项目经理的注册执业资格、管理经验等资料，继任项目经理继续履行第3.2.1项约定的职责。未经发包人书面同意，承包人不得擅自更换项目经理。承包人擅自更换项目经理的，应按照专用合同条款的约定承担违约责任。

3.2.4 发包人有权书面通知承包人更换其认为不称职的项目经理，通知中应当载明要求更换的理由。承包人应在接到更换通知后14天内向发包人提出书面的改进报告。发包人收到改进报告后仍要求更换的，承包人应在接到第二次更换通知的28天内进行更换，并将新任命的项目经理的注册执业资格、管理经验等资料书面通知发包人。继任项目经理继续履行第3.2.1项约定的职责。承包人无正当理由拒绝更换项目经理的，应按照专用合同条款的约定承担违约责任。

3.2.5 项目经理因特殊情况授权其下属人员履行其某项工作职责的，该下属人员应具备履行相应职责的能力，并应提前7天将上述人员的姓名和授权范围书面通知监理人，并征得发包人书面同意。

3.3 承包人人员

3.3.1 除专用合同条款另有约定外，承包人应在接到开工通知后7天内，向监理人提交承包人项目管理机构及施工现场人员安排的报告，其内容应包括合同管理、施工、技术、材料、质量、安全、财务等主要施工管理人员名单及其岗位、注册执业资格等，以及各工种技术工人的安排情况，并同时提交主要施工管理人员与承包人之间的劳动关系证明和缴纳社会保险的有效证明。

3.3.2 承包人派驻到施工现场的主要施工管理人员应相对稳定。施工过程中如有变动，承包人应及时向监理人提交施工现场人员变动情况的报告。承包人更换主要施工管理人员时，应提前7天书面通知监理人，并征得发包人书面同意。通知中应当载明继任人员的注册执业资格、管理经验等资料。

特殊工种作业人员均应持有相应的资格证明，监理人可以随时检查。

3.3.3 发包人对于承包人主要施工管理人员的资格或能力有异议的，承包人应提供资料证明被质疑人员有能力完成其岗位工作或不存在发包人所质疑的情形。发包人要求撤换不能按照合同约定履行职责及义务的主要施工管理人员的，承包人应当撤换。承包人无正当理由拒绝撤换的，应按照专用合同条款的约定承担违约责任。

3.3.4 除专用合同条款另有约定外，承包人的主要施工管理人员离开施工现场每月累计不超过5天的，应报监理人同意；离开施工现场每月累计超过5天的，应通知监理人，并征得发包人书面同意。主要施工管理人员离开施工现场前应指定一名有经验的人员临时代行其职责，该人员应具备履行相应职责的资格和能力，且应征得监理人或发包人的同意。

3.3.5 承包人擅自更换主要施工管理人员，或前述人员未经监理人或发包人同意擅自离开施工现场的，应按照专用合同条款约定承担违约责任。

3.4 承包人现场查勘

承包人应对基于发包人按照第2.4.3项〔提供基础资料〕提交的基础资料所做出的解释和推断负责，但因基础资料存在错误、遗漏导致承包人解释或推断失实的，由发包人承担责任。

承包人应对施工现场和施工条件进行查勘，并充分了解工程所在地的气象条件、交通条件、风俗习惯以及其他与完成合同工作有关的其他资料。因承包人未能充分查勘、了解前述情况或未能充分估计前述情况所可能产生后果的，承包人承担由此增加的费用和（或）延误的工期。

3.5 分包

3.5.1 分包的一般约定。承包人不得将其承包的全部工程转包给第三人，或将其承包的全部工程肢解后以分包的名义转包给第三人。承包人不得将工程主体结构、关键性工作及专用合同条款中禁止分包的专业工程分包给第三人，主体结构、关键性工作的范围由合同当事人按照法律规定在专用合同条款中予以明确。

承包人不得以劳务分包的名义转包或违法分包工程。

3.5.2 分包的确定。承包人应按专用合同条款的约定进行分包，确定分包人。已标价工程量清单或预算书中给定暂估价的专业工程，按照第10.7款〔暂估价〕确定分包人。按照合同约定进行分包的，承包人应确保分包人具有相应的资质和能力。工程分包不减轻或免除承包人的责任和义务，承包人和分包人就分包工程向发包人承担连带责任。除合同另有约定外，承包人应在分包合同签订后7天内向发包人和监理人提交分包合同副本。

3.5.3 分包管理。承包人应向监理人提交分包人的主要施工管理人员表，并对分包人的施工人员进行实名制管理，包括但不限于进出场管理、登记造册以及各种证照的办理。

3.5.4 分包合同价款。

(1) 除本项第(2)目约定的情况或专用合同条款另有约定外，分包合同价款由承包人与分包人结算，未经承包人同意，发包人不得向分包人支付分包工程价款；

(2) 生效法律文书要求发包人向分包人支付分包合同价款的，发包人有权从应付承包人工程款中扣除该部分款项。

3.5.5 分包合同权益的转让。

分包人在分包合同项下的义务持续到缺陷责任期届满以后的，发包人有权在缺陷责任期届满前，要求承包人将其在分包合同项下的权益转让给发包人，承包人应当转让。除转让合同另有约定外，转让合同生效后，由分包人向发包人履行义务。

3.6 工程照管与成品、半成品保护

(1) 除专用合同条款另有约定外，自发包人向承包人移交施工现场之日起，承包人应负责照管工程及工程相关的材料、工程设备，直到颁发工程接收证书之日止。

(2) 在承包人负责照管期间，因承包人原因造成工程、材料、工程设备损坏的，由承包人负责修复或更换，并承担由此增加的费用和（或）延误的工期。

(3) 对合同内分期完成的成品和半成品，在工程接收证书颁发前，由承包人承担保护责任。因承包人原因造成成品或半成品损坏的，由承包人负责修复或更换，并承担由此增加的费用和（或）延误的工期。

3.7　履约担保

发包人需要承包人提供履约担保的，由合同当事人在专用合同条款中约定履约担保的方式、金额及期限等。履约担保可以采用银行保函或担保公司担保等形式，具体由合同当事人在专用合同条款中约定。

因承包人原因导致工期延长的，继续提供履约担保所增加的费用由承包人承担；非因承包人原因导致工期延长的，继续提供履约担保所增加的费用由发包人承担。

3.8　联合体

3.8.1　联合体各方应共同与发包人签订合同协议书。联合体各方应为履行合同向发包人承担连带责任。

3.8.2　联合体协议经发包人确认后作为合同附件。在履行合同过程中，未经发包人同意，不得修改联合体协议。

3.8.3　联合体牵头人负责与发包人和监理人联系，并接受指示，负责组织联合体各成员全面履行合同。

知识拓展

《示范文本》通用合同条款

4. 监理人

4.1　监理人的一般规定

工程实行监理的，发包人和承包人应在专用合同条款中明确监理人的监理内容及监理权限等事项。监理人应当根据发包人授权及法律规定，代表发包人对工程施工相关事项进行检查、查验、审核、验收，并签发相关指示，但监理人无权修改合同，且无权减轻或免除合同约定的承包人的任何责任与义务。

除专用合同条款另有约定外，监理人在施工现场的办公场所、生活场所由承包人提供，所发生的费用由发包人承担。

4.2　监理人员

发包人授予监理人对工程实施监理的权利由监理人派驻施工现场的监理人员行使，监理人员包括总监理工程师及监理工程师。监理人应将授权的总监理工程师和监理工程师的姓名及授权范围以书面形式提前通知承包人。更换总监理工程师的，监理人应提前7天书面通知承包人；更换其他监理人员，监理人应提前48小时书面通知承包人。

4.3　监理人的指示

监理人应按照发包人的授权发出监理指示。监理人的指示应采用书面形式，并经其授权的监理人员签字。紧急情况下，为了保证施工人员的安全或避免工程受损，监理人员可以口头形式发出指示，该指示与书面形式的指示具有同等法律效力，但必须在发出口头指示后24小时内补发书面监理指示，补发的书面监理指示应与口头指示一致。

监理人发出的指示应送达承包人项目经理或经项目经理授权接收的人员。因监理人未能按合同约定发出指示、指示延误或发出了错误指示而导致承包人费用增加和（或）工期延误的，由发包人承担相应责任。除专用合同条款另有约定外，总监理工程师不应将第 4.4 款〔商定或确定〕约定应由总监理工程师作出确定的权力授权或委托给其他监理人员。

承包人对监理人发出的指示有疑问的，应向监理人提出书面异议，监理人应在 48 小时内对该指示予以确认、更改或撤销，监理人逾期未回复的，承包人有权拒绝执行上述指示。

监理人对承包人的任何工作、工程或其采用的材料和工程设备未在约定的或合理期限内提出意见的，视为批准，但不免除或减轻承包人对该工作、工程、材料、工程设备等应承担的责任和义务。

4.4　商定或确定

合同当事人进行商定或确定时，总监理工程师应当会同合同当事人尽量通过协商达成一致，不能达成一致的，由总监理工程师按照合同约定审慎做出公正的确定。

总监理工程师应将确定以书面形式通知发包人和承包人，并附详细依据。合同当事人对总监理工程师的确定没有异议的，按照总监理工程师的确定执行。任何一方合同当事人有异议，按照第 20 条〔争议解决〕约定处理。争议解决前，合同当事人暂按总监理工程师的确定执行；争议解决后，争议解决的结果与总监理工程师的确定不一致的，按照争议解决的结果执行，由此造成的损失由责任人承担。

扫描下方二维码完成练习。

学习笔记

实 训

案例一

施工合同规定，由建设单位提供建筑材料。于是，建设单位于2022年3月1日以信件的方式向上海B建材公司发出要约："愿意购买贵公司水泥1万吨，按350元/吨的价格，你方负责运输，货到付款，30天内答复有效。"3月10信件到达B建材公司，B建材公司收发员李某签收，但由于正逢下班时间，于第二天将信交给公司办公室。恰逢B建材公司董事长外出，2022年4月6日才回来，看到建设单位的要约，立即以电话的方式告知建设单位："如果价格为380元/吨，可以卖给贵公司1万吨水泥。"建设单位不予理睬。4月20日上海C建材公司经理吴某在B建材公司董事长办公室看到了建设单位的要约，当天回去就向建设单位发了传真："我们愿意以350元/吨的价格出售1万吨水泥。"建设单位第二天回电C建材公司："我们只需要5 000吨。"C建材公司当天回电："明日发货"。

【问题】

(1) 2022年4月6日B建材公司电话告知建设单位的内容是要约还是承诺？为什么？

(2) 建设单位对2022年4月6日B建材公司电话不予理睬是否构成违约？为什么？

(3) 2022年4月20日C建材公司的传真是要约还是承诺？为什么？

(4) 2022年4月21日建设单位对C建材公司的回电是要约还是承诺？为什么？

(5) 2022年4月21日C建材公司对建设单位的回电是要约还是承诺？为什么？

案例二

某海滨城市为发展旅游业，经批准兴建一座三星级大酒店。该项目甲方于2022年10月10日分别与某建筑工程公司（乙方）和某外资装饰工程公司（丙方）签订了主体建筑工程施工合同和装饰工程施工合同。

合同约定主体建筑工程施工于2022年11月10日正式开工。合同日历工期为2年5个月。因主体工程与装饰工程分别为两个独立的合同，由两个承包商承建，为保证工期，当事人约定：主体与装饰施工采取立体交叉作业，即主体完成三层，装饰工程承包商立即进入装饰作业。为保证装饰工程达到三星级水平，业主委托某监理公司实施"装饰工程监理"。

在工程施工1年6个月时，甲方要求乙方将竣工日期提前2个月，双方协商修订施工方案后达成协议。

该工程按变更后的合同工期竣工，经验收后投入使用。

在该工程投入使用2年6个月后，乙方因甲方少付工程款起诉至法院。诉称：甲方于该工程验收合格后签发了竣工验收报告，并已开张营业。在结算工程款时，甲方本应付工程总价款1 600万元，但只付了1 400万元。特请求法庭判决被告支付剩余的200万元人民币及拖期的利息。

在庭审中，被告答称：原告主体建筑工程施工质量有问题，如大堂、电梯间门洞，大厅墙面、游泳池等主体施工质量不合格。因此，装修商进行返工，并提出索赔，经监理工程师签字报业主代表认可，共支付15.2万美元，折合人民币125万元。此项费用应由原告承担。另还有其他质量问题，并造成客房、机房设备、设施损失计人民币75万元。共计损失200万元，应从总工程款中扣除，故支付乙方主体工程款总额为1 400万元。

原告辩称：被告称工程主体不合格不属实，并向法庭呈交了业主及有关方面签字的合格竣工验收报告及业主致乙方的感谢信等证据。

被告又辩称：竣工验收报告及感谢信，是在原告法定代表人宴请我方时，提出为了企业晋级的情况下，我方代表才签的字。另外，被告代理人又向法庭呈交业主被装饰工程公司提出的索赔15.2万美元（经监理工程师和业主代表签字）的清单56件。

原告再辩称：被告代表发言纯系戏言，怎能以签署竣工验收报告为儿戏，请求法庭以文字为证。又指出：如果真的存在被告所说情况，那么被告应该根据《建筑工程质量管理条例》的规定，在装饰施工前通知我方修理。

原告最后请求法庭关注：从签发竣工验收报告到起诉前，乙方向甲方多次以书面方式提出结算要求。在长达2年多时间里，甲方未向乙方提出过工程存在质量问题。

【问题】

(1) 原告、被告之间合同是否有效？

(2) 如果在装饰施工时，发现主体工程施工质量有问题，甲方应采取哪些正当措施？

(3) 对于乙方因工程款纠纷的起诉和甲方因工程质量问题的起诉，法院是否予以保护？

项目 7

建筑工程施工合同管理

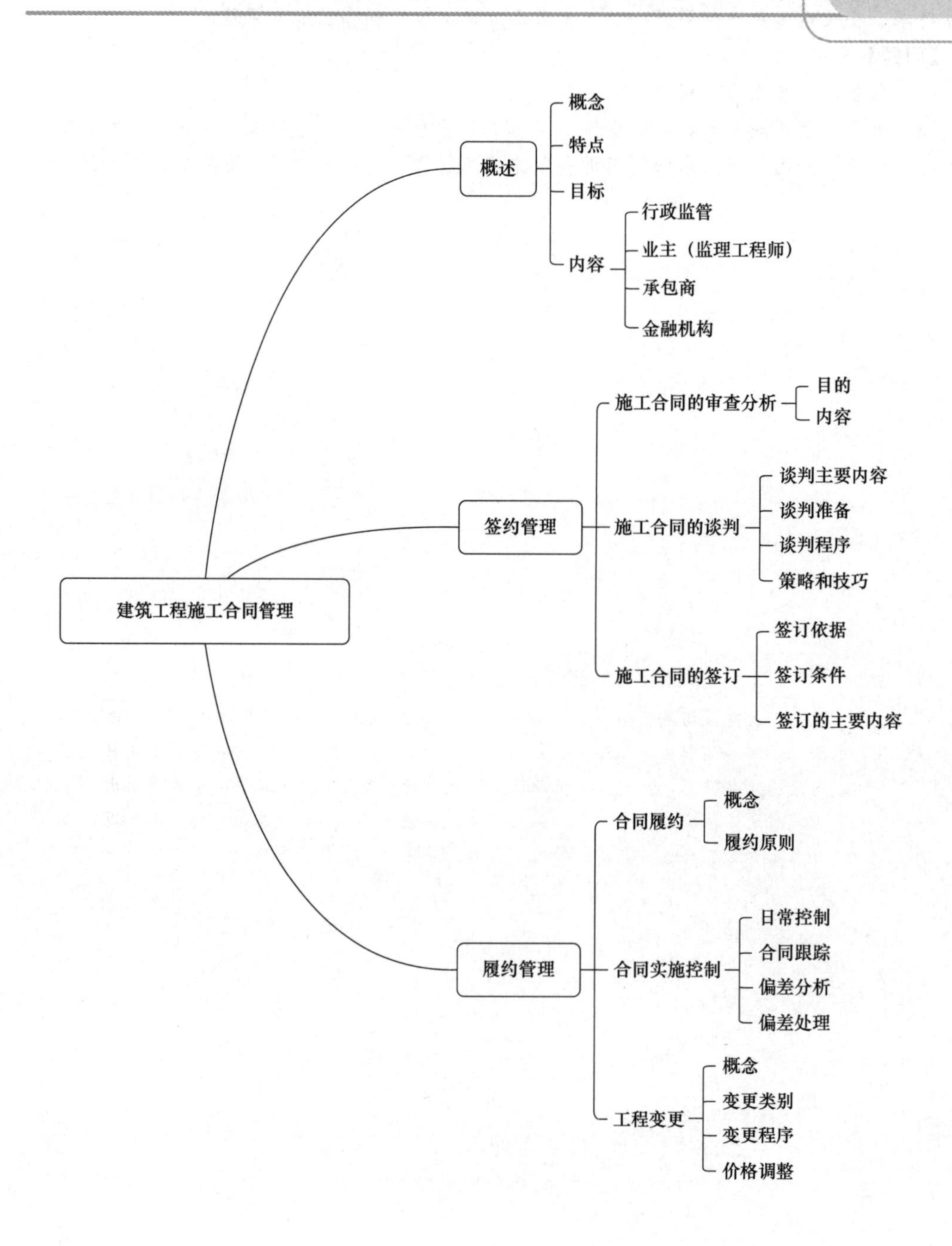

思政元素

建筑领域一直在我国的国民经济中占有举足轻重的地位。在我国，很多的地方建筑管理职能部门，为了维护建筑市场秩序，规范市场行为，保护合同当事人的合法权益，根据《中华人民共和国民法典（合同编）》《中华人民共和国建筑法》《中华人民共和国招投标法》等有关法律、法规、规章的规定，结合当地的实际情况，制定了适用于当地的《建筑施工合同管理办法》。由此可见建筑施工合同管理对建筑市场的健康发展尤为重要。

学习目标

知识目标	1. 掌握建筑工程施工合同管理基础知识； 2. 熟悉建筑工程施工合同签约管理； 3. 熟悉建筑工程施工合同履约管理
能力目标	1. 能对合同条款进行审查和分析； 2. 具有合同谈判的能力和技巧； 3. 能对合同履约的全过程进行管理
素质目标	1. 培养学生的团队合作精神； 2. 培养学生的沟通能力； 3. 培养学生严谨务实、实事求是的工作作风

任务清单

项目名称	任务清单内容
任务情境	某厂房建设场地原为农田，按设计要求在厂房建造时，厂房地坪范围内的耕植土应清除，基础必须埋在老土层下2.00 m处。为此，业主在“三通一平”阶段就委托土方施工公司清除了耕植土，用好土回填压实至一定设计标高，故在施工招标文件中指出，施工单位无须再考虑清除耕植土问题。然而，开工后施工单位在开挖基坑（槽）时发现，相当一部分基础开挖深度虽已在设计标高，但未见老土，且在基础和场地范围内仍有一部分深层的耕植土和池塘淤泥等必须清除
任务要求	承包人应该怎么办？
任务思考	1. 在工程中遇到地基条件与原设计所依据的地质资料不符时，应该由谁承担责任？ 2. 若后期根据修改的设计图纸，基础开挖要加深加大。为此，承包人提出了变更工程价格和延长工期的要求。请问承包人的要求是否合理？为什么？ 3. 对于工程施工中出现变更工程价款和工期的事件后，发、承包双方需要注意哪些时效性问题？
任务总结	

任务1　建筑工程施工合同管理概述

1.1　概念

建筑工程施工合同管理是指各级工商行政管理机关、建设行政主管机关，以及发包单位、监理单位、承包单位依据法律法规，采取法律、行政的手段，对施工合同关系进行组织、指导、协调及监督，保护施工合同当事人的合法权益，处理施工合同纠纷，防止和制裁违法行为，保证施工合同贯彻实施的一系列活动。

施工合同管理分为两个层次：第一个层次是国家行政机关对施工合同的监督管理；第二个层次是建筑工程施工合同当事人及监理单位对施工合同的管理。各级工商行政管理机关、建设行政主管机关对施工合同进行宏观管理，建设单位（业主或监理单位）、承包单位对施工合同进行具体的微观管理。

1.2　建筑工程施工合同管理的特点

工程合同管理者不仅要懂得与合同有关的法律知识，还需要懂得工程技术、工程经济，特别是工程管理方面的知识，而且工程合同管理有很强的实践性，只懂得理论知识是远远不够的，还需要具备丰富的实践经验。只有具备这些素质，才能管理好工程合同。工程合同管理的特点如下。

1. 多元性

工程合同管理的多元性主要表现在合同签订和实施过程中会涉及多方面的关系，建设单位委托监理单位进行工程监理，而承包单位涉及专业分包材料的供应和设备加工，以及银行、保险等众多单位，因而产生错综复杂的关系，这些关系都要通过经济合同来体现。

2. 复杂性

工程建设合同是按照建设程序展开的，勘察、设计合同先行，监理施工采购合同在后，工程合同呈现出串联、并联和搭接的关系，工程合同管理也是随着项目的进展逐步展开的，因此工程合同复杂的界面决定了工程合同管理的复杂性。项目参建单位和协建单位多，通常涉及业主、勘察设计单位、监理单位、总包单位、分包单位、材料设备供应单位等。各方面责任界限的划分，合同权利和义务的定义非常复杂，合同在时间上和空间上的衔接协调很重要，合同管理必须协调和处理好各方面的关系，使相关的各合同和合同规定的各工作内容不相矛盾，使各合同在内容上、技术上、组织上时间上协调一致，才能形成一个完整、周密的有序体系，以保证工程有秩序、按计划地实施，因此，复杂的合同关系，决定了工程合同管理的复杂性。

3. 协作性

工程合同管理不是一个人的事情，往往需要设立一个专门的管理班子。在某种程度上，业主管理班子是工程合同的管理者，以业主为例，业主项目管理班子中的每个部门，甚至是每个岗位、每个人的工作都与合同管理有关，如业主的招标部门是合同的订立部门，工程管理部门是合同的履行部门等。工程合同管理不仅需要专职的合同管理人员和部门，而且要求参与工程管理的其他各种人员或部门都必须精通合同，熟悉合同管理工作。正是因为工程合同管理是通过项目管理班子内部各部门、全员的分工协作、相互配合进行的，所以合同管理过程中的相互沟通与协调显得尤为重要，体现出合同管理需要各部门、全员分工协作的协作性特点。

4. 风险性

工程合同实施时间长，涉及面广，受外界环境如经济、社会、法律和自然条件等的影响，这些因素一般被称为工程风险，工程风险难以预测，也难以控制，一旦发生往往会影响合同的正常履行，造成合同延期和经济损失。因此，工程风险管理成为工程合同管理的重要内容。由于建筑市场竞争激烈，承包商除依靠其他评标指标外，投标报价也是施工投标中能否中标的关键性指标，因此导致施工合同价格偏低，同时业主也经常利用在建筑市场中的买方优势，提出一些苛刻的条件。加之我国还处于市场经济的初级阶段，因此合同双方的信用风险也是工程合同管理的重要内容。

5. 动态性、多变性

由于工程持续时间长，相关的合同特别是工程施工合同的生命期长，工程价值量大，合同价格高。由于合同履行过程中内外干扰事件多，合同变更频繁，合同管理必须按照变化的情况不断调整，这就要求合同管理必须是动态的，必须加强合同控制工作，项目管理人员必须加强对合同变更的管理，做好记录，将其作为索赔、变更或终止合同的依据。

1.3 建筑工程施工合同管理的目标

由于合同在工程中的特殊作用，项目的参与者及与项目有关的组织都具备合同管理职责。对于施工合同来说，发包人、承包人和监理人根据在工程项目中角色的不同有不同角度、不同性质、不同内容和不同侧重点的合同管理工作。

施工合同管理是对施工合同的策划、签订、履行、变更、索赔和争议解决的管理，是施工项目管理的重要组成部分。施工合同管理是为项目目标和企业目标服务的，以保证项目目标和企业目标的实现。具体来说，施工合同管理的目标包括以下内容。

(1) 使整个施工项目在预定的成本（投资）、预定的工期范围内完成，达到预定的质量和功能要求，实现项目的三大目标，拥有符合国家规定的注册资本。

(2) 使施工项目的实施过程顺利，合同争议较少，合同双方当事人能够圆满地履行合同义务。

(3) 保证整个施工合同的签订和实施过程符合法律的要求。

(4) 工程竣工时使双方满意，发包人按计划获得一个合格的工程，达到投资目的，对工程、承包人及双方的合作感到满意；承包人不但获得合理的价格和利润，还赢得了信誉，建立双方友好的合作关系。这也是企业经营管理和发展战略对合同管理的要求。

1.4 建筑工程施工合同管理的内容

1. 施工合同的行政监管工作内容

行政主管部门要宣传贯彻国家有关经济合同方面的法律、法规和方针政策；组织培训合同管理人员，指导合同管理工作，总结交流工作经验；对建筑工程施工合同签订进行审查，监督检查施工合同的签订、履行，依法处理存在的问题，查处违法行为。主要做好下列几个方面的监管工作。

（1）加强合同主体资格认证工作。

（2）加强招投标的监督管理工作。

（3）规范合同当事人签约行为。

（4）做好合同的登记、备案和签证工作。

（5）加强合同履行的跟踪检查。

（6）加强合同履行后的审查。

2. 业主（监理工程师）施工合同管理的主要工作内容

业主的主要工作是对合同进行总体策划和总体控制，对投标及合同的签订进行决策，为承包商的合同实施提供必要的条件，委托监理工程师监督承包商履行合同。

对实行监理的工程项目，监理工程师的主要工作由建设单位（业主）与监理单位通过《监理合同》约定，监理工程师必须站在公正的第三者的立场上对施工合同进行管理。其工作内容包括建筑工程施工合同实施全过程的进度管理、质量管理、投资管理和组织协调的全部或部分。

（1）协助业主起草合同文件和各种相关文件，参加合同谈判。

（2）解释合同，监督合同的执行，协调业主、承包商、供应商之间的合同关系。

（3）站在公正的立场上正确处理索赔与合同争议。

（4）在业主的授权范围内，处理工程变更，对工程项目进行进度控制、质量控制和费用控制。

3. 承包商施工合同管理的主要工作内容

承包商施工合同管理需要建立合同实施的保证体系，确保合同实施过程中的一切日常事务性工作有秩序地进行，使工程项目的全部合同事件处于控制中，保证合同目标的实现。

（1）合同订立前的管理：投标方向的选择、合同风险的总评价、合作方式的选择等。

（2）合同订立中的管理：合同审查、合同文本分析、合同谈判等。

（3）合同履行中的管理：合同分析、合同交底、合同实施控制、合同档案资料管理、合同变更管理等。

（4）合同发生纠纷时的管理：索赔管理和反索赔，包括与业主之间的索赔和反索赔，与分包商、材料供应商及其他方面之间的索赔和反索赔。

4. 金融机构对施工合同的管理

金融机构对施工合同的管理，是通过对信贷管理、结算管理和当事人的账户管理进行的。金融机构还有义务协助执行已生效的法律文书，保护当事人的合法权益。依据合同范本订立合同时，应注意通用条款及专用条款需明确说明的内容。

知识拓展

一、风险管理

风险管理，就是一个识别和度量风险，以及制定、选择和管理风险处理方案的过程。

1. 风险识别

风险识别是指风险管理人员在收集资料和调查研究之后，运用各种方法对尚未发生的潜在风险以及客观存在的各种风险进行系统归类和全面识别。风险识别的主要内容是通过某一种途径或几种途径的相互结合，尽可能全面地辨识出影响项目目标实现的风险事件存在的可能性，并加以恰当地分类。

2. 风险分析和评价

风险分析和评价是一个将项目风险的不确定性进行定量化，用概率论来评价项目风险潜在影响的过程。这个过程在系统地认识项目风险和合理地管理项目风险之间起着桥梁作用。

风险分析和评价包括以下内容：

(1) 确定风险事件发生的概率和可能性；

(2) 确定风险事件的发生对项目目标影响的严重程度，如经济损失的大小、工期的延误等；

(3) 确定项目建设周期内对风险事件的预测能力及风险事件发生后的处理能力。

以上操作的实质是将项目面临的每一种风险定量化，以便从项目风险清单中确定哪些风险是最严重、最难以控制的风险。在项目风险清单中筛选出最需要关注的风险，作为最终风险评价的结果。

(4) 将工程项目所有的风险视为一个整体，评价它们的潜在影响，从而得到项目的风险决策变量值，作为项目决策的重要依据。

3. 规划并决策

完成了项目风险的识别和分析过程，就应该对各种风险管理对策进行规划，并根据项目风险管理的总体目标，就处理项目风险的最佳对策、组合进行决策。一般而言，风险管理有三种对策：风险控制、风险保留和风险转移。

(1) 风险控制对策包括采取风险回避、风险预防或风险减少等措施；

(2) 风险保留对策有计划风险保留方案和非计划风险保留方案两种形式；

(3) 风险转移对策有非保险转移形式（将项目风险转移给一个不是保险人的第三方，如通过分包合同方式转移给分包商）和保险转移形式（通过工程保险将项目风险转移给专业的风险承担者——保险公司）。

4. 实施决策

当风险管理人员在各种风险管理对策之间作出选择以后，接着就是决策的实施，如制订安全计划、损失控制计划、应急计划等，以及在决定购买工程保险时，确定恰当的保险水平和合理的保费，选择保险公司等，这些都是决策实施的重要内容。

5. 检查

在项目进展中不断检查前四个步骤以及决策的实施情况，包括各项计划及工程保险合同的执行情况，以评价这些决策是否合理，并确定在环境条件变化时，是否提出不同的风险处理方案，以及检查是否有被遗漏的风险或者发现新的风险。

二、业主的风险管理

施工合同中的风险往往是由业主和承包商分担的，由于各自的地位不同，因此所采取的具体措施、方法也各不相同。业主对风险防范的对策主要体现在以下几个方面：

1. 认真编制招标文件

合同文件是以招标文件为基础形成的，招标文件完善程度如何，直接决定着合同风险的划分及将来可能的合同索赔、合同争议的频率和程度。招标文件应明确界定项目实施时可能预见到的风险事件的责任范围和处理方法，以减少合同执行过程中的争议与纠纷。

2. 严格对投标人进行资格预审

通过对投标人的组织机构、营业执照、资质等级证书以及工程经验、施工设备、人员素质、在建工程任务及财务状况等进行预先审查，保证有足够实力的承包商参加投标，为将来实施合同提供基础保证。

3. 做好评标、决标工作

在评标时应注意对报价的综合评审，特别要求低报价者能作出合理解释。对那些报价明显偏低的投标不要轻易接受，否则，将来承包商在遇到财务困难时，若业主不予援助，工程项目施工会受到影响，甚至无法进行，这对业主不利。

4. 聘请合格的监理工程师

业主聘请信誉良好的监理工程师实施施工监理，可以对工程项目的质量、进度、造价、合同等实行有效的管理与控制，以实现项目的合同目标，并能很好地处理承发包双方在施工过程中可能存在的各种争议与纠纷。

5. 保证承包商履约

业主可以利用履约保函、预付款保函、维修保函、扣留滞留金、违约误期罚款、工程保险单等经济、法律手段，来约束承包商在履行合同过程中的行为，并能减轻或避免因承包商违约所造成的工程损失。

三、承包商的风险管理

在工程实践中，由于业主常处于主导地位，承包商在进行投标时，对招标者事先已经拟定好的招标文件无从选择，一旦中标，合同风险主要集中在承包商方面。因此，承包商应在投标、合同谈判、签约及项目执行过程中，认真研究和采取减轻、转移风险和控制损失的有效方法。

1. 认真研究招标文件

投标文件和报价以招标文件为依据。认真研究招标文件，对合同风险，承包商要在投标报价中予以充分的考虑，包括提高报价中的不可预见风险费，采取开口升级报价、多方案报价的报价策略，以及在投标书中使用保留条款、附加或补充说明等。但在采取这些措施时应以不使投标文件作废为前提，因为有些招标文件明确要求投标者不得在报价中有所保留或采取多方案报价。

2. 完善合同条款，合理分担风险

有些工程不容许标后谈判，有些工程容许标后谈判。若许可标后谈判，中标者要充分抓住这一机会，重新研判原招标文件中关于风险的划分，结合自己的实际情况，使风险性条款合理化，争取增加对承包商权益的保护性条款等。

3. 购买保险

工程保险是业主和承包商转移风险的一种重要手段。购买保险后，一旦保险范围内的风险变为现实，承包商可以向保险公司索赔，获得一定数额的赔偿。

4. 认真准备，精心组织

在承包合同实施前，一定要做好各项准备工作，尤其是风险大的项目，要对项目经理和人员的配备、技术力量、机械装备、材料供应、资金筹集、劳务安排、规章措施等作出精心的安排，以提高风险应变能力和对风险的抵御能力。

5. 加强索赔管理

用索赔来减少或弥补风险造成的损失，是当今被广泛采用的对策。通过索赔可以提高合同价格，增加工程收益，补偿因风险造成的损失。

许多有经验的承包商在分析招标文件时就考虑其中的漏洞、矛盾和不完善的地方，考虑到可能的索赔，甚至在报价和合同谈判中为将来的索赔留下伏笔，人们把它称为“合同签订前索赔”。

扫描下方二维码完成练习。

学习笔记

任务2　建筑工程施工合同签约管理

2.1　施工合同的审查分析

1. 合同审查分析的目的

工程合同确定了合同当事人在工程项目建设和相关交易过程中的义务权利和责任关系。合同中的每项条款都与双方的利益息息相关，影响到双方的成本、费用和合同收益。在工程合同正式签订前，合同双方有必要对即将签署的合同认真、细致地进行全面的审查、分析。

合同审查分析的目的在于以下几点：

（1）判断合同内容是否完整，各项合同条款表述是否准确、无歧义；

（2）明确自己的权利、义务；

（3）分析合同中的问题和风险，提出相应的对策；

（4）通过合同谈判，对合同条款进行修改、补充、完善。

2. 合同审查分析的内容

合同必须在合同依据的法律基础的范围内签订和实施，否则会导致合同全部或部分无效，从而给合同当事人带来不必要的损失。这是合同审查分析的最基本也是最重要的工作。合同效力的审查与分析主要从以下几方面入手。

（1）合同的合法性审查。保证合同的合法性是合同审查人的重要工作，也是合同审查的核心。

1）审查合同主体是否合法。即审查合同当事人的主体资格是否合法。

对法人进行资格审查，主要是审查企业法人营业执照的经营期限和年检问题。

2）审查合同形式是否合法。当事人订立合同，有书面、口头和其他形式，法律、行政法规规定采取书面形式的，应当采用书面形式；订立合同时，如果当事人约定采用书面形式，也应当采用书面形式。

3）工程项目合法性审查。即合同客体资格的审查。主要审查工程项目是否具备招投标、签订和实施合同的一切条件。

① 是否具备工程项目建设所需要的各种批准文件；

② 工程项目是否已经列入年度建设计划；

③ 建设资金和主要建筑材料和设备来源是否已经落实。

4）审查合同内容是否合法。应当重点审查是否存在采用欺诈、胁迫手段订立合同，损害国家利益的情况；是否存在恶意串通，损害国家、集体或者第三人利益的情况；是否存在以合法形式掩盖非法目的的情况；是否存在损害社会公共利益，违反法律、行政法规的强制性规定的情况。

5）合同订立过程的审查。如审查招标人是否有规避招标行为和隐瞒工程真实情况的现象；投标人是否有串通作弊、哄抬标价、以行贿的手段谋取中标的现象；招标代理机构是否有违法泄露应当保密的与招投标活动有关的情况和资料的现象；其他违反公开、公平、公正原则的行为。对此，应当特别注意。

（2）合同的完备性审查。合同应包括合同当事人、合同标的、标的的数量和质量、合同价款或酬金、履行期限、地点和方式、违约责任和解决争议的方法。一份完整的合同应包括上述所有条款。由于建筑工程的工程活动多，涉及面广，合同履行中不确定性因素多，从而给合同履行带来很大风险。如果合同不够完备，就可能会给当事人造成重大损失。因此，必须对合同的完备性进行审查。合同的完备性审查包括以下内容：

1）合同文件完备性审查。即审查属于该合同的各种文件是否齐全。如发包人提供的技术文件等资料是否与招标文件中规定的相符，合同文件是否能够满足工程需要等。

2）合同条款完备性审查。这是合同完备性审查的重点，即审查合同条款是否齐全，对工程涉及的各方面问题是否都有规定，合同条款是否存在漏项等。合同条款完备性程度与采用何种合同文本有很大关系。

① 如果采用的是合同示范文本，如 FIDIC 条件或我国施工合同示范文本等，则一般认为该合同条款较完备。此时，应重点审查专用合同条款是否与通用合同条款相符，是否有遗漏等。

② 如果未采用合同示范文本，但合同示范文本存在。在审查时应当以示范文本为样板，将拟签订的合同与示范文本的对应条款一一对照，从中寻找合同漏洞。

③ 无标准合同文本，如联营合同等。无论是发包人还是承包人，在审查该类合同的完备性时，应尽可能多地收集实际工程中的同类合同文本，并进行对比分析，以确定该类合同的范围和合同文本结构形式。再将被审查的合同按结构拆分开，并结合工程的实际情况，从中寻找合同漏洞。

（3）合同条款的审查。

1）工作范围。即承包人所承担的工作范围，包括施工、材料和设备供应，施工人员的提供，工程量的确定，质量、工期要求及其他义务。工作范围是制定合同价格的基础，因此是合同审查与分析中一项极其重要而不可忽视的问题，规定工作内容时一定要明确具体，责任分明。

2）权利和责任。合同应公平合理地分配双方的责任和权益。因此，在合同审查时，一定要列出双方各自的责任和权利，在此基础上进行权利、义务关系分析，检查合同双方责、权、利是否平衡，合同有否存在逻辑问题等。同时，还必须对双方责任和权利的制约关系进行分析。

3）工期。工期的长短直接与承发包双方利益密切相关。发包人在审查合同时，应当综合考虑工期、质量和成本三者的制约关系，以确定最佳工期。对承包人来说，应当认真分析自己能否在发包人规定的工期内完工。如果根据分析，很难在规定工期内完工，承包人应在谈判过程中，依据施工规划，在最优工期的基础上，考虑各种可能的风险影响因素，争取确定一个承发包双方都能够接受的工期，以保证施工的顺利进行。

4）工程质量。主要审查工程质量标准的约定能否体现优质优价的原则；材料设备的标准及验收规定；工程师的质量检查权利及限制；工程验收程序及期限规定；工程质量瑕疵责任的承担方式；工程保修期期限及保修责任等。

5）工程款及支付问题。工程造价条款是工程施工合同的必备和关键条款，但通常会发生约定不明或设而不定的情况，往往为日后争议和纠纷的发生埋下隐患。实际情况表明，业主与承包商之间发生的争议、仲裁和诉讼等，大都集中在付款上，承包工程的风险或利润，最终也都在付款中表现出来。因此，无论发包人还是承包人，都必须花费相当多的精力来研究与付款有关的各种问题，包括合同的计价方式、工程款支付等内容。

6）违约责任。订立违约责任条款的目的在于促使合同双方严格履行合同义务，防止违约行为的发生。发包人拖欠工程款、承包人不能保证工程质量或不按期竣工，均会给对方及第三方带来不可估量的损失。因此，违约责任条款的约定必须具体、完整。

另外，在合同审查时，还必须注意合同中关于保险、担保、工程保修、变更、索赔、争议的解决及合同的解除等条款的约定是否完备、公平、合理。

2.2　施工合同的谈判

1. 合同谈判的主要内容

合同谈判的内容因项目和合同性质、招标文件规定、业主的要求等不同而有所不同。决标前的谈判主要进行两方面的谈判：技术性谈判（也叫作技术答辩）和经济性谈判（主要是价格问题）。在国际招标活动中，有时在决标前的谈判中允许招标人提出压价的要求；在利用世界银行贷款的项目和我国国内项目的招标活动中，开标后不许压低标价，但在付款条件、付款期限、贷款和利率，以及外汇比率等方面是可以谈判的。候选中标单位还可以探询招标人的意图，投其所好，以许诺使用当地劳务或分包、免费培训施工和生产技术工人以及竣工后无偿赠送施工机械设备等优惠条件，增强自己的竞争力，争取最后中标。

决标后的谈判一般会涉及合同的商务和技术的所有条款。下面是可能涉及的主要内容。

（1）承包内容和范围的确认。

（2）技术要求、技术规范和技术方案。

（3）价格调整条款。

（4）合同价款支付方式。

（5）施工工期和维修期限。

（6）合同争端的解决方法。

（7）其他有关改善合同条款的问题。

2. 合同谈判的准备

合同谈判是业主与承包商面对面的直接较量，谈判的结果直接关系到合同条款的订立是否于己有利。谈判的成功与否，通常取决于谈判准备工作的充分程度和谈判过程中策略与技巧的使用。

（1）谈判资料准备。谈判准备工作的首要任务就是收集整理有关合同双方及工程项目的各种基础资料和背景资料。这些资料包括对方的资信状况、履约能力、发展阶段、项目由来和资金来源、土地获得情况、项目目前进展情况等，以及在前期接触过程中已经达成的意向书、会议纪要、备忘录等。

（2）谈判背景分析。承包人在接到中标函后，应当详细分析项目的合法性与有效性，项目的自然条件和施工条件，己方承包该项目有哪些优势，存在哪些不足，以确立己方在谈判中的地位。同时，必须熟悉合同审查表中的内容，以确立己方的谈判原则和立场。对业主的基本情况的分析，首先，要分析对方主体的合法性，资信情况如何，必须确认对方是履约能力强、资信情况好的合法主体，否则，就要慎重考虑是否与对方签订合同。其次，要摸清谈判对手的真实意图。只有在充分了解对手的谈判诚意和谈判动机后，并对此做好充分的思想准备，才能在谈判中始终掌握主动权。再次，要分析对方谈判人员的基本情况。包括对方谈判人员的组成，谈判人员的身份、年龄、健康状况、性格、资历、专业水平、谈判风格等，以便己方有针对性地安排谈判人员并做好思想和技术上的准备。最后，必须了解对方各谈判人员对谈判所持的态度、意见，从而尽量分析并确定谈判的关键问题和关键人物的意见和倾向。

（3）谈判目标分析。分析自身设置的谈判目标是否正确合理、是否切合实际、是否能为对方所接受，以及对方设置的谈判目标是否正确合理。如果自身设置的目标错误，或者盲目接受对方的不合理目标，同样会造成合同实施过程中的无穷后患。如接受业主带资垫资、工期极短等不合理要求，将会造成回收资金、获取工程款、工期索赔等方面的困难。

（4）谈判方案拟定。在上述已确立己方的谈判目标及认真分析己方和对手情况的基础上，拟定谈判提纲。根据谈判目标，准备几个不同的谈判方案，还要研究和考虑其中哪个方案较好以及对方可能倾向于哪个方案。这样，当对方不易接受某一方案时，就可以改换另一种方案，通过协商就可以选择一个为双方都能够接受的最佳方案。谈判中切忌只有一个方案，当对方拒不接受时，易使谈判陷入僵局。

3. 谈判程序

（1）一般讨论。谈判开始阶段通常都是先广泛交换意见，各方提出自己的设想方案，探讨各种可能性，经过商讨逐步将双方意见综合并统一起来，形成共同的问题和目标，为下一步详细谈判做好准备。不要一开始就使会谈进入实质性问题的争论，或逐条讨论合同条款。要先搞清楚基本概念和双方的基本观点，在双方相互了解基本观点之后，再逐条逐项仔细地讨论。

（2）技术谈判。在一般讨论之后，就要进入技术谈判阶段。主要对原合同中技术方面的条款进行讨论，包括工程范围、技术规范、标准、施工条件、施工方案、施工进度、质量检查、竣工验收等。

（3）商务谈判。商务谈判主要是对原合同中商务方面的条款进行讨论，包括工程合同价款、支付条件、支付方式、预付款、履约保证、保留金、货币风险的防范、合同价格的调整等。需要注意的是，技术条款与商务条款往往是密不可分的，因此，在进行技术谈判和商务谈判时，不能将两者分割开。

（4）合同拟定。谈判进行到一定阶段后，在双方都已表明了观点，对原则问题双方意见基本一致的情况下，相互之间就可以交换书面意见或合同稿。然后以书面意见或合同稿为基础，逐条逐项审查讨论合同条款。先审查一致性问题，后审查讨论不一致的问题，对双方不能确定、达不成一致意见的问题，再请示上级，或留给下次谈判继续解决，直至双方对新形成的合同条款一致同意并形成合同草案为止。

4. 谈判策略和技巧

合同谈判和其他谈判一样，都是一个双方为了各自利益说服对方的过程，而实质上又是一个双方相互让步，最后达成协议的过程。一般来说，谈判的最高境界就是在合适的时机作出合适的让步。承包方承包工程是将承包工程作为手段，其目标是获取利润；而业主则恰好相反，是期望支付最少的工程价款，获得所希望的工程质量。二者手段和目的的置换，很大程度上决定了双方的立场、观点和方法的差异。但他们之所以能坐到一起，是为了表明他们希望能够找出共同点，即通过谈判，增进了解，缩小距离，解决矛盾，以便最终取得一致意见，圆满地完成项目。

合同谈判是一门综合的艺术，需要经验，讲求技巧。在合同谈判中投标人往往处于防守的下风位，因此除了做好谈判的准备外，更需要在谈判过程中确定和掌握自己一方的谈判策略和技巧，抓住重点问题，适时地控制谈判气氛，掌握谈判局势，以便最终实现谈判目标。

（1）谈判策略。谈判策略就是谈判过程中使用的计策谋略，即为实现自己的目标而采取的手段。谈判策略具有强烈的攻击性、唯我性和较大的灵活性。合同谈判者的最高宗旨是以最有利的条件实现合同的签约。策略是根据客观环境变化而不断变化和丰富的。正确的策略选择主要体现在针对性、适应性和效益性三方面。

谈判能否成功取决于策略的制定与实施。商业谈判中人们最常采用的策略包括四种，即强制、劝诱、教育、说服。

强制的策略通常是那些具备强大的谈判能力的一方使用的，而且最易激起对方的反感，应该避免使用。如果实属不得已，那么要做得出其不意，泰山压顶，以使对方无力反击。

劝诱的策略是企图通过给对方一些梦寐以求的好处，足以克服对方在其他方面的抵抗。劝诱改变着整个交易的平衡砝码，使对方觉得有利可图。赠送礼品、增添服务项目、许以种种诺言等，均属于劝诱。

教育的策略旨在改变对方基本态度和信念，使其作出有利的响应。

说服的策略是通过使对方认识到在交易中的自然利益而获得其成效的。它的感染力能够抵达对方的逻辑思维，能触及对方的情感意识，还能影响对方的价值观念。

教育与说服的过程有异曲同工之妙。

在谈判过程中，下述破坏性策略常被人运用，我们对此应有所认识，以便准备随机应变。

1）搪塞。有些人假装顺从、随和，但是事实上仍是我行我素。这些人往往许一些空洞的诺言，而不见任何行动。

2）拖延。“让我们把问题研究一下”“让我们再请一个顾问”“让我们成立一个专门委员会”等，这种方法给人一种处理事情非常严肃、谨小慎微的印象，可是实际上，这种方法往往只是拖延问题的解决。

3）观望。有些人不是积极地参与，而是一言不发，坐等别人的反应。有时，这是在使用一种后发制人的策略。

4）缺席。在需要作出决定的时刻缺席，派一个无权作出任何决定的代表前往。

5）威胁。提出无理要求，要求得到不可能得到的东西，要求解决难以解决的问题。用大量的书面材料打扰大家。如使用“限期达成协议”的手法来要挟对方，即以另有重要任务为借口要求限期达成协议，否则不得不中断谈判，或者以另找合作对象督促甚至威胁对方让步。

6）分而治之。特别是当处于无理的一方时，谈判者会设法在某个团体内挑起纠纷，然后责备他们不通力合作。另一种是挑起对手互相竞争。这个办法通常为发包人所用。发包人常常有意无意地向承包人透露一些真真假假的信息，造成承包人的慌乱，竞相压价；更有甚者，发包人花钱雇用一些无意承包该项工程的承包人低价投标。但是，这个办法承包人同样也会运用，如在正式报价之前，有意通过各种渠道发出假信息，造成报高价的印象，以抬高其竞争对手的报价等。

7）回避问题。有许多方法可以用来回避问题，如避免全部或直接回答问题，而用一句冗长空洞、抛开问题实质并把问题搞乱的话作为回答；要求所有问题都必须以书面的形式提出（以拖延时间）；利用诸如“按照我的理解你是……”或“让我重述一下你的问题……”而不全面地回答问题；给发问者留下一种他的问题已得到回答的印象；在回答问题之前，先使提问者精神涣散，例如借口去卫生间，暂时离开；表示愤慨，声明发问者所提的问题是对你的智力的侮辱，或者说回答问题是不可能的，声称发问者的提问等于审问等。

8）使用宣传手法。诉诸偏见和情绪化的宣传。有时人们是易于接受宣传的，特别是人们在一些特殊情况，这种方法就能够奏效。

（2）谈判技巧。谈判中如何说服对方，要涉及很多因素，其中很重要的一个就是谈判技巧。所谓谈判技巧，概括来说，就是说服对方的工作技巧，包括派谁去，采取什么样的方法和选择什么样的机会、什么样的地点场合等。我们通常说的谈判技巧和谈判经验，就是指对这些问题的综合处理和运用的能力。

要想取得预期的收获，技巧的运用是必不可少的。谈判多种多样，谈判的技巧更是因事而异，在合同谈判过程中，优势重复、对等让步、调和折中、先成交后抬价等技巧会经常用到。

1）优势重复是指反复阐述自己的优势，特别是对于第一次的合作对象，更是经常使用这个方法，以使对方进一步了解本单位。最常见的一种阐述方式就是使用比较法，即把本单位的实力、能力和优势与其他单位比较，促使对方感到与自己单位合作是放心的。

2）对等让步就是当己方准备对某些条件作出让步时，可以要求对方在其他方面也应作出相应的让步。要力争把对方的让步作为自己让步的前提和条件。轻易让步也是不可取的。

3）调和折中是最终确定价格时常用到的一种方法。谈判中，当双方就价格问题谈到一定程度以后，虽然各方都作了让步，但并没有达成一致的协议，这时只要各方再作一点让步，就很有可能拍板成交，在这种情况下往往要采用折中的办法，即在双方所提的价格之间，取一大约的平均数。

4）先成交后抬价是某些有经验的谈判者常采用的手法，即先做出某种许诺，或采取让对方能够接受的合作行动，一旦对方接受并作出相应的行动而无退路时，此时再以种种理由抬价，迫使对方接受自己更高的条件。因此，在谈判中，不要轻易接受对方的许诺，要看到许诺背后的真实意图，以防被诱进其圈套而上当。

5）在谈判中，谈判人员应敢于和善于提出问题，毕竟谈判双方各自代表自己的利益，敢于向对方提出问题，也就等于维护了自己的利益；不管是在谈判前，还是在谈判过程中，凡事都应该问个为什么。

2.3 施工合同的签订

经过合同谈判，双方对新形成的合同条款一致同意并形成合同草案后，即进入合同签订阶段，这是确立承发包双方权利、义务关系的最后一步工作。一个符合法律规定的合同一经签订，即对合同当事人双方产生法律约束力。因此，无论发包人还是承包人，应当抓住这最后的机会，再认真审查分析合同草案，检查其合法性、完备性和公正性，争取改变合同草案中的某些内容，以最大限度地维护自己的合法权益。工程施工合同应当具备以下主要条款：

（1）承包范围。施工合同应明确哪些内容属于承包方的承包范围，哪些内容发包方另行发包。

（2）工期。承发包双方在确定工期时，根据承发包双方的具体情况，并结合工程的具体特点，确定合理的工期；工期是指自开工日期至竣工日期的期限，双方应对开工日期及竣工日期进行精确的定义，否则日后易起纠纷。

（3）开工和竣工时间。中间交工工程的工期，需与工程合同确定的总工期相一致。

（4）工程质量等级。工程质量等级标准分为不合格、合格和优良，不合格的工程不得交付使用。承发包双方可以约定工程质量等级达到优良或更高标准，但是应根据优质优价原则确定合同价款。

(5) 合同价款。合同价款又称为工程造价，通常采用国家或者地方定额的方法进行计算确定。随着市场经济的发展，承发包双方可以协商自主定价。

(6) 施工图纸的交付时间。施工图纸的交付时间必须满足工程施工进度要求。为了确保工程质量，严禁随意性地边设计、边施工、边修改的“三边”工程。

(7) 材料和设备供应责任。承发包双方需明确约定哪些材料和设备由发包方供应，以及在材料和设备供应方面双方各自的义务和责任。

(8) 付款和结算。发包人一般应在工程开工前，支付一定的备料款（又称预付款），工程开工后按工程进度按月支付工程款，工程竣工后应当及时进行结算，扣除保修金后应按合同约定的期限支付尚未支付的工程款。

(9) 竣工验收。竣工验收是工程合同重要条款之一，实践中常见有些发包人为了达到拖欠工程款的目的，迟迟不组织验收或者验而不收。因此，承包人在拟订本条款时应设法预防上述情况的发生，争取主动。

(10) 质量保修范围和期限。对建筑工程的质量保修范围和保修期限，应当符合《建筑工程质量管理条例》的规定。

(11) 其他条款。工程合同还包括隐蔽工程验收、安全施工、工程变更、工程分包、合同解除、违约责任、争议解决方式等条款，双方均要在签订合同时加以明确约定。

知识拓展

总包与分包

总包是总承包单位，负责这个项目的管理运作，直接对甲方负责。

分包是与总承包单位协商以后负责其中一个分项工程的队伍。

1. 总承包的责任及权利

总承包对各分包单位的施工过程中的施工进度、质量、安全生产、文明施工、消防保卫、施工技术、施工资料等负有检查监督责任和权利。对出现的质量违规、进度滞后具有处罚权。对安全违章具有处罚权。对不服从总承包管理的分包单位有处罚权。总承包有权监督分包单位工人工资发放。

总承包依据发包人、监理的总控计划和目标对整个工程的施工进度具有控制权，具有配合发包人、监理制订阶段性计划的责任。有对各分包单位下达作业任务的责权，有权利介入到分包单位的与施工工期相关的各个要素的管理中去。总承包具有为了满足整个现场工期的进度要求对某分包的施工工序进行调整或要求赶工的权利以及对由于某分包进度滞后造成相关单位损失的协调、处罚权。

总承包对现场总平面管理负有直接管理责任，总平面管理包括现场办公用房、临水、临电和堆场规划管理，垂直运输机械管理，现场建筑垃圾管理。对于总承包认为不能满足工程施工的进度、安全生产、文明施工等方面要求的分包单位，总承包有更换施工单位不称职人员的权利。

2. 分包单位的责任及权利

各专业分包单位进入施工现场后，必须对分包工程的质量、工期、安全、消防、文明施工、成品保护负责，无条件地接受施工总承包单位统一现场管理和协调。

(1) 编制分包工程的施工组织设计和技术方案，负责相关项目的深化设计。

(2) 按照施工总承包确定的质量目标，各专业分包自行控制为主，严格执行自检、隐检，工程验收采取分包质量初验，分包与施工总承包复验。分包、施工总承包和监理工程师会同综合检查验收制度。但必须使用统一验收表格，逐级传递，依次进行，缺一不可。

(3) 施工中出现的问题，各专业分包单位必须以业务联系单的方式告知总包，由施工总承包将分包单位意见和问题送交发包人和监理工程师，由施工总承包和监理单位及发包人协商解决问题的方式和时间。

(4) 各专业分包单位必须按时参加施工总承包召集的各种形式的专题会、协调会，参加会议的人员不得迟到早退，并能代表分包单位的决策者，接受施工总承包安排和部署的各项工作任务和指令，并贯彻、布置、落实下去。

(5) 各专业分包单位按时编制工程进度计划、月度计划和旬计划，落实和检查计划的完成情况。

(6) 施工现场的总平面布置由施工总承包规划后，各分包单位不得随意改变，确实需要调整，必须提前3～5天以书面报告的方式告知施工总承包，经施工总承包方批准后方可改变。

(7) 各专业分包单位进场后必须执行施工总承包制定的各项管理制度、规则、规程。

(8) 主动、积极、无条件地服从施工总承包的现场指挥、管理，遵守施工总承包各项现场管理制度，执行施工总承包的工作程序，对分包工程质量、安全、消防、文明施工、成品保护负责。

(9) 服从工程的总体目标，在分包施工管理中遵循分包服从施工总承包，局部利益服从整体利益的原则，顾全大局，不折不扣地完成施工总承包下达的各项指令。

(10) 接受施工总承包对口的专职施工员的管理，建立健全组织管理机构，配齐各岗位合适的管理人员，并保证能胜任该岗位的工作要求。对各岗位职责进行明确，上报施工总承包。

(11) 保证进场施工作业人员施工机具、计量器具的数量及质量能满足专业分包工程的需要。按施工总承包的总体安排及部署布置办公、库房、加工预制场地等临设，并保证以上临设的管理达到施工总承包的要求。

(12) 施工现场的管理严格按施工总承包规定，做到工完场清，安全设施、消防设施、个人劳保用品的配备要达到施工总承包的规定，安全、消防、文明施工保证体系齐全，责任明确，保证施工总承包制定的安全、消防、文明施工目标的实现。

(13) 对施工图纸详细审核，进行细化、深化、优化设计，及时上报施工总承包对口的施工员，在施工总承包对口专职施工员牵头组织下，与设计院、其他专业进行图纸会审，协助设计院将对施工图的修改方案落实到图纸上。

(14) 按施工总承包工期要求，编制材料、设备、成品、半成品采购计划及进场计划，上报施工总承包审核、转发。对发包人提供物资，承担进场验收的质量责任；自供物资，进场前必须向施工总承包提供样品、数量、规格及有关证书（生产厂家资质证书、质量保证书、合格证、检测试验报告等），进行报验，报验通过方才可组织进场。

(15) 严格按规范、标准控制工程质量，主动接受施工总承包对质量的监督，工程质量检验，在自检合格的基础上向施工总承包报验。

(16) 严格按施工总承包的规定进行文件和资料的管理，保证达到施工总承包的要求。在规定时间，按实上报所完成的工程量，不得弄虚作假。

(17) 组织好本专业的交工验收工作，保证按施工总承包下达的日期完成政府部门、发包人对本专业的验收。

(18) 在施工总承包统一协调领导下，积极做好与其他专业的配合协作，竣工验收移交发包人前对自己专业的成品保护负责，并不得损坏其他专业的劳动成果。

(19) 编制本专业的使用说明书与操作手册，负责对发包人物业管理人员的培训，做好对发包人工程交付后的保修服务。

扫描下方二维码完成练习。

学习笔记

任务3　建筑工程施工合同履约管理

3.1　合同履约

1. 合同履约的概念

合同履约，是指债务人全面、适当地完成其合同义务，债权人的合同债权得到完全实现，如交付约定的标的物，完成约定的工作成果并交付工作成果，提供约定的服务等。

合同生效以后，当事人就质量、价款或报酬、履行地点等内容没有约定或约定不明的，可以协议补充；不能达成补充协议的，按合同有关条款或交易惯例确定；按有关条款或交易惯例仍不能确定的，按法定规则履行。

2. 合同履约的原则

建筑工程施工合同履行的基本原则包括以下几个方面：

（1）实际履行原则。合同双方订立合同的目的是满足一定的经济利益，满足特定的生产经营活动的需要。因此当事人一定要按合同约定履行义务，不能用违约金或赔偿金来代替合同的标的。任何一方违约时，不能以支付违约金或赔偿损失的方式来代替合同的履行，守约一方要求继续履行的，应当继续履行。这是由建筑工程的特点所决定的。

（2）全面履行原则。当事人应当严格按合同约定的数量、质量、标准、价格、方式、地点、期限等完成合同义务。全面履行原则对合同的履行具有重要意义，它是判断合同各方是否违约以及违约应当承担何种违约责任的根据和尺度。

（3）协作履行原则。合同当事人各方在履行合同过程中，应当互谅、互助，尽可能为对方履行合同义务提供相应的便利、协作条件。工程承包合同的履行过程是一个经历时间长，涉及面广，质量、技术要求高的复杂过程，一方履行合同义务的行为往往就是另一方履行合同义务的必要条件，只有贯彻协作履行原则，才能达到双方预期的合同目的。因此，承发包双方必须严格按照合同约定履行自己的每一项义务；本着共同的目的，相互之间应进行必要的监督检查，及时发现问题，平等协商解决，保证工程顺利实施；当对方遇到困难时，在自身能力许可且不违反法律和社会公共利益的前提下给予必要的方便，共渡难关；当一方违约给工程实施带来不良影响时，另一方应及时指出，违约方应及时采取补救措施；发生争议时，双方应顾全大局，尽可能不采取使问题复杂化的行动等。

（4）诚实信用原则。诚实信用原则既是制定合同的基本原则，也是履行合同应该遵循的基本原则。当事人在执行合同时，应讲究诚实，恪守信用，实事求是，以善意的方式行使权利并履行义务，不得回避法律和合同，以使双方所期待的正当利益得以实现。

对施工合同来说，业主在合同实施阶段应当按合同规定向承包方提供施工场地，及时支付工程款，聘请工程师进行公正的现场协调和监理；承包方应当认真计划，组织好施工，努力按质按量在规定时间内完成施工任务，并履行合同所规定的其他义务。在遇到合同文件没有作出具体规定或规定矛盾、含糊时，双方应当善意地对待合同，在合同规定的总体目标下公正行事。

（5）情事变更原则。情事变更原则是指在合同订立后，如果发生了订立合同时当事人不能预见并且不能克服的情况，改变了订立合同时的基础，使合同的履行失去意义或者履行合同将使当事人之间的利益发生重大失衡，应当允许受不利影响的当事人变更合同或者解除合同。情事变更原则实质上是按诚实信用原则履行合同的自然延伸，其目的在于消除合同因情事变更所产生的不公平后果。理论上一般认为，适用情事变更原则应当具备以下条件：

1）有情事变更的事实发生。即作为合同环境及基础的客观情况发生了异常变动。

2）情事变更发生于合同订立后、履行完毕之前。

3）该异常变动无法预料且无法克服；如果合同订立时当事人已预见该变动将要发生，或当事人能予以克服的，则不能适用该原则。

4）该异常变动不能归责于当事人；如果是因一方当事人的过错所造成或是当事人应当预见的，则应当由其承担风险或责任。

5）该异常变动应属于非市场风险；如果该异常变动属于市场中的正常风险，则当事人不能主张情事变更。

6）情事变更将使维持原合同显失公平。

3.2 合同实施控制

合同实施控制应立足于现场，在工程施工中，合同管理对项目管理的各个方面起总协调和总控制作用，合同实施控制包括合同交底、合同跟踪与诊断、合同变更管理和索赔管理等工作。在合同实施前，合同谈判人员应进行合同交底。合同交底应包括合同的主要内容、合同实施的主要风险、合同签订过程中的特殊问题、合同实施计划和合同实施责任分配等内容。组织管理层应监督项目经理部的合同执行行为，并协调各分包人的合同实施工作。

1. 日常控制

（1）参与落实计划。合同管理人员与项目的其他职能人员一起落实合同实施计划，为各工程小组、分包商的工作提供必要的保证，如施工现场的安排，人工、材料、机械等计划的落实，工序间的搭接关系和安排以及其他一些必要的准备工作。

（2）协调各方关系。在合同范围内协调业主、工程师、项目管理各职能人员、所属的各工程小组和分包商之间的工作关系，解决相互之间出现的问题，如合同责任界面之间的争执、工程活动之间时间和空间上的不协调。合同责任界面争执是工程实施中很常见的。承包商与业主、承包商与业主的其他承包商、承包商与材料和设备供应商、承包商与分包商，以及承包商的各分包商之间、工程小组与分包商之间常常互相推卸一些合同中或合同事件表中未明确划定的工程活动的责任，这就会引起内部和外部的争执，对此，合同管理人员必须做好判定和调解工作。

（3）指导合同工作。合同管理人员对各工程小组和分包商进行工作指导，作经常性的合同解释，使各工程小组都有全局观念，对工程中发现的问题提出意见、建议或警告。合同管理人员在工程实施中起“漏洞工程师”的作用，但他不是寻求与业主、工程师、各工程小组、分包商的对立。他的目标不仅仅是索赔和反索赔，还要将各方面在合同关系上联系起来，防止漏洞和弥补损失，为工程的顺利进行提供保证。

（4）参与其他项目控制工作。合同项目管理的有关职能人员每天检查、监督各工程小组和分包商的合同实施情况，对照合同要求的数量、质量、技术标准和工程进度，发现问题并及时采取对策措施。对已完工工程作最后的检查核对，对未完工的或有缺陷的工程责令在一定的期限内采取补救措施，防止影响整个工期。按合同要求，会同业主及工程师等对工程所用材料和设备开箱检查或作验收，看是否符合质量、图纸和技术规范等的要求，进行隐蔽工程和已完工工程的检查验收，负责验收文件的起草和验收的组织工作，参与工程结算，会同造价工程师对向业主提出的工程款账单和分包商提交的收款账单进行审查和确认。

（5）合同实施情况的追踪、偏差分析及参与处理。另外，合同管理者的工作还包括审查与业主或分包商之间的往来信函、工程变更管理、工程索赔管理及工程争议的处理，而且，这些工作是合同管理者更重要的工作。

2. 合同跟踪

在工程实施过程中，由于实际环境总是在变化，导致合同实施与预定目标（计划和设计）的偏离，如果不及时采取措施，这种偏差常常会由小到大，日积月累，最终导致合同目标的不能实现。为了实现合同目标，需要对合同实施情况进行随时跟踪，以便及时发现偏差，修正偏差，力保合同目标的实现。

（1）合同跟踪的依据。合同跟踪时，判断实际情况与计划情况是否存在差异的依据有：

1）合同和合同分析的结果，如各种计划、方案、合同变更文件等，它们是比较的基础，是合同实施的目标和方向；

2）各种工程施工文件，如原始记录、各种工程报表、报告、验收结果等；

3）工程管理人员每天对现场情况的直观了解，如对施工现场的巡视、与各种人谈话、召集小组会议、检查工程质量，通过报表、报告等。

（2）合同跟踪的对象。合同实施情况追踪的对象主要有如下几个方面：

1）具体的合同事件。对照合同事件表的具体内容，分析该事件的实际完成情况。

以设备安装事件为例，跟踪的合同事件有：

① 安装质量。如标高、位置、安装精度、材料质量是否符合合同要求，安装过程中设备有无损坏。

② 工程数量。如是否全部安装完毕，有无合同规定以外的设备安装，有无其他的附加工程。

③ 工期。是否在预定期限内施工，工期有无延长，延长的原因是什么。

④ 成本的增加或减少。

将上述内容在合同事件表上加以注明，这样可以检查每个合同事件的执行情况。对一些有异常情况的特殊事件，即实际和计划存在较大偏离的事件，可以列特殊事件分析表作进一步的处理。从这里可以发现索赔机会，因为经过上面的分析可以得到偏差的原因和责任。

2）工程小组或分包商的工程和工作。一个工程小组或分包商可能承担许多专业相同、工艺相近的分项工程或许多合同事件，所以必须对它们实施的总体情况进行检查分析。在实际工程中常常因为某一工程小组或分包商的工作质量不高或进度拖延而影响整个工程施工。合同管理人员在这方面应给他们提供帮助，如协调他们之间的工作，对工程缺陷提出意见、建议或警告，责成他们在一定时间内提高质量、加快工程进度等。

作为分包合同的发包商，总承包商必须对分包合同的实施进行有效的控制。这是总承包商合同管理的重要任务之一。

分包合同控制的目的如下：

① 控制分包商的工作，严格监督他们按分包合同完成工程责任。分包合同是总承包合同的一部分，如果分包商完不成他的合同责任，则总承包商就不能顺利完成总承包合同责任。

② 为向分包商索赔和对分包商反索赔作准备。总包和分包之间的利益是既一致又有区别的，双方之间常常有利益争执。在合同实施中，双方都在进行合同管理，都在寻求向对方索赔的机会，所以双方都有索赔和反索赔的任务。

③ 对分包商的工程和工作，总承包商负有协调和管理的责任，并承担由此造成的损失。所以分包商的工程和工作必须纳入总承包工程的计划和控制中，防止因分包商工程管理失误而影

响全局。

3）业主和工程师的工作。业主和工程师是承包商的主要工作伙伴，对他们的工作进行跟踪十分必要。有关业主和工程师的工作包括：

① 工程师有义务及时、正确地履行合同约定，为工程实施提供合同所约定的外部条件，如及时发布图纸、提供场地，及时下达指令、作出答复，及时支付工程款等。

② 有问题及时与工程师沟通，多向工程师汇报情况，及时听取他们的指示（书面的）。

③ 及时收集各种工程资料，对各种活动、双方的交流作好记录。

④ 对有恶意的业主提前防范，并及时采取措施。

4）工程总的实施状况。工程总的实施状况包括：

① 工程整体施工秩序状况。如果出现以下情况，合同实施必定存在问题：现场混乱、拥挤不堪，承包商与业主的其他承包商、供应商之间协调困难，合同事件之间和工程小组之间协调困难，出现事先未考虑到的情况和局面，发生较严重的工程事故等。

② 已完工工程没有通过验收，出现大的工程质量事故，工程试运行不成功或达不到预定的生产能力等。

③ 施工进度未能达到预定计划，主要的工程活动出现拖延。

④ 计划和实际的成本曲线出现大的偏离。

通过合同实施情况追踪、收集、整理，能反映工程实施状况的各种工程资料和实际数据，如各种质量报告、各种实际进度报表、各种成本和费用收支报表及其分析报告。将这些信息与工程目标进行对比分析，可以发现两者之间的差异。根据差异的大小确定工程实施偏离目标的程度。如果没有差异或差异较小，则可以按原计划继续实施工程。

3. 偏差分析

合同实施情况偏差表明工程实施偏离了工程目标，应加以分析调整，否则这种差异会逐渐积累，越来越大，最终导致工程实施远离目标，使承包商或合同双方受到很大的损失，甚至可能导致工程的失败。

合同实施情况偏差分析，指在合同实施情况追踪的基础上，评价合同实施情况及其偏差，预测偏差的影响及发展的趋势，并分析偏差产生的原因，以便对该偏差采取调整措施。

合同实施情况偏差分析的内容包括：

（1）合同执行差异的原因分析。通过对不同监督跟踪对象计划和实际的对比分析，不仅可以得到合同执行的差异，而且可以探索引起这个差异的原因。原因分析可以采用鱼刺图、因果关系分析图（表）、成本量差、价差、效率差分析等方法定性或定量地进行。在上述基础上还应分析出各原因对偏差影响的权重。

（2）合同差异责任分析。即这些原因由谁引起，该由谁承担责任，这常常是争议的焦点，尤其是在合同事件重叠、责任交错时更是如此。一般只要原因分析有根有据，则责任分析自然清楚。责任分析必须以合同为依据，按合同规定落实双方的责任。

（3）合同实施趋向预测。分别考虑不采取调控措施和采取调控措施，以及采取不同的调控措施情况下合同的最终执行结果。

4. 偏差处理

根据合同实施偏差分析的结果，承包商应该采取相应的调整措施，调整措施可以分为以下几个方面：

（1）组织措施，如增加人员投入，调整人员安排，调整工作流程和工作计划等；

（2）技术措施，如变更技术方案，采用新的高效率的施工方案等；

（3）经济措施，如增加投入，采取经济激励措施等；

（4）合同措施，如进行合同变更，签订附加协议，采取索赔手段等。

3.3　工程变更管理

1. 工程变更概念

在施工过程中，工程师根据工程需要，下达指令对招标文件中的原设计或经工程师批准的施工方案进行任一方面的改变，统称为工程变更。

变更是合同履约中的基本特征。合同变更有广义和狭义之分，广义的合同变更包括合同内容的变更和合同主体的变更，狭义的合同变更仅指合同内容的变更，合同的变更原则上面向将来发生效力。未变更的权利、义务继续有效，已经履行的债务不因合同的变更而丧失法律依据。

建筑工程施工合同履约过程中，同样存在大量的工程变更。既有传统的以工程变更指令形式产生的工程变更，也包括由业主违约和不可抗力等因素被动形成的工程变更。国内学者通常更习惯将后一部分工程变更视为工程索赔的内容。FIDIC施工合同条件中的变更通常包括以下内容：

（1）合同中包括的任何工作内容的数量的改变；

（2）任何工作内容的质量或其他特性的改变；

（3）任何部分工程的标高、位置和（或）尺寸的改变；

（4）任何工作的删减，但要交他人实施的工作除外；

（5）永久工程所需的任何附加工作、生产设备、材料或服务，包括任何有关的竣工试验，钻孔和其他试验及勘探工作；

（6）实施工程的顺序或时间安排的改变。

由于工程变更对工程施工的影响，国内外研究人员对工程变更开展了大量的研究工作，提出了诸多工程变更的控制办法，如程序控制，强化监理制度以及加强决策者对投资行为的管理和引导等。美国的建筑业研究所等机构还专门任命一批工程变更管理人员定量化地研究工程变更对项目的影响和变更本质，提出了许多建设性的变更管理办法。但由于工程变更的复杂性，对工程变更的控制还缺乏从技术手段、经济手段及法律手段多角度的系统研究。因此，加强对建筑工程施工合同中变更的控制研究，具有重要的现实意义。

2. 工程变更类别

按照工程变更所包含的具体内容，可将其划分为以下5个类别：

（1）设计变更。设计变更是指建筑工程施工合同履约过程中，由工程不同参与方提出，最终由设计单位以设计变更或设计补充文件形式发出的工程变更指令。设计变更包含的内容十分广泛，是工程变更的主体内容，约占工程变更总量的70%以上。常见的设计变更：因设计计算错误或图示错误发出的设计变更通知书，因设计遗漏或设计深度不够而发出的设计补充通知书，以及应业主、承包商或监理方请求对设计所作的优化调整等。

视频：工程变更的类别

（2）施工方案变更。施工方案变更是指在施工过程中承包方因工程地质条件变化、施工环境或施工条件的改变等因素影响，向监理工程师和业主提出的改变原施工措施方案的过程。施工措施方案的变更应经监理工程师和业主审查同意后实施，否则引起的费用增加和工期延误将由承包方自行承担。重大施工措施方案的变更还应征询设计单位意见。在建筑工程施工合同履约过程中，施工方案变更存在于工程施工的全过程，如人工挖孔桩桩孔开挖过程中出现地下流砂层或淤泥层，需采取特殊支护措施，方可继续施工；公路或市政道路工程路基开挖过程中发现地下文物，需停工采取特殊保护措施；建筑物主体在施工过程中，因市场原因引起的不同的规格型号材料之间的代换等。

（3）条件变更。条件变更是指施工过程中，因业主未能按合同约定提供必需的施工条件以及不可抗力发生导致工程无法按预定计划实施。如业主承诺交付的工程后续施工图纸未到，致使工程中途停顿；业主提供的施工临时用电因社会电网紧张而断电导致施工生产无法正常进行；特大暴雨或山体滑坡导致工程停工。这类因业主原因或不可抗力所发生的工程变更统称为条件变更。

（4）计划变更。计划变更是指施工过程中，业主因上级指令、技术因素或经营需要，调整原定施工进度计划，改变施工顺序和时间安排。如小区群体工程施工中，根据销售进展情况，部分房屋需提前竣工，另一部分房屋适当延迟交付，这类变更就是典型的计划变更。

（5）新增工程。新增工程是指施工过程中，业主动用暂定金额，扩大建设规模，增加原招标工程量清单之外的建设内容。

3. 工程变更程序

常见的五类工程变更中，设计变更和施工方案变更频率较高，对工程造价的影响亦较大，是合同控制的重点。而对设计变更而言，既有业主方对自身项目管理人员提出设计变更的控制，也有业主对承包方、监理方和设计方提出设计变更的控制。在现行建筑工程工程量清单招投标模式下，经评审的合理低价法是业主在工程招标阶段选择承包方的基本方法，承包方为谋求中标，一般只有选择低价中标的路线，而一旦中标，设计变更则成为承包方调整其工程量清单综合单价的重要途径。因此，加强对承包方提出的变更控制则是合同控制的重中之重。标准的施工承包方提出工程变更的控制程序如图 7-1 所示。

视频：工程的变更程序

（1）发包人变更。施工中发包人如需对原设计变更，应不迟于变更前 14 天以书面形式向承包人发出通知。承包人对于发包人的变更通知没有拒绝的权利。变更超过原标准或批准规模时，须经原规划部门和其他部门审批，并由原设计单位提供变更图纸说明。

（2）承包人变更。承包人应当严格按图纸施工，不得随意变更设计。施工中承包人提出的合理化建议涉及对设计图纸或施工组织设计的更改以及对原材料、设备的更换，须经工程师同意。工程师同意变更后，也须经原规划管理部门和其他有关部门审查批准，并由原设计单位提供变更的相应图纸和说明。

（3）设计变更事项。能够构成设计变更的事项包括以下变更：

1）更改有关部分的标高、基线、位置和尺寸；

2）增减合同中约定的工程量；

3）改变有关工程的施工时间和顺序；

4）其他有关工程变更需要的附加工作。

（4）工程变更的确认：提出问题—分析问题—解决问题。

4. 工程变更价格调整

工程变更价款的确定应在双方协商的时间内，由承包商提出变更价格，报工程师批准后方可调整合同价或顺延工期。造价工程师对承包方（乙方）所提出的变更价款，应按照有关规定进行审核、处理。

（1）乙方在工程变更确定后 14 天内，提出变更工程价款的报告，经工程师确认后调整合同价款。按照工程量清单计价规范的规定，变更合同价款按下列方法确定：

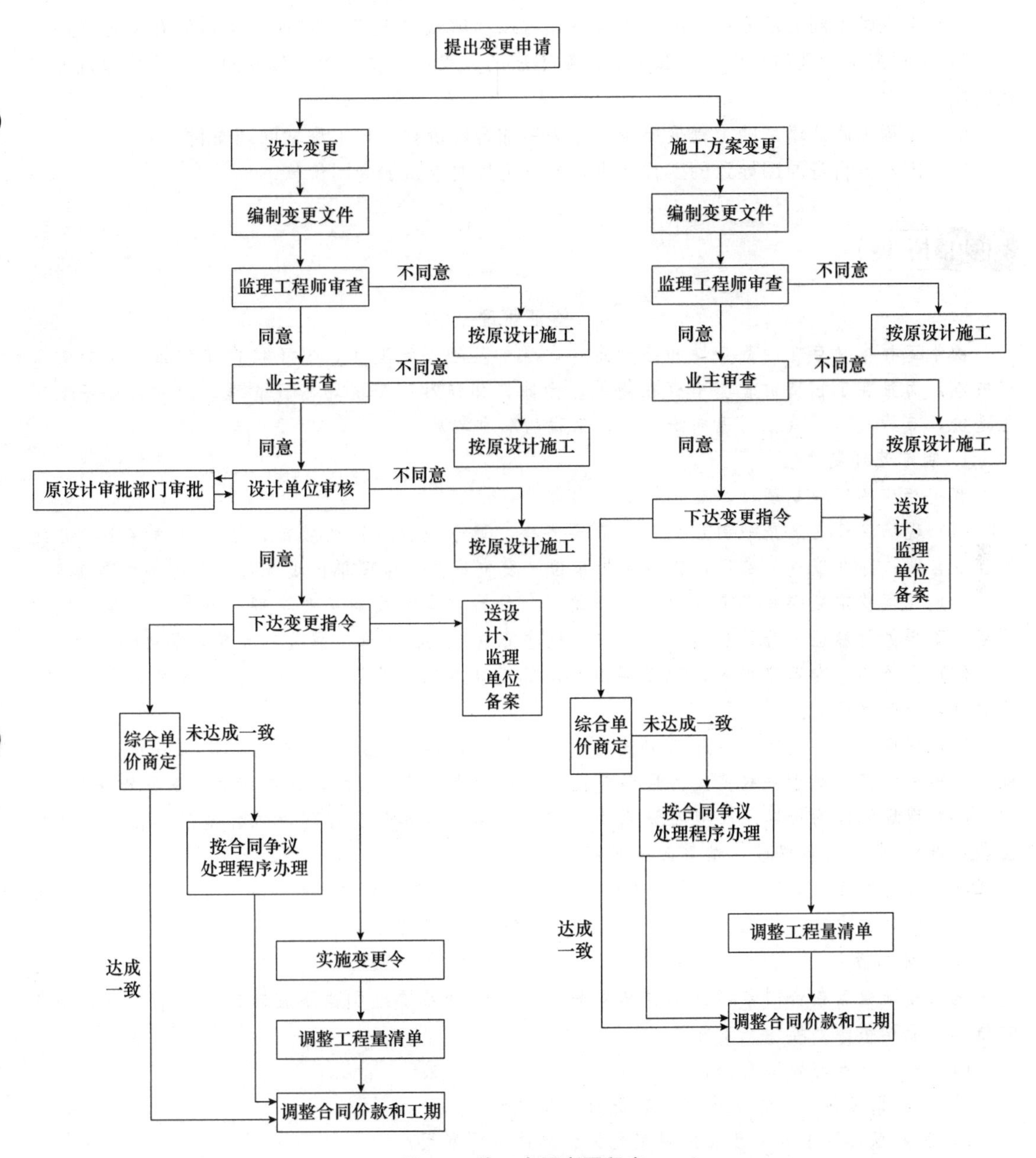

图 7-1 施工合同变更程序

1）合同中已有适用于变更工程的价格，按合同已有的价格计算变更合同价款。

2）合同中只有类似于变更工程的价格，可以参照类似价格变更合同价款。

3）合同中没有适用或类似于变更工程的价格，由乙方提出适当的变更价格，经工程师确认后执行。

（2）乙方在双方确定变更后 14 天内不向工程师提出变更工程价款报告时，视为该变更不涉及合同价款的变更。

（3）工程师在收到变更工程价款报告之日起 14 天内，予以确认。工程师无正当理由不确认时，自变更价款报告送达之日起 14 天后变更工程价款报告自行生效。

(4) 工程师不同意乙方提出的变更价款，可以和解或者要求合同管理及其他有关主管部门(如建筑工程造价管理站) 调解，和解或调解不成的，双方可以采用仲裁或向人民法院起诉的方式解决。

(5) 工程师确认增加的工程变更价款作为追加合同价款，与工程款同期支付。

(6) 因乙方自身原因导致的工程变更，乙方无权要求追加合同价款。

知识拓展

签证管理

由于工程本身存在的复杂性和不确定性，现场签证不可避免，它不仅在单位工程中影响工程成本，而且在工程造价管理中存在隐患。因此，加强对施工现场签证管理，能够合理降低工程造价，节约成本，减少工程纠纷，保证工程的顺利实施。

1. 制定管理制度

制定相应的管理制度，主要包括如下内容：

(1) 现场签证必须是书面形式，手续要齐全。属于设计范围的签证，由设计师签字，并经设计院盖章；除此以外的签证，需经承包单位、发包单位、监理单位现场代表签字并加盖公章。

(2) 凡预算定额内有规定的项目不得签证。如预算定额或间接费定额、有关文件有规定的项目，不得另行签证。若无法确定，可向工程造价中介机构咨询，或委托其参与解决。

(3) 现场签证内容应明确，项目要清楚，数量要准确，单价要合理，价款的结算方式、单价的确定应明确商定。

(4) 现场签证要及时，在施工中随变化进行签证，不应拖延过后补签，应当做到一次一签证，一事一签证。对于一些重大的现场变化，还应及时拍照或录像，以保存第一手原始资料。

(5) 现场签证的份数。所有签证至少一式四份（建设单位、监理单位、施工单位、审计单位各一份)，避免自行修改，结算时无对证。

(6) 现场签证应编号归档。在送审时，统一由送审单位加盖“送审资料”章，以证明此签证单是由送审单位提交给审核单位的，避免在审核过程中，各方根据自己的需要自行补交签证单。

2. 签证内容

施工签证根据在合同索赔及工程结算中的效力分为三类：可以办理的施工签证、不宜办理的施工签证和不能办理的施工签证。

(1) 可以办理的施工签证：

1) 在非正常施工条件下采取的特殊技术措施费；

2) 定额直接费中未包括，按规定允许计算的各项费用；

3) 设计变更、材料改代造成的工程量变化；

4) 工程中途停建、缓建造成损失的费用；

5) 不可预见的地下障碍物的拆除与处理费用；

6) 受建设单位委托，发生的其他零星工程；

7) 由于建设单位、设计单位、监理单位原因增加的其他费用项目。

(2) 不宜办理的施工签证：

1) 施工合同、标底价（预算控制价)、施工图纸、设计变更、施工组织设计、建设单位批准的工程量清单或标底价（预算控制价）中已经包含的内容；

2) 可以通过补充协议调整的内容；

3) 可以通过设计变更调整的内容；

4）可以通过施工方案调整的内容；

5）与工程没有直接关系的人工、材料、机械使用费。

（3）不能办理的施工签证：

1）属于其他直接费中施工因素增加费范围的内容；

2）合同或协议中规定包干支付的有关事项；

3）发生施工质量事故造成的工程返修、加固、拆除工作；

4）组织施工不当造成的停工、窝工和降效损失；

5）违规操作造成的停水、停电和安全事故损失；

6）工作失职造成的损失；

7）虚报工程内容增加的费用；

8）施工单位为创品牌工程、业绩工程增加的费用；

9）施工单位为增加利润提出的要求；

10）因施工单位的责任增加的其他费用项目。

因此，业主代表在办理签证时要掌握好以下基本原则：

1）对不应该签证的项目不应盲目签证。业主代表接到施工单位或监理单位报来的签证后首先要对其进行符合性鉴别，判断其是否为可以办理的施工签证。若报来的施工签证属不宜办理的施工签证或不能办理的施工签证，一般说明理由后不予接收，若不得不接收，可在建设单位意见栏签署保留意见，待结算审核时由审计部门审定。

2）对施工单位在签证上巧立名目、弄虚作假、以少报多，以及遇到问题不及时办理签证，超过签证时效，结算时又补签证的现象应严格审查。

3）为了中标，一般施工单位都采用低报价高索赔的办法，这些施工单位往往在施工中为了保住自己的利润对包干工程偷工减料，对非包干工程进行大量的施工现场签证，这类签证应严格审查。

3. 程序及格式

办理施工签证的签字顺序：施工单位→监理单位→建设单位。没有委托监理的工程签字顺序：施工单位→建设单位。

签证格式应规范化，应有工程名称、签证时间、签证事项、签证原因、签证内容、相关方的审核意见签字及盖章等。

总之，为了正确核算工程造价，切实保护发包方和承包方的合法权益，在施工现场签证中，对于任何一项签证都必须在时间性、准确性、合理性、合法性、可操作性上经得起考验。

扫描下方二维码完成练习。

学习笔记

实　训

案例一

2021年2月6日，被告某建筑公司与原告劳务公司杨某签订了一份施工合同书，合同约定将其承包的某公司综合楼工程发包给原告，由原告组织施工。承包方式为包工不包料，工程款按建筑面积9 000 m^2计算，一次包死，单价为86.90元/m^2，工程款总计782 100元，工程竣工后预留7%的保修金，其余工程款于2021年年底前一次性支付完毕，保修金在一年保修期满后支付。合同签订后，原告即组织工人200余人进场施工，截至2021年11月6日，原告完成了合同约定的工程量。2021年12月31日，原、被告双方进行了结算，被告应支付原告工程款共计825 000元（含合同外部分工程量）。截至2022年1月10日，被告共支付原告工程款50余万元，尚欠32万余元未付，故原告提起诉讼，要求被告按合同约定立即支付工程款。

被告辩称，其一，双方签订的施工合同书实质上是工程分包合同，而原告不具备建筑施工企业应该具备的从业资格，违反了《中华人民共和国建筑法》第十二条、第二十九条的规定，因此双方签订的施工合同是无效合同。其二，根据双方签订的补充协议，该工程应在2021年10月1日竣工，而原告却延期1个月零5天，应赔偿其损失10万元（以其向发包人赔偿的损失为据）。其三，按合同约定，工程款应扣除7%的保修金即57 750元，在保修期满后再支付。

法院审理后认为，原、被告双方签订的合同属于劳务合同，而非工程分包合同，因此双方签订的合同为有效合同，被告应按合同约定支付原告人工费。对于被告要求原告赔偿因延期交工而造成的经济损失，法院认为延期交工并非原告的过错，应由被告自行承担。对于被告提出的保修金问题，法院认为原告只负责组织民工为该项工程提供劳务，工程质量依法应由被告负责，被告的主张于法无据，不予支持。

【问题】

(1) 双方签订的合同是否有效?

(2) 原告应否承担工期、质量等工程责任?

案例二

背景：某工程项目，由于勘察设计工作粗糙（招标文件中对此也未有任何说明），基础工程实施过程中不得不增加排水和加大基础的工程量，因而承包商按下列工程变更程序要求提出工程变更：

(1) 承包方书面提出工程变更书；

(2) 送交发包人代表；

(3) 与设计方联系，交由业主组织审核；

(4) 接受，设计人员就变更费用与承包方协商；

(5) 设计人员就工程变更发出指令。

【问题】

背景中的变更程序有什么不妥?

项目 8

建筑工程施工合同索赔

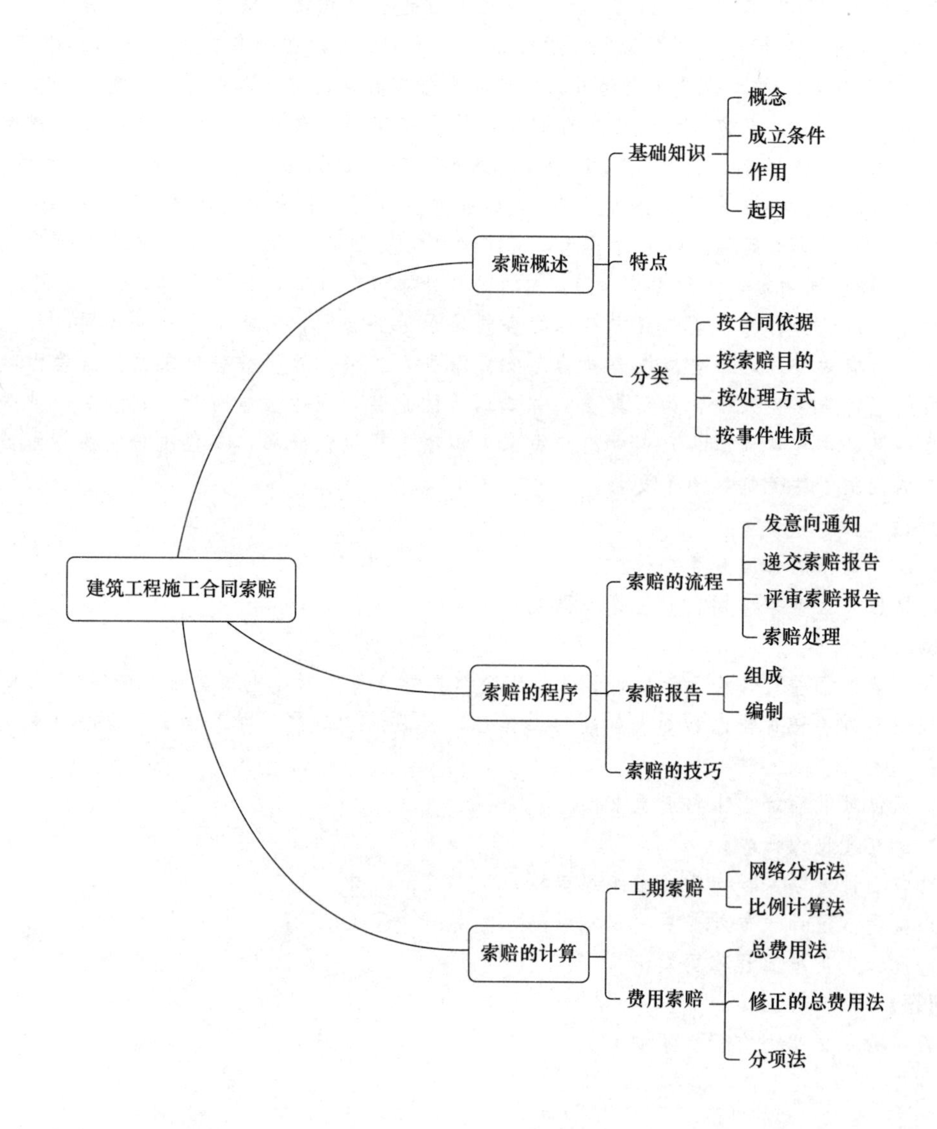
建筑工程施工合同索赔
索赔概述
基础知识
概念
成立条件
作用
起因
特点
分类
按合同依据
按索赔目的
按处理方式
按事件性质
索赔的程序
索赔的流程
发意向通知
递交索赔报告
评审索赔报告
索赔处理
索赔报告
组成
编制
索赔的技巧
索赔的计算
工期索赔
网络分析法
比例计算法
费用索赔
总费用法
修正的总费用法
分项法

思政元素

近年来，中国坚持对外开放的基本国策，坚定奉行互利共赢的开放战略，不断以中国新发展为世界提供新机遇，推动建设开放型世界经济，更好地惠及各国人民。随着“一带一路”进一步走深走实，中国与各相关国家已经开展了许多共建项目，有些项目已经建设完成，如蒙内铁路、亚吉铁路、蒙古国新机场高速公路、以色列海法新港、中老铁路、卡拉奇核电站、佩列沙茨跨海大桥等。通过这些工程，国内国际建筑市场进一步接轨，建筑工程施工索赔已经成为建筑工程施工合同管理的重要组成部分。如何把握索赔机会、合理运用索赔技巧、掌握工期索赔和费用索赔的计算都是取得索赔成功的重要组成部分。

学习目标

知识目标	1. 掌握索赔的基础知识； 2. 熟悉索赔的程序； 3. 掌握索赔的计算
能力目标	1. 能够发现索赔机会； 2. 能够合理运用索赔技巧； 3. 能够进行工期索赔和费用索赔的计算
素质目标	1. 培养学生的团队合作精神； 2. 培养学生的沟通能力； 3. 培养学生严谨务实、实事求是的工作作风

任务清单

项目名称	任务清单内容
任务情境	某土方工程在施工单位的施工过程中，发现地下有一现场勘察中未曾发现的供水管道。于是，施工单位就采取了将该管道改线的办法排除障碍，导致了工程量的增加，工期延长了4个月。据此，承包商提出4个月的工期索赔
任务要求	承包商提出4个月的工期索赔是否能够成功？
任务思考	1. 索赔成立的条件是什么？ 2. 索赔的程序是什么？ 3. 本案例中，承包商提出索赔的依据是什么？
任务总结	

任务 1　索赔概述

1.1　索赔基础知识

1. 索赔的概念

建筑工程施工索赔是指施工合同的一方当事人，对在施工合同履行过程中发生的并非由于自己责任的额外工作、额外支出或损失，依据合同和法律的规定要求对方当事人给予费用或工期补偿的合同管理行为。索赔是双向的，既可以是承包商向业主索赔，也可以是业主向承包商提出索赔，一般后者为反索赔。在工程建设的各个阶段，都有可能发生索赔，但在施工阶段索赔发生较多。

施工索赔是承包商由于非自身原因，发生合同规定之外的额外工作或损失时，向业主提出费用或时间补偿要求的活动。施工索赔是法律和合同赋予承包商的正当权利。

2. 索赔成立的条件

监理工程师判定承包人施工索赔成立时，必须同时具备下列 3 个条件：

（1）索赔事件已造成承包人施工成本的额外支出或者工期延长；

（2）产生索赔事件的原因属于非承包人之故；

（3）承包人在索赔事件发生后的 28 天内提交了索赔意向通知。

3. 索赔的作用

（1）索赔能够保证合同的实施。索赔是合同法律效力的具体体现，对合同双方形成约束条件。

（2）索赔是合同和法律赋予正确履行合同者免受意外损失的权利，索赔是当事人一种保护自己、避免损失、提高效益的重要手段。

（3）索赔是落实和调整合同双方经济责任关系的有效手段，也是合同双方风险分担的又一次合理再分配。

（4）索赔有利于提高企业和工程项目的管理水平。

（5）索赔有助于帮助承发包双方更快地熟悉国际惯例，熟练掌握索赔和处理索赔的方法与技巧，有助于对外开放和对外承包工程项目。

4. 索赔的起因

（1）发包人或工程师违约。

视频：索赔的起因

1）发包人没有按合同规定的时间和要求提供施工场地、创造施工条件造成违约。《建设工程施工合同（示范文本）》通用条款 2.4 详细规定了发包人应最迟于开工日期 7 天前向承包人移交施工现场；提供施工所需要的条件（将施工用水、电力、通信线路等施工所必需的条件接至施工现场内；保证向承包人提供正常施工所需要的进入施工现场的交通条件；协调处理施工现场周围地下管线和邻近建筑物、构筑物、古树名木的保护工作，并承担相关费用；按照专用合同条款约定应提供的其他设施和条件）；提供基础资料。如果发包人不能在合同规定的时间内给承包人的施工队伍进场创造条件，使准备进场的人员不能进场，准备进场的机械不能到位，应提前进场的材料运不进场，其他的开工准备工作不能按期进行，导致工期延误或给承包人造成损失的，承包人可提出索赔。

2）发包人没有按施工合同规定的条件提供应供应的材料、设备造成违约。《建设工程施工合同（示范文本）》通用条款8.2规定合同约定由承包人采购的材料、工程设备，发包人不得指定生产厂家或供应商，发包人违反本款约定指定生产厂家或供应商的，承包人有权拒绝，并由发包人承担相应责任。如果发包人所供应的材料、设备到货时间、地点、单价、种类、规格、数量、质量等级与合同附件的规定不符，导致工期延误或给承包人造成损失的，承包人可提出索赔。

3）发包人没有能力或没有在规定的时间内支付工程款造成违约。《建设工程施工合同（示范文本）》通用条款2.6规定，发包人应按合同约定向承包人及时支付合同价款。当发包人没有支付能力或拖期支付以及由此引发停工，导致工期延误或给承包人造成损失的，承包人可提出索赔。

4）因发包人原因导致工期延误。《建设工程施工合同（示范文本）》通用条款7.5.1规定，因发包人原因导致工期延误，由发包人承担由此延误的工期和（或）增加的费用，且发包人应支付承包人合理的利润。

5）工程师的不正确指令。施工过程中，可能发生工程师认为承包人某施工部位或项目所采用的材料不符合技术规范或产品质量的要求，从而要求承包人改变施工方法或停止使用某种材料，但事后又证明并非承包人的过错，因此，工程师的纠正是不正确的。在此情况下，承包人对不正确纠正所发生的经济损失及时间（工期）损失提出相应补偿是维护自身利益的表现。

面对具有丰富经验的承包人，工程师对自己权利的行使应掌握好合同界限，过分地不恰当地行使自己的权利，对工程进行苛刻的检查，将会对承包人的施工活动产生影响，必然导致承包人的索赔。

（2）合同变更与合同缺陷。

1）合同变更。合同变更，是指施工合同履行过程中，对合同范围内的内容进行的修改或补充，合同变更的实质是对必须变更的内容进行新的要约和承诺。现代工程中，对于一个较复杂的建筑工程，合同变更就会有几十项甚至更多。大量的合同变更正是承包人的索赔机会，每一变更事项都有可能成为索赔依据。合同变更一般体现在由合同双方经过会谈、协商对需要变更的内容达成一致意见后，签署的会议纪要、会谈备忘录、变更记录、补充协议等合同文件。合同变更的具体内容可划分为工程设计变更、施工方法变更、工程师及委派人的指令等。

① 工程设计变更。工程设计变更一般存在两种情况，即完善性设计变更和修改性设计变更。所谓完善性设计变更，是指在实行原设计的施工中不进行技术上的改动将无法进行施工的变更。通常表现为对设计遗漏、图纸互相矛盾、局部内容缺陷方面的修改和补充。完善性设计变更，通过承发包双方协调一致后即可办理变更记录。

所谓修改性设计变更，是指并非设计原因而对原设计工程内容进行的设计修改。此类设计变更的原因主要来自发包人的要求和社会条件的变化。

对于完善性设计变更，是有经验的承包人意料之中的变更。常常由承包人发现并提交工程师进行解决，办理设计变更手续。一般情况下该类变更对工程量的影响不大，对施工中的各种计划安排、材料供应、人力及机械的调配影响不大，相对应的索赔机会也较少。

对于修改性设计变更，即使对于有经验的承包人，也是难以预料的。尽管这种修改性设计变更并非完全是发包人自身的原因，但其往往影响承包人的局部甚至整个施工计划的安排，带来许多对施工方面的不利因素，造成承包人重复采购、调整人力或机械调配、等待修改设计图纸、对已完工工程进行拆改等，成本比原计划增加，工期比计划延长。承包人会抓住这一机会，向发包人提出因设计变更所引起的索赔要求。

② 施工方法变更。施工方法变更，是指在执行经工程师批准的施工组织设计时，因实际情况发生变化需要对某些具体的施工方法进行修改。这种对施工方法的修改必须报工程师批准方可执行。施工方法变更必然会对预定的施工方案、材料设备、人力及机械调配产生影响，会使施工成本加大，其他费用增加，从而引起承包人索赔。

③ 工程师及委派人的指令。如果工程师及委派人指令承包人加速施工、改换某些材料、采取某项措施进行某种工作或暂停施工等，则带有较大成分的人为合同变更，承包人可以抓住这一合同变更的机会，提出索赔要求。

2）合同缺陷。合同缺陷，是指承发包当事人所签订的施工合同进入实施阶段才发现的、合同本身存在的、现时已很难再作修改或补充的问题。

大量的工程合同管理经验证明，施工合同在实施过程中，常出现如下的情况：

① 合同条款用语含糊、不够准确，难以分清双方的责任和权益；

② 合同条款中存在漏洞，对实际可能发生的情况未作预料和规定，缺少某些必不可少的条款；

③ 合同条款之间存在矛盾，即在不同的条款中，对同一问题的规定或要求不一致；

④ 由于合同签订前没有将各方对合同条款的理解进行沟通，导致双方对某些条款理解不一致；

⑤ 对合同一方要求过于苛刻、约束不平衡，甚至发现某些条款是一种圈套，某些条款中隐含着较大风险。

按照我国签订施工合同所应遵守的合法公正、诚实信用、平等互利、等价有偿的原则，合同的签订过程是双方当事人意思自治的体现，不存在一方对另一方的强制、欺骗等不公平行为。因此，签订合同后所发现的合同本身存在的问题，应按照合同缺陷进行处理。

无论合同缺陷表现为哪一种情况，其最终结果可能是以下两种情况：第一，当事人对有缺陷的合同条款重新解释定义，协商划分双方的责任和权益；第二，各自按照本方的理解，把不利责任推给对方，发生激烈的合同争议后，提交仲裁机构裁决。

总之，施工合同缺陷的解决往往是与施工索赔及解决合同争议联系在一起的。

（3）不可预见性因素。

1）不可预见性障碍。不可预见性障碍，是指承包人在开工前，根据发包人所提供的工程地质勘察报告及现场资料，并经过现场调查，都无法发现的地下自然或人工障碍。如古井、墓坑、断层、溶洞及其他人工构筑物类障碍等。

不可预见性障碍在实际工程中，表现为不确定性障碍的情况更常见。所谓不确定性障碍，是指承包人根据发包人所提供的工程地质勘察报告及现场资料，或经现场调查可以发现地下存在自然的或人工的障碍，但因资料描述与实际情况存在较大差异，而这些差异导致承包人不能预先准确地制订处理方案，估计处理费用。

不确定性障碍属于不可预见性障碍范围，但从施工索赔的角度看，不可预见性障碍的索赔比较容易被批准，而不确定性障碍的索赔则需要根据施工合同细则条款论证。区分不确定性障碍与不可预见性障碍的表现，采取不同的索赔方法是施工索赔管理人员应注意的。

2）其他第三方原因。其他第三方原因，是指与工程有关的其他第三方所发生的问题对工程施工的影响。其表现的情况是复杂多样的，往往难于划分类型。如下述情况：

① 正在按合同供应材料的单位因故被停止营业，使正需要的材料供应中断；

② 因铁路部门的原因，正常物资运输造成压站，使工程设备迟于安装日期到场，或不能配套到场；

③ 进场设备运输必经桥梁因故断塌，使绕道运费大增。

诸如上述及类似问题的发生，客观上给承包人造成施工停顿、等候、多支出费用等情况。如果上述情况中的材料供应合同、设备订货合同及设备运输路线是发包人与第三方签订或约定的，承包人可以向发包人提出索赔。

（4）国家政策、法规的变化。国家政策、法规的变化，通常是指直接影响到工程造价的某些国家政策、法规的变化。我国目前正处在改革开放的发展阶段，特别是加入WTO以后，正在与国际市场接轨，价格管理逐步向市场调节过渡，每年都有关于对建筑工程造价的调整文件出台，这对工程施工必然产生影响。对于这类因素，承发包双方在签订合同时必须引起重视。在现阶段，因国家政策、法规变更所增加的工程费用占有相当大的比重，是一个不能忽视的索赔因素。常见的国家政策、法规的变更有：

1）由工程造价管理部门发布的建筑工程材料预算价格调整；

2）建筑材料的市场价与概预算定额文件价差的有关处理规定；

3）国家调整关于建设银行贷款利率的规定；

4）国家有关部门在工程中停止使用某种设备、某种材料的通知；

5）国家有关部门在工程中推广某些设备、施工技术的规定；

6）国家对某种设备、建筑材料限制进口、提高关税的规定等。

显然，上述有关政策、法规对建筑工程的造价必然产生影响，承包人可依据这些政策、法规的规定向发包人提出补偿要求。假如这些政策、法规的执行会减少工程费用，受益的无疑应该是发包人。

（5）合同中止与解除。施工合同签订后，对合同双方都有约束力，任何一方违反合同规定都应承担责任，以此促进双方较好地履行合同。但是实际工作中，由于国家政策的变化、不可抗力以及承发包双方之外的原因导致工程停建或缓建的情况时有发生，必然造成合同中止。另外，由于在合同履行中，承发包双方在工作合作中不协调、不配合甚至矛盾激化，使合同履行不能再维持下去，或发包人严重违约，承包人行使合同解除权，或承包人严重违约，发包人行使合同解除权等，都会造成合同的解除。

由于合同的中止或解除是在施工合同还没有履行完毕时发生的，必然会导致承发包双方的经济损失，因此，发生索赔是难免的。但引起合同中止与解除的原因不同，索赔方的要求及解决过程也大不一样。

1.2　索赔的特点

索赔是要求给予赔偿（或补偿）的权利主张，是一种合法的正当权利要求，不是无理争利。索赔是双向的，合同当事人（含发包人、承包人）双方都可以向对方提出索赔要求，被索赔方可以对索赔方提出异议，阻止对方的不合理索赔要求。经济损失或权利损害是索赔的前提条件。只有实际发生了经济损失或权利损害，一方才能向另一方索赔。经济损失是指发生了合同以外的额外支出，如人工费、材料费、机械费、管理费等额外支出；权利损害是指虽然没有经济上的损失，但造成了权利上的损害，如由于恶劣气候条件对工程进度的不利影响，承包人有权要求工期延长等。

索赔的依据是所签订的合同、法律法规、工程惯例及其他证据，但重要的是合同文件。索赔发生的前提是自身没有过错，但自己在合同履行过程中遭受损失，其原因是合同另一方不履行合同义务或不适当地履行合同义务，或者是发生了合同约定由对方承担的风险。索赔是一种未经对方确认的单方行为。索赔要求能否得到最终实现，必须通过相应程序来确认。

1.3 索赔的分类

1. 按施工索赔的合同依据分类

(1) 合同内索赔。合同内索赔是指可以直接引用合同条款作为索赔依据的施工索赔，分为合同明示的索赔和合同默示的索赔两种。

1) 合同明示的索赔。合同中明示的索赔是指承包人所提出的索赔要求在该工程项目的合同文件中有文字依据，承包人可以据此提出索赔要求，并取得经济补偿。这些在合同文件中有文字规定的合同条款，称为明示条款。

2) 合同默示的索赔。合同中默示的索赔，即承包人的该项索赔要求，虽然在工程项目的合同条款中没有专门的文字叙述，但可以根据该合同的某些条款的含义，推论出承包人有索赔权。这种索赔要求，同样有法律效力，有权得到相应的经济补偿。这种有经济补偿含义的条款，在合同管理工作中被称为“默示条款”或“隐含条款”。

默示条款是一个广泛的合同概念，它包含合同明示条款中没有写入但符合双方签订合同时设想的愿望和当时环境条件的一切条款。这些默示条款，或者从明示条款所表述的设想愿望中引申出来，或者从合同双方在法律上的合同关系中引申出来，经合同双方协商一致，或被法律和法规所指明，都成为合同文件的有效条款，要求合同双方遵照执行。

(2) 合同外索赔。合同外索赔是指索赔内容虽在合同条款中找不到依据，但可从有关法律法规中找到依据的索赔。合同外的索赔通常表现为对违约造成的间接损害和违规担保造成的损害索赔，可在民事侵权行为的法律规范中找到依据。

(3) 道义索赔。道义索赔是指承包商既在合同中找不到索赔依据，业主也未违约或触犯民法，但因损失确实太大，自己无法承担而向业主提出的给予优惠性补偿的请求。例如承包商投标时对标价估计不足投低标，工程施工中发现比原先预计的困难大得多，有可能无法完成合同，某些业主为使工程顺利进行，会同意根据实际情况给予一定的补偿。

2. 按索赔目的分类

按索赔的目的，施工索赔可以分为工期索赔和经济索赔两类。承包商提出索赔，首先要明确提出的是工期索赔还是经济索赔。工期索赔是要求顺延工期，费用索赔是要求经济补偿。编写索赔报告和论证索赔要求时，应根据索赔目的提供依据和证明材料。

(1) 工期索赔。由于非承包人责任的原因而导致施工进程延误，要求批准顺延合同工期的索赔，称为工期索赔。工期索赔形式上是对权利的要求，以避免在原定合同竣工日不能完工时，被发包人追究拖期违约责任。一旦获得批准，合同工期顺延后，承包人不仅免除了承担拖期违约赔偿费的严重风险，而且可能因提前工期得到奖励，最终仍反映在经济收益上。

(2) 费用索赔。费用索赔的目的是要求经济补偿。当施工的客观条件改变，导致承包人增加开支时，承包人要求对超出计划成本的附加开支给予补偿，以挽回不应由其承担的经济损失。费用索赔是整个工程合同的索赔重点和最终目标，工期索赔在很大程度上也是为了费用索赔。

3. 按索赔的处理分式分类

按处理方法和处理时间的不同，施工索赔可以分为单项索赔和一揽子索赔（总索赔）两类。

(1) 单项索赔。单项索赔是指当事人针对某一索赔事件的发生而及时提出的索赔，即在影响原合同实施的因素发生时或发生后，合同管理人员立即在规定的索赔有效期内向业主提出索赔意向，及时解决索赔问题。单项索赔原因单一、责任清楚、容易处理，并且涉及金额较小，业主容易接受。承包商应尽可能采用单项索赔方式处理索赔问题。

(2) 一揽子索赔（总索赔）。一揽子索赔是指在工程竣工前后，承包商将施工过程中已经提出但尚未解决的索赔汇总，向业主提出的总索赔。一揽子索赔中，许多干扰因素交织在一起，责任分析和赔偿值计算较困难，并且赔偿金额较大，双方较难作出让步，索赔谈判和处理较难。一揽子索赔较单项索赔的成功率低。

一般在下述两种情况下，才采用一揽子索赔：

1) 单项索赔问题复杂，有争议，不能立即解决，双方同意继续施工，索赔问题留到工程后期一并解决。

2) 业主拖延单项索赔答复，使谈判旷日持久，导致许多索赔事件集中处理。

4. 按索赔事件的性质分类

根据索赔事件的性质不同，可以将工程索赔分为：

(1) 工程延误索赔。因发包人未按合同要求提供施工条件，或因发包人指令工程暂停或不可抗力事件等原因造成工期拖延的，承包人可以向发包人提出索赔；如果由于承包人原因导致工期拖延，发包人可以向承包人提出索赔。

(2) 加速施工索赔。由于发包人指令承包人加快施工速度，缩短工期，引起承包人的人力、物力、财力的额外开支，承包人提出的索赔。

(3) 工程变更索赔。由于发包人指令增加或减少工程量或增加附加工程、修改设计、变更工程顺序等，造成工期延长和（或）费用增加，承包人就此提出索赔。

(4) 合同终止索赔。由于发包人违约或发生不可抗力事件等原因造成合同非正常终止，承包人因遭受经济损失而提出索赔。如果由于承包人的原因导致合同非正常终止，或者合同无法继续履行，发包人可以就此提出索赔。

(5) 不可预见的不利条件索赔。承包人在工程施工期间，施工现场遇到一个有经验的承包人通常不能合理预见的不利施工条件或外界障碍，例如地质条件与发包人提供的资料不符，出现不可预见的地下水、地质断层、溶洞、地下障碍物等，承包人可以就因此遭受的损失提出索赔。

(6) 不可抗力事件的索赔。工程施工期间，因不可抗力事件的发生而遭受损失的一方，可以根据合同中对不可抗力风险分担的约定，向对方当事人提出索赔。

(7) 其他索赔。如因货币贬值、汇率变化、物价上涨、政策法令变化等原因引起的索赔。

《建设工程施工合同（示范文本）》(2017年版）的通用合同条款中，按照引起索赔事件的原因不同，对一方当事人提出的索赔可能给予合理补偿工期、费用和（或）利润的情况，分别做出了相应的规定。其中，引起承包人索赔的事件以及可能得到的合理补偿内容如表8-1所示。

表8-1 《标准施工招标文件》中承包人的索赔事件及可补偿内容

序号	索赔事件	可补偿内容		
		工期	费用	利润
1	迟延提供图纸	√	√	√
2	施工中发现文物、古迹	√	√	
3	迟延提供施工场地	√	√	√

续表

序号	索赔事件	可补偿内容		
		工期	费用	利润
4	施工中遇到不利物质条件	√	√	
5	发包人提供材料、工程设备不合格或迟延提供或变更交货地点	√	√	√
6	承包人依据发包人提供的错误资料导致测量放线错误	√	√	√
7	因发包人原因造成承包人人员工伤事故		√	
8	因发包人原因造成工期延误	√	√	√
9	异常恶劣的气候条件导致工期延误	√		
10	发包人暂停施工造成工期延误	√	√	√
11	工程暂停后因发包人原因无法按时复工	√	√	√
12	因发包人原因导致承包人工程返工	√	√	√
13	监理人对已经覆盖的隐蔽工程要求重新检查且检查结果合格	√	√	√
14	因发包人提供的材料、工程设备造成工程不合格	√	√	√
15	承包人应监理人要求对材料、工程设备和工程重新检验且检验结果合格	√	√	√
16	基准日后法律的变化		√	
17	发包人在工程竣工前提前占用工程	√	√	√
18	因发包人原因导致工厂试运行失败		√	√
19	工程移交后因发包人原因出现新的缺陷或损坏的修复		√	√
20	工程移交后因发包人原因出现的缺陷修复后的试验和试运行		√	
21	因不可抗力停工期间应监理人要求照管、清理、修复工程		√	
22	因不可抗力造成工期延误	√		
23	因发包人违约导致承包人暂停施工	√	√	√

知识拓展

建筑工程反索赔

反索赔是相对索赔而言的。在工程索赔中，反索赔通常指发包人向承包人的索赔。反索赔是由于承包商不履行或不完全履行约定的义务，或是由于承包商的行为使业主受到损失时，业主为了维护自己的利益，向承包商提出的索赔。业主对承包商的反索赔包括两个方面：其一是对承包商提出的索赔要求进行分析、评审和修正，否定其不合理的要求，接受其合理的要求；其二是对承包商在履约中的其他缺陷责任，如部分工程质量达不到要求，或拖延工期，独立地提出损失补偿要求。

在施工过程中，业主反索赔的主要内容有以下几项。

1. 工程质量缺陷的反索赔

当承包商的施工质量不符合施工技术规程的要求，或在保修期内未完成应该负责修补的工程时，业主有权向承包商追究责任。如果承包商未在规定的期限内完成修补工作，业主有权雇佣他人来完成工作，发生的费用由承包商负担。

2. 拖延工程的反索赔

在工程施工过程中，由于多方面的原因，往往是工程竣工日期拖后，影响到业主对该工程的利用，给业主带来经济损失，业主有权对承包商进行索赔，由承包商支付延期竣工违约金。承包商支付此项违约金的前提是工期延误的责任属于承包商。土木工程施工合同中的误期违约金，统称是由业主的招标文件中确定的。业主在确定违约的费率时，一般应考虑以下因素。

(1) 业主盈利损失。

(2) 由于工期延长而引起的贷款利息的增加。

(3) 由于工期延长带来的附加监理费。

(4) 由于工期延长而引起的租用其他建筑物的租赁费增加。

至于违约金的计算方法，在工程承包合同文件中均有具体规定。一般按每延误1天赔偿一定款额的方法计算，累计赔偿额一般不超过合同总额的10%。

3. 发包人其他损失的反索赔

(1) 承包商不履行的保险费用索赔。如果承包商未能按合同条款制定的项目投保，并保证保险有效，业主可以投保并保证保险有效，业主所支付的必要保险费可在应付给承包商的款项中扣回。

(2) 对超额利润的反索赔。由于工程量增加很多（超过有效合同价的15%），承包商预期的收入增大，承包商并不会增加任何固定成本，收入大幅度增加；或由于法规的变化导致承包商在工程实施中降低成本，产生超额利润，在这种情况下，应由双方讨论，重新调整合同价格，业主收回部分超额利润。

(3) 对指定分包商的付款赔索。在工程承包商未能提供指定分包商付款合理证明时，业主可以直接按照工程师的证明书，将承包商未付给指定分包商的所有款项（扣除保留金）付给该分包商，并从应付承包商的任何款项中如数扣回。

(4) 业主合理终止合同或承包商不正当地放弃工程的索赔。如果业主合理地终止承包商的承包，或者承包商不合理地放弃工程，则业主有权从承包商手中收回新的承包商完成工程所需的工程款与原合同未付部分的差额。

(5) 由于工伤事故给业主方人员和第三方人员造成的人身或财产损失的索赔，以及承包商运送建筑材料及施工机械设备时损坏公路、桥梁或隧洞，道桥管理部门提出的索赔等。

4. 业主反驳与修正承包商提出的索赔

反索赔的另一项工作就是对承包商提出的索赔要求进行评审、反驳与修正。首先是审定承包商的这项索赔要求有无合同依据，即有没有该项索赔权。审定过程中要全面参阅合同文件中的所有有关合同条款，客观评价、实事求是、慎重对待。对承包商的索赔要求不符合合同文件规定的，即被认为没有索赔权，而使该项索赔要求落空。但要防止有意地轻率否定的倾向，避免合同争端升级。肯定其合理的索赔要求，反驳或修正不合理的索赔要求。根据施工赔偿的经验，判断承包商是否有索赔的权利时，主要考虑以下几方面的问题。

(1) 此项索赔是否具有合同依据。凡是工程项目合同文件中有明文规定的索赔事项，承包商均有索赔权，即有权得到合理的费用补偿或工期延长；否则，业主可以拒绝此项索赔要求。

(2) 索赔报告中引用索赔理由不充分，论证索赔漏洞较多，缺乏说服力。在这种情况下，业主和工程师可以否决该项索赔要求。

(3) 索赔事项的发生是否为承包商的责任。属于承包商方面原因造成的索赔事项，业主都应予以反驳拒绝，采取反索赔措施。属于双方都有一定责任的情况，则要分清谁是主要责任者，或按各方责任的后果，确定承担责任的比例。

(4) 在事件初发时，承包商是否采取了控制措施。在工程合同实施中的一般做法与要求：凡是遇到偶然事故影响工程施工，承包商有责任采取力所能及的一切措施，防止事态扩大，尽力挽回损失。如确有事实证明承包商在当时未采取任何措施，业主可拒绝承包商要求的损失补偿。

(5) 承包商向业主和工程师报送索赔意向通知书是否在合同规定的期限内。

(6) 此项赔偿是否属于承包商的风险范畴。在工程承包合同中，业主和承包商都承担着风险，甚至承包商的风险更大些。凡属于承包商合同风险的内容，如一般性天旱或多雨，一定范围内的物价上涨等，业主一般不能接受这些索赔要求。

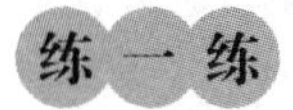

扫描下方二维码完成练习。

学习笔记

任务2　索赔的程序

2.1　索赔的流程

索赔流程如图8-1所示。

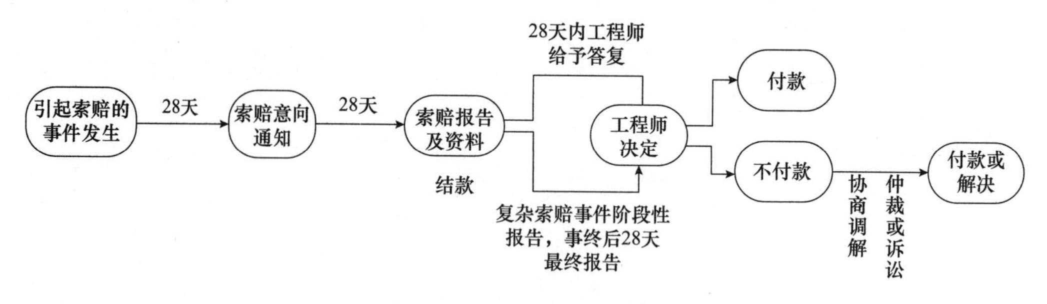

图8-1　索赔的流程

1. 发出索赔意向通知

索赔事件发生后，承包人应在索赔事件发生后的28天内向监理工程师递交索赔意向通知，声明将对此事件提出索赔。该意向通知是承包人就具体的索赔事件向监理工程师和发包人表示的索赔愿望和要求。如果超过这个期限，监理工程师和发包人有权拒绝承包人的索赔要求。索赔事件发生后，承包人有义务做好现场施工的同期记录，并加大收集索赔证据的管理力度，以便于监理工程师随时检查和调阅，为判断索赔事件所造成的实际损害提供依据。

索赔通知书一般很简单，仅说明索赔事项的名称，根据相应的合同条款，提出自己的索赔要求。索赔通知书主要包括以下内容：

（1）事件发生的时间及其情况的简单描述；

（2）索赔依据的合同条款及理由；

（3）提供后续资料的安排，包括及时记录和提供事件的发展动态；

（4）对工程成本和工期产生不利影响的严重程度，以期引起监理工程师和业主的重视。

至于索赔金额的多少或应延长工期的天数以及有关的证据资料，可稍后再报给业主。

视频：索赔的程序及报告的编制

2. 递交索赔报告

承包人应在索赔意向通知提交后的28天内，或监理工程师可能同意的其他合理时间内递送正式的索赔报告。索赔报告的内容应包括索赔的合同依据、事件发生的原因、对其权益影响的证据资料、此项索赔要求补偿的款项和工期展延天数的详细计算等有关材料。如果索赔事件的影响持续存在，28天内还不能算出索赔额和工期展延天数，承包人应按监理工程师合理要求的时间间隔（一般为28天），定期陆续提交各个阶段的索赔证据资料和索赔要求。在该项索赔事件的影响结束后的28天内，提交最终详细报告，提出索赔论证资料和累计索赔额。

3. 评审索赔报告

接到承包人的索赔意向通知后，监理工程师应建立自己的索赔档案，密切关注事件的影响，检查承包人的同期记录时，随时就记录内容提出不同意见或希望应予以增加的记录项目。

监理工程师对索赔报告的审查主要包括以下几个方面。

(1) 事态调查。通过对合同实施的跟踪、分析了解事件经过、前因后果，掌握事件详细情况。

(2) 损害事件原因分析。即分析索赔事件是由何种原因引起，责任应由谁来承担。在实际工作中，损害事件的责任有时是多方面原因造成的，故必须进行责任分解，划分责任范围，按责任大小承担损失。

(3) 分析索赔理由。主要依据合同文件判明索赔事件是否属于未履行合同规定义务或未正确履行合同义务导致，是否在合同规定的赔偿范围之内。只有符合合同规定的索赔要求才有合法性，才能成立。如某合同规定，在工程总价5%范围内的工程变更属于承包人承担的风险，则按发包人指令增加的工程量在这个范围内时，承包人不能提出索赔。

(4) 实际损失分析。即分析索赔事件的影响，主要表现为工期的延长和费用的增加。如果索赔事件不造成损失，则无索赔可言。损失调查的重点是分析、对比实际和计划的施工进度、工程成本和费用方面的资料，在此基础上核算索赔值。

(5) 证据资料分析。主要分析证据资料的有效性、合理性、正确性，这也是索赔要求有效的前提条件。如果监理工程师认为承包人提出的证据不足以说明其要求的合理性，可以要求承包人进一步提交索赔的证据资料，否则索赔要求是不成立的。

4. 确定合理的补偿额

经过监理工程师对索赔报告的评审，与承包人进行较充分的讨论后，监理工程师应提出索赔处理的初步意见，并参加发包人与承包人进行的索赔谈判，通过谈判，做出索赔的最后决定。

(1) 监理工程师与承包人协商补偿。监理工程师核查后初步确定应予以补偿的额度往往与承包人的索赔报告中要求的额度不一致，甚至差额较大。其主要原因大多为对承担事件损害责任的界限划分不一致，索赔证据不充分，索赔计算的依据和方法分歧较大等，因此双方应就索赔的处理进行协商。

对于持续影响时间超过28天的工期延误事件，当工期索赔条件成立时，对承包人每隔28天报送的阶段索赔临时报告审查后，每次均应做出批准临时延长工期的决定，并于事件影响结束后28天内承包人提出最终的索赔报告后，批准顺延工期总天数。应当注意的是，最终批准的总顺延天数不应少于以前各阶段已同意顺延天数之和。承包人在事件影响期间必须每隔28天提出一次阶段索赔报告，可以使监理工程师能及时根据同期记录批准该阶段应予顺延工期的天数，避免事件影响时间太长而不能准确确定索赔值。

(2) 监理工程师索赔处理决定。在经过认真分析研究，与承包人、发包人广泛讨论后，监理工程师应该向发包人和承包人提出自己的“索赔处理决定”。当监理工程师确定的索赔额超过其权限范围时，必须报请发包人批准。监理工程师在“工程延期审批表”和“费用索赔审批表”中应该简明地叙述索赔事项、理由，建议给予补偿的金额及延长的工期，论述承包人索赔的合理方面及不合理方面。监理工程师收到承包人送交的索赔报告和有关资料后，于28天内给予答复或要求承包人进一步补充索赔理由和证据。监理工程师收到承包人递交的索赔报告和有关资料后，如果在28天内既未予以答复，也未对承包人做进一步要求，则视为承包人提出的该项索赔要求已经认可。但是，监理工程师的处理决定不是终局性的，对发包人和承包人都不具有强制性的约束力。承包人对监理工程师的决定不满意，可以按合同中的争议条款提交约定的仲裁机构仲裁或诉讼。

5. 发包人审查索赔处理

当监理工程师确定的索赔额超过其权限范围时，必须报请发包人批准。发包人首先根据事件发生的原因、责任范围、合同条款审核承包人的索赔申请和监理工程师的处理报告，再依据工程建设的目的、投资控制、竣工投产日期要求以及针对承包人在施工中的缺陷或违反合同规定等的有关情况，决定是否同意监理工程师的处理意见。例如，承包人的某项索赔理由成立，监理工程师根据相应条款规定，既同意给予一定的费用补偿，也批准顺延相应的工期。但发包人权衡了施工的实际情况和外部条件的要求后，可能不同意顺延工期，而宁可给承包人增加费用补偿额，要求他采取赶工措施，按期或提前完工。这样的决定只有发包人才有权做出。索赔报告经发包人同意后，监理工程师即可签发有关证书。

6. 承包人是否接受最终索赔处理

承包人接受最终的索赔处理决定，索赔事件的处理即告结束。如果承包人不同意，就会导致合同争议。通过协商双方达到互谅互让的解决方案，是处理争议的最理想方式。如达不成谅解，承包人有权提交仲裁或诉讼解决。

2.2　索赔报告

1. 索赔报告的组成

索赔报告是承包人向业主索赔的正式书面材料，也是业主审议承包人索赔请求的主要依据。索赔报告通常包括总述部分、论证部分、索赔款项或工期计算部分、证据部分四部分。

2. 索赔报告的编制

（1）总述部分。总述部分是承包人致业主或工程师的一封简短的提纲性信函，概要论述索赔事件发生的日期和过程，承包人为该索赔事件所付出的努力和附加开支及承包人的具体索赔要求。应通过总述部分将其他材料贯通起来，其主要内容包括以下几项：

1）说明索赔事件；

2）列举索赔理由；

3）提出索赔金额与工期；

4）附件说明。

（2）论证部分。论证部分是索赔报告的关键部分，其目的是说明自己有索赔权，是索赔能否成立的关键。要注意引用的每个证据的效力或可信程度，对重要的证据资料必须附以文字说明或确认。

（3）索赔款项或工期计算部分。该部分须列举各项索赔的明细数字及汇总数据，要求正确计算索赔款项与索赔工期。

（4）证据部分。

1）索赔报告中所列举的事实、理由、影响因果关系等证明文件和证据资料。

2）详细计算书，这是为了证实索赔金额的真实性而设置的，为了简明，可以大量运用图表。

（5）索赔文件编制应注意的问题。整个索赔文件应该简要概括索赔事实与理由，通过叙述客观事实，合理引用合同规定，建立事实与损失之间的因果关系，证明索赔的合理、合法性，同时应特别注意索赔材料的表述方式对索赔解决的影响。索赔文件的编写一般要注意以下几方面的问题。

1）索赔事件要真实，证据确凿。索赔针对的事件必须有确凿的证据，令对方无可推卸和辩驳。

2）计算索赔款项和工期要合理、准确。要将计算的依据、方法、结果详细说明列出，这样易于让对方接受，避免发生争端。

3）责任分析清楚。一般索赔所针对的事件都是由非承包人的责任而引起的，因此，在索赔报告中必须明确对方负全部责任，而不可以使用含糊不清的词语。

4）明确承包人为避免和减轻事件的影响和损失而做的努力。在索赔报告中，要强调事件的不可预见性和突发性，说明承包人对它的发生没有任何的准备，也无法预防，并且承包人为了避免和减轻该事件的影响和损失已尽了最大的努力，采取了能够采取的措施，从而使索赔理由更加充分，更易于让对方接受。

5）阐述由于索赔事件的影响，使承包人的工程施工受到严重干扰，并为此增加了支付，拖延了工期，表明索赔事件与索赔有直接的因果关系。

6）索赔文件书写用语应尽量婉转，避免使用强硬语言，否则会给索赔带来不利影响。

【例 8-1】索赔报告编写案例

某建设单位和某施工单位签订了工程施工合同。合同规定：钢材、木材、水泥由业主供货到现场仓库，其他材料由承包商自行采购。当工程施工到第四层框架梁钢筋绑扎时，因业主提供的钢筋未到，使该项作业停工 14 天（该项作业的总时差为 0）。12 月 7 日到 12 月 9 日因停电、停水使第三层的砌砖停工（该项作业的总时差为 4 天）。为此，承包商于 12 月 20 日向工程师提交了一份索赔报告书，并于 12 月 25 日递交了一份工期、费用索赔计算书和索赔依据的详细材料。索赔报告如图 8-2 所示。

工期索赔：

业主供应钢材未到，停工 14 天，是属于关键工作，故要求延长工期 14 天，现场停电造成停工，因有 4 天的总时差，故不提出工期索赔要求，总计要求延长工期 14 天。

费用索赔：

索赔内容为人工费、机械费以及保函损失费，共计7 875元，见表 8-2。

表 8-2　索赔费用计算表

索赔费用分类		索赔费用/元
人工费	绑扎钢筋停工	35×10×14＝4 900
	砌砖停工	30×10×3＝900
	人工费合计	5 800
机械费	塔吊一台	14×50＝700
	混凝土搅拌机一台	14×30＝420
	钢筋弯曲机一台	14×20＝280
	钢筋切断机一台	14×20＝280
	砂浆搅拌机一台	3×15＝45
	机械费合计	1 725
保函损失费		350
各项费用总计		7 875

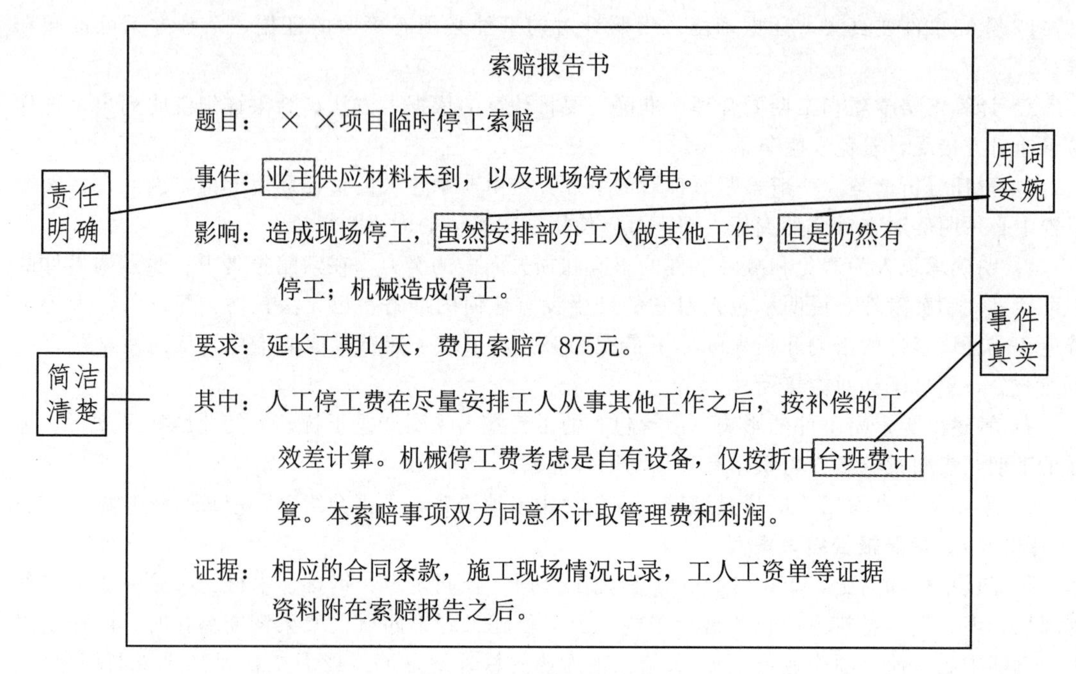
索赔报告书

题目：××项目临时停工索赔

事件：业主供应材料未到，以及现场停水停电。

影响：造成现场停工，虽然安排部分工人做其他工作，但是仍然有停工；机械造成停工。

要求：延长工期14天，费用索赔7 875元。

其中：人工停工费在尽量安排工人从事其他工作之后，按补偿的工效差计算。机械停工费考虑是自有设备，仅按折旧台班费计算。本索赔事项双方同意不计取管理费和利润。

证据：相应的合同条款，施工现场情况记录，工人工资单等证据资料附在索赔报告之后。

图 8-2　索赔报告案例

2.3　施工索赔的技巧

掌握索赔的技巧对索赔的成功十分重要。同样性质和内容的索赔，如果方法不当，技巧不高，容易给索赔工作增加新的困难，甚至导致事倍功半的结果。反之，一些看似很难索赔的项目，也能获得比较满意的结果。因此，要做好索赔工作，除了要做到有理、有据、按时外，掌握一些索赔的技巧是很重要的。常见的索赔技巧：善于创造索赔机会；签好合同协议；索赔事件的论证要充足；对口头变更指令要得到书面确认；及时发出索赔意向通知书；索赔计价方法和款额要适当；力争单项索赔，避免一揽子索赔；力争友好解决，防止对立情绪。

知识拓展

索赔的主要依据

工程索赔是注重依据的工作，为了达到索赔成功的目的，必须根据工程的实际情况进行大量的索赔论证工作，以大量的资料来证明自己所拥有的权利和应得的索赔款项。建筑工程索赔的主要依据有以下几种。

1. 合同文件

合同文件是索赔最主要的依据。工程索赔必须以工程承包合同为依据。合同文件的内容相当广泛，主要包括以下几种。

(1) 协议书。

(2) 中标通知书。

(3) 投标文件及其附件。

(4) 合同专用条款。

(5) 合同通用条款。

(6) 标准、规范及有关技术文件。

(7) 工程设计图纸。

(8) 工程量清单。

(9) 工程报价单或预算书。

(10) 合同履行中，发包人与承包人之间有关工程的洽商、变更等书面协议或文件视为合同的组成部分。

2. 订立合同所依据的法律和法规

(1) 适用法律和法规。建筑工程合同文件适用国家的法律和行政法规。需要明示的法律、行政法规，如《中华人民共和国民法典》《中华人民共和国建筑法》等，由双方在专用条款中约定。

(2) 适用标准和规范。双方在专用条款内约定适用国家标准、规范的名称，如《建筑工程设计招标投标管理办法》《建筑工程工程量清单计价规范》等。

3. 工程索赔相关证据

(1) 工程索赔证据。《建筑工程施工合同》中规定："当一方向另一方提出索赔时，要有正当索赔理由，而且要有索赔事件发生时的有效证据"。任何索赔事件的确立，其前提条件是必须有正当的索赔理由，对正当索赔理由的说明必须具有证据。索赔主要是靠证据说话，没有证据或证据不足，索赔则难以成功。

(2) 索赔证据应满足的要求。

1) 真实性。索赔证据必须是在实施合同过程中确实存在和发生的，必须完全反映实际情况，能经得住推敲。

2) 全面性。所提供的证据应能说明事件的全过程。索赔报告中涉及的索赔理由、事件过程、影响、索赔值等都应有相应证据，不能零乱和支离破碎。

3) 关联性。索赔的证据应当能互相说明，相互具有关联性，不能互相矛盾。

4) 及时性。索赔证据的取得和提出应当及时。

5) 具有法律证据效力。一般要求证据必须是书面文件，有关记录、协议、纪要必须是双方签署的；工程重大事件、特殊情况的记录和统计必须由工程师签证认可。

(3) 工程索赔证据的种类。

1) 招标文件、工程合同文件及附件、业主认可的工程实施计划、施工组织设计、工程图纸、技术规范等。

2) 工程各项有关设计交底记录、变更图纸、变更施工指令等。

3) 工程各项经业主或工程师签认的签证。

4) 工程各项往来信件、指令、信函、通知、答复等。

5) 工程各项会议纪要。

6) 施工计划及现场实施情况记录。

7) 施工日报及工长工作日志、备忘录。

8) 工程送电、送水、道路开通、封闭的日期及数量记录。

9) 工程停电、停水和干扰事件影响的日期及恢复施工的日期。

10) 工程预付款、进度款拨付的数额及日期记录。

11) 图纸变更、交底记录的送达份数及日期记录。

12）工程有关施工部位的照片及录像等。

13）工程现场气候记录。如有关天气的温度、风力、雨雪等。

14）工程验收报告及各项技术鉴定报告等。

15）工程材料采购、订货、运输、进场、验收、使用等方面的凭据。

16）工程会计核算资料。

17）国家、省、市有关影响工程造价和工期的文件、规定等。

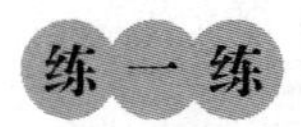

扫描下方二维码完成练习。

学习笔记

任务3　索赔的计算

视频：工期索赔计算

3.1　工期索赔

工期索赔的计算主要有网络分析法和比例计算法两种。

1. 网络分析法

网络分析法是利用进度计划的网络图，分析其关键线路。首先判断哪些情况为可谅解拖期，对于可谅解拖期的事件放在网络图中，根据所有事件对总工期的影响计算出工期索赔值。在网络图中如果拖延的工作为关键工作，则批准顺延的时间为总延误的时间；如果拖延的工作为非关键工作，当该工作由于延误超过时差限制而成为关键工作时，可以批准顺延的时间为拖延时间与时差的差值；若该工作拖延后仍为非关键工作，则不存在工期索赔的问题。

计算方法如下：

（1）由于非承包商自身的原因的事件造成关键线路上的工序暂停施工：

工期索赔天数＝关键线路上的工序暂停施工的日历天数

（2）由于非承包商自身的原因的事件造成非关键线路上的工序暂停施工：

工期索赔天数＝工序暂停施工的日历天数－该工序的总时差天数

【例8-2】已知某工程网络计划如图8-3所示。总工期16天，关键工作为A、B、E、F。

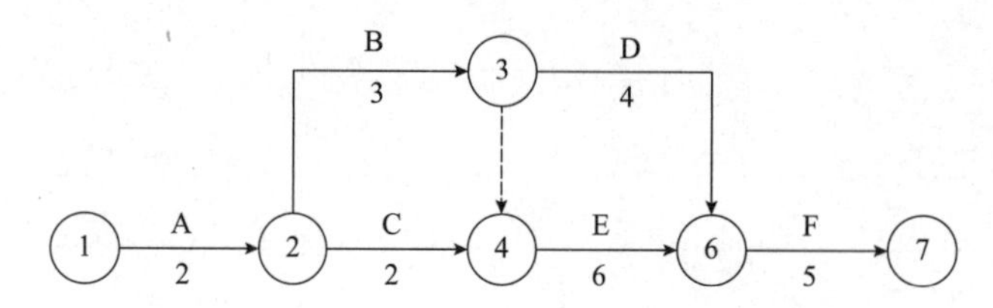

图8-3　某工程网络图

若由于业主原因造成工作B延误2天，由于B为关键工作，对总工期将造成延误2天，故向业主索赔2天。

若因业主原因造成工作C延误1天，承包商是否可以向业主提出1天的工期补偿？

工作C总时差为1天，有1天的机动时间，业主原因造成的1天延误对总工期不会有影响。实际上，将1天的延误代入原网络图，即C工作变为3天，计算结果工期仍为16天。

若由于业主原因造成工作C延误3天，由于C本身有1天的机动时间，对总工期造成延误为3－1＝2（天），故向业主索赔2天。或将工作C延误的3天代入网络图中，即C为2＋3＝5（天），计算可以发现网络图关键线路发生了变化，工作C由非关键工作变成了关键工作，总工期为18天，索赔18－16＝2（天）。

2. 比例计算法

比例计算法比较简单，但只是一种粗略的估算，在不能采用其他计算方法时使用。比例计算法不适用于变更施工顺序、加速施工、删减工程量等事件的索赔。具体的计算方法有两种，按引起误期的事件选用。

（1）已知部分工程拖延的时间：

工期索赔值＝受干扰部分工程的合同价/原合同总价×该受干扰部分工期拖延时间

（2）已知额外增加工程量的价格：

工期索赔值＝额外增加的工程量的价格/原合同总价×原合同总工期

3.2　费用索赔

1. 费用索赔的组成

可索赔的费用内容一般包括以下几个方面：

（1）人工费。包括人员闲置费、加班工作费、额外工作所需人工费用、劳动效率降低和人工费的价格上涨等费用。但不能简单地用计日工费计算。

（2）材料费。包括额外材料使用费、增加的材料运杂费、增加的材料采购及保管费用和材料价格上涨费用等。

（3）施工机械使用费。包括机械闲置费、额外增加的机械使用费和机械作业效率降低费等。

（4）现场管理费。包括承包商现场管理人员食宿设施、交通设施费等。

（5）企业管理费。包括办公费、通信费、差旅费和职工福利费等。

（6）利润。包括合同变更利润、工程延期利润机会损失、合同解除利润和其他利润补偿等。

（7）其他应予以补偿的费用。包括利息、分包费、保险费及各种担保费等。

2. 费用索赔的计算

索赔金额的计算方法很多，各个工程项目都可能因具体情况不同而采用不同的方法，索赔费用的主要计算方法有总费用法、修正的总费用法和分项法。

视频：费用索赔计算

（1）总费用法。总费用法又称总成本法，采用这种方法计算索赔值方法简单，但有严格的适用条件。当费用索赔只涉及某些分部分项工程时，可采用修正的总费用法。

1）索赔值计算公式。总费用法就是当发生多次索赔事件以后，重新计算该工程的实际总费用，实际总费用减去投标报价时的估算总费用即为索赔金额，即

索赔金额＝该项工程的总费用－投标报价

索赔金额＝实际总费用－投标报价估算总费用

2）适用条件。这种计算方法简单但不尽合理，因为实际完成工程的总费用中，可能包括由于施工单位的原因（如管理不善、材料浪费、效率太低等）所增加的费用，而这些费用是属于不该索赔的；另外，原合同价也可能因工程变更或单价合同中的工程量变化等原因而不能代表真正的工程成本，种种原因使采用此法往往会引起争议、遇到障碍，故一般不使用。

（2）修正的总费用法。修正的总费用法原则上与总费用法相同，计算对某些方面做出相应的修正。修正的总费用法是对总费用法的改进，即在总费用计算的原则上，去掉一些不合理的因素，使其更合理。按修正后的总费用计算索赔金额的公式如下：

索赔金额＝某项工作调整后的实际总费用－该项工作的报价费用

（3）分项法。经济索赔值计算的分项法，首先应确定每次索赔可以索赔的费用项目，然后按下列方法计算每个项目的索赔值，各项目的索赔值之和即本次索赔的补偿总额。

1）人工费索赔。人工费索赔包括额外增加工人和加班的索赔、人员闲置费用索赔、工资上涨索赔和劳动生产率降低导致的人工费索赔等，根据实际情况择项计算。

2）材料费索赔。材料费的额外支出或损失包括消耗量增加和单位成本增加两个方面。

3）施工机械费索赔。施工机械费索赔的费用项目有增加机械台班使用数量索赔、机械闲置索赔、台班费上涨索赔和工作效率降低的索赔等。

4）现场管理费索赔。这里的现场管理费是指施工项目成本中除人工费、材料费和施工机械使用费外的各费用项目之和，包括项目经理部额外支出或额外损失的现场经费和其他直接费。

5）企业管理费索赔。企业管理费索赔包括企业管理费、财务费用和其他费用的索赔，也可将利润损失计算在内。

6）融资成本索赔。融资成本是指为取得和使用资金所需付出的代价，又称资金成本，其中最主要的是需要支付的资金的利息。

7）利润索赔。利润索赔通常是指由于工程变更、工程延期、中途终止合同等使承包商产生利润损失。利润索赔值的计算方法如下：

利润索赔金额＝（索赔直接费＋索赔现场管理费＋索赔企业管理费）×利润百分比

【例 8-3】费用索赔计算

某施工合同约定，施工现场主导施工机械一台，由施工企业租得，台班单价为 300 元/台班，租赁费为 100 元/台班，人工工资为 40 元/工日，窝工补贴为 10 元/工日，以人工费为基数的综合费率为 35%，在施工过程中，发生了如下事件：

（1）出现异常恶劣天气导致工程停工 2 天，人员窝工 30 个工日；

（2）因恶劣天气导致场外道路中断，抢修道路用工 20 个工日；

（3）场外大面积停电，停工 2 天，人员窝工 10 个工日。

为此，施工企业可向业主索赔费用为多少？

解：各事件处理结果如下：

（1）异常恶劣天气导致的停工通常不能进行费用索赔。

（2）抢修道路用工的索赔额＝20×40×（1＋35%）＝1 080（元）。

（3）停电导致的索赔额＝2×100＋10×10＝300（元）。

（4）总索赔费用＝1 080＋300＝1 380（元）。

知识拓展

工程师对索赔的管理

工程师在索赔管理工作中的任务，主要包括以下两个方面。

1. 预防索赔发生

在工程项目承包施工中，索赔是正常现象，是一项难免的工作。尤其是规模大、工期长的土建工程，索赔事项可能多达数 10 项。但是，从合同双方的利益出发，应该使索赔事项的次数减至最低限度。在这里，工程师的工作深度和工作态度起很大作用，他应该努力做好以下工作：

（1）做好设计和招标文件。工程项目的勘察设计工作做得仔细深入，可以大量减少施工期间的工程变更数量，也可以避免遇到不利的自然条件或人为障碍，不仅可以减少索赔事项的次数，也可以保证施工的顺利进行。

（2）协助业主做好招标工作。招标工作包括投标前的资格预审，组织标前会议，组织公开开标，评审投标文件，做出评标报告，参加合同商签及签订施工协议书等工作。

为了减少施工期间的索赔争议，要注意处理好两个问题：一是选择好中标的承包商，即选择信用好、经济实力强、施工水平高的承包商。报价最低的承包商不一定就是最合适中标的承包商；二是做好签订协议书的各项审核工作，在合同双方对合同价、合同条件、支付方式和竣工时间等重大问题上彻底协商一致以前，不要仓促地签订施工合同。否则，将会带来一系列的争议。

（3）做好施工期间的索赔预防工作。许多索赔争端都是合同双方分歧已长期存在的暴露。作为监督合同实施的工程师，应在争议的开始阶段，就认真地组织协商，进行公正的处理。例如，在发生工期延误时，合同双方往往是互相推卸责任，互相指责，使延误日益严重化。这时，咨询工程师应及时地召集专门会议，同业主、承包商一起客观地分析责任。如果责任难以立刻明确，可留待调查研究，而立即研究赶工的措施，采取果断的行动，以减少工期延误的程度。这样的及时处理，很可能使潜在的索赔争端趋于缓和，再继以适当的工程变更或单价调整，使索赔争端化为乌有。

在签订工程项目的施工合同时，如果对工程项目的合同价总额没有达成明确一致的意见，或者合同双方对合同价总额有不同的理解，或者合同一方否认了自己在合同价总额上的允诺，都会使合同价总额含糊不清，双方各执一词，必然会形成合同争端，最终导致索赔争端。这种情况，合同双方在签订施工协议书以前，都应慎重仔细地办理，避免合同争端。

2. 及时解决索赔问题

当发生索赔问题时，工程师应抓紧评审承包商的索赔报告，提出解决的建议，邀请业主和承包商协商，力争达成协议，迅速地解决索赔争端。为此，工程师应做好以下工作：

（1）详细审阅索赔报告。对有疑问的地方或论证不足之处，要求承包商补报证据资料。为了详细了解索赔事项的真相或严重程度。工程师应亲临现场，进行检查和调查研究。

（2）测算索赔要求的合理程度。对承包商的索赔要求，无论是工期延长的天数，或是经济补偿的款额，都应该由工程师自己独立地测算一次，以确定合理的数量。

（3）提出索赔处理建议。对于每一项索赔事项，工程师在进行独立的测算以后，都必须写出索赔评审报告及处理建议，征求承包商的意见，并上报业主批准。

对于工程师的索赔处理意见，如果承包商不同意，或者承包和业主都不满意时，工程师有责任听取双方的陈述，修改索赔评审报告和处理建议，直到合同双方均表示同意。如果合同双方中仍有一方不同意，而且工程师坚持自己的处理建议时，此项索赔争端将按照合同约定提交仲裁。

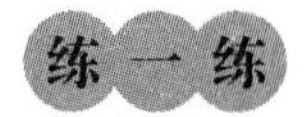

扫描下方二维码完成练习。

学习笔记

实　训

案例一

在建筑结构工程，业主与施工单位以《建筑工程施工合同（示范文本）》签订了施工合同。在合同履行过程中发生下列事件：

事件1：施工合同约定，业主在开工前必须提供满足施工需要的现场条件，现工地原有建筑物因拆迁遇阻导致不能全面进行基坑土方施工，造成施工单位机械、人员窝工费用。

事件2：施工合同约定，业主向施工单位提供施工图纸8套，施工单位为满足施工需要要求业主再提供2套，为此增加施工图费用。

事件3：基坑土方开挖过程中，施工单位未对基坑四周进行全面围栏防护，监理工程师夜间巡视时不慎掉入基坑摔伤，由此发生医疗和误工费用。

事件4：结构混凝土施工过程中，施工单位需要夜间浇筑，经业主同意并办理了有关手续。按照地方政府有关规定，夜间一般不得施工，若有特殊情况，需要对附近干扰的居民支付相应补贴，为此发生费用。

事件5：在结构施工过程中，由于供电网络线路故障，造成施工现场连续停电两天，施工单位部分工程无法施工，发生一定停、窝工费用。

【问题】

上述各事件中发生的费用应由谁承担？请说明理由。

案例二

某施工单位与某建设单位签订施工合同，合同工期38天。合同中约定，工期每提前或拖后1天奖罚5 000元，乙方得到工程师同意的施工网络计划如图8-4所示。

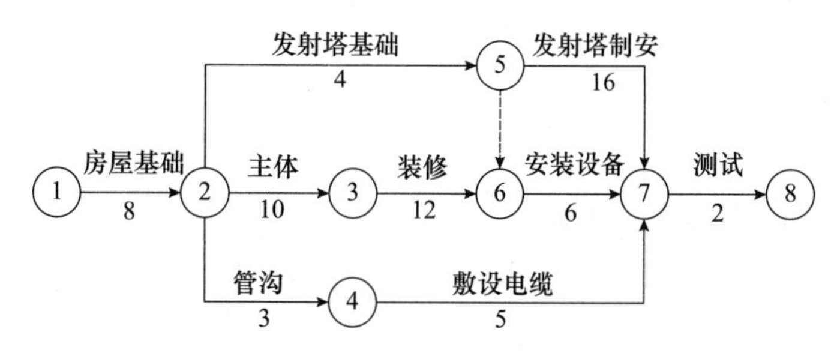

图8-4　施工网络计划

实际施工中发生了如下事件：

(1) 在房屋基槽开挖后，发现局部有软弱下卧层，按甲方代表指示，乙方配合地质复查，配合用工10工日。地质复查后，根据甲方代表批准的地基处理方案增加工程费用4万元，因地基复查和处理使房屋基础施工延长3天，人工窝工15工日。

(2) 在发射塔基础施工时，因发射塔坐落位置的设计尺寸不当，甲方代表要求修改设计，拆除已施工的基础、重新定位施工。由此造成工程费用增加1.5万元，发射塔基础施工延长2天。

(3) 在房屋主体施工中，因施工机械故障，造成工人窝工8工日，房屋主体施工延长2天。

(4) 在敷设电缆时，因乙方购买的电缆质量不合格，甲方代表令乙方重新购买合格电缆，由此造成敷设电缆施工延长 4 天，材料损失费 1.2 万元。

(5) 鉴于该工程工期较紧，乙方在房屋装修过程中采取了加快施工技术措施，使房屋装修施工缩短 3 天，该项技术措施费为 0.9 万元。

其余各项工作持续时间和费用与原计划相符。假设工程所在地人工费标准为 30 元/工日，应由甲方给予补偿的窝工人工补偿标准为 18 元/工日，间接费、利润等均不予补偿。

【问题】

(1) 在上述事件中，乙方可以就哪些事件向甲方提出工期补偿和费用补偿?

(2) 该工程实际工期为多少? 乙方可否得到工期提前奖励?

(3) 在该工程中，乙方可得到的合理费用补偿为多少?

项目 9

国际工程招投标与合同条件

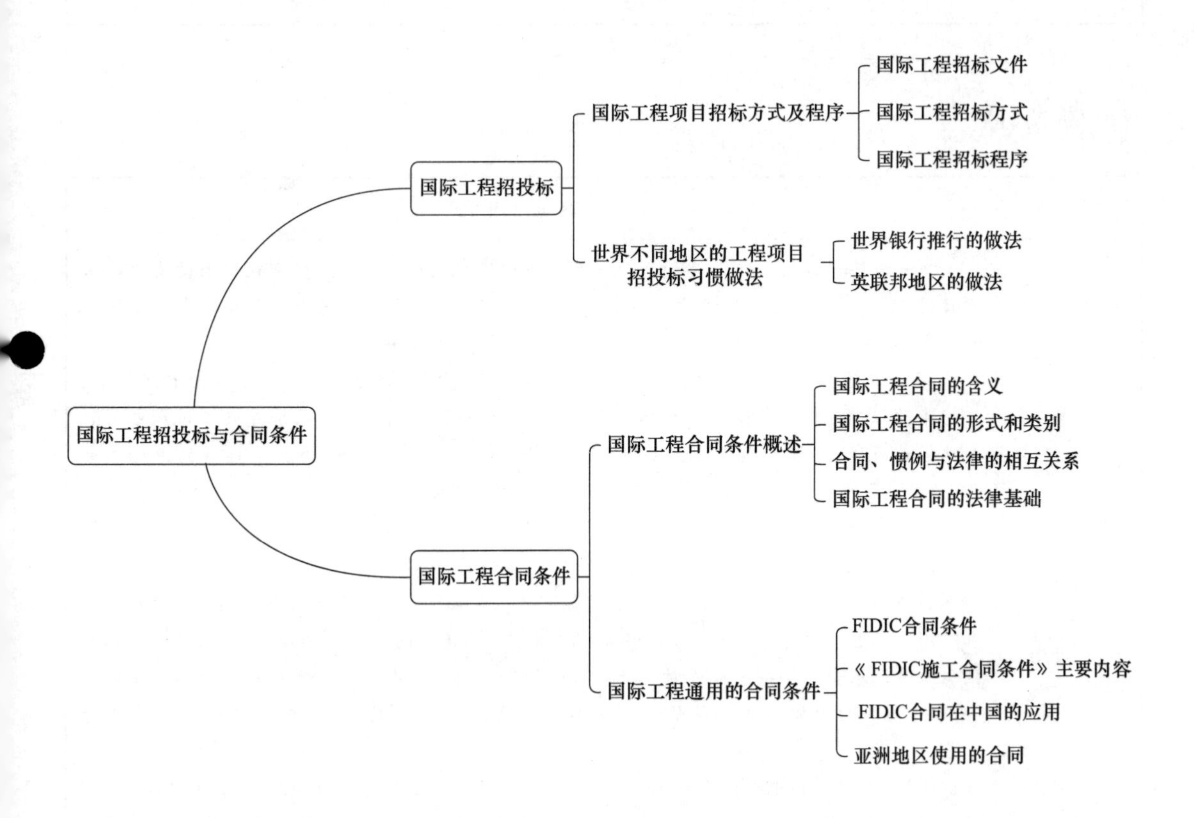

思政元素

随着“一带一路”成为深受欢迎的国际公共产品和国际合作平台，针对我国中小企业“走出去”面临的有关国际招投标及国际商事争端解决等涉外法律实务问题、中小企业“走出去”涉及的海外机构设立、国际招投标活动实践、国际项目总承包合同制作和签署，以及国际合同风险防范和国际商事争端解决机制等国际商事法律问题，都是值得我们深思和急需解决的事情。

学习目标

知识目标	1. 了解国际工程合同的含义； 2. 熟悉 FIDIC 施工合同条件； 3. 熟悉 FIDIC 合同在我国的应用及世界各国的合同条件
能力目标	1. 能够分析国际工程合同的内涵； 2. 能够运用 FIDIC 合同分析国际工程中常见案例
素质目标	1. 培养主动开放、认真负责、灵活应变、积极抗压的国际化人才素质； 2. 培养民族文化身份认同的爱国情怀

任务清单

项目名称	任务清单内容
任务情境	××一级汽车专用公路，是利用亚洲开发银行贷款项目。根据亚行贷款规则的要求，本项目的 12 个标段实行了国际竞争性招标。在 2016 年 12 月招标通告刊登后，来自全国的 66 家一级施工企业通过资格预审，获得了参与工程投标的机会。 2017 年 6 月 27 日至 7 月 29 日，评标委员会对上述 66 家企业的 144 份标书进行了评审。在评审过程中发现，部分投标人报价明显偏低，例如：中国第××冶金建设公司和中国××建设总公司 B3 标的投标报价分别为4 886万元和5 303万元，仅为业主编制的评标参考价8 932万元的 54.7%和 59.4%；某工程局 B5 标的投标报价为7 801万元，仅为业主编制的评标参考价18 459万元的 53%；新疆××工程公司和中国水电第××局 E9 标的投标报价分别为7 802万元和8 986万元，仅为业主编制的评标参考价14 273万元的 54.7%和63%；陕西××工程总公司和中国建筑第××工程局 P1 标的投标报价分别为12 993万元和13 724万元，分别为业主编制的评标参考价16 542万元的 78.5%和 83%。为防止投标人因风险难以承受，不得不放弃对投标报价的承诺。但是，由于亚行贷款采购指南中规定了“低价中标”的原则，业主单位只得将根据上述原则确定的 12 家中标候选人报请亚行批准。 这 12 家中标人的中标价合计为131 544.77 万元，为业主编制的评标参考价193 661.87 万元的 68%。其中，与评标参考价差距最大的 E6 标中标价仅为评标参考价的 52%，差距最小的××省公路工程总公司 P1 标中标价为评标参考价的 85%，中标人的风险较大。这给施工的顺利进行和工程质量的保证带来隐患，对业主也很不利
任务要求	根据所学知识对上述案例发表自己的看法
任务思考	1. 对于“低价中标”问题，我们在国际工程中应该如何规避和解决？ 2. 在设置评标细则中如何有效地规避这个低价中标的风险？
任务总结	

任务 1　国际工程招投标

国际工程招投标是指发包方通过国内和国际的新闻媒体发布招标信息，所有有兴趣的投标人均可参与投标竞争，通过评标比较优选确定中标人的活动。

在我国境内的工程建设项目，也有采用国际工程招投标方式的。一种是使用我国自有资金的工程建设项目，但希望工程项目达到目前国际的先进水平；另一种是由于工程项目建设的资金使用国际金融组织或外国政府贷款，必须遵循贷款协议采用国际工程招投标方式选择中标人的规定。

1.1　国际工程招标文件

招标文件是提供给投标者的投标依据，招标文件应向投标者介绍项目有关内容的实施要求，包括项目基本情况工期要求、工程及设备质量要求，以及工程实施业主方如何对项目的投资、质量和工期进行管理。

1. 编写招标文件的基本要求

(1) 能为投标人提供一切必要的资料数据。

(2) 招标文件的详细程度应随工程项目的大小而不同。

(3) 招标文件应包括投标邀请函、投标人须知、投标书格式、合同格式、合同条款（包括通用条款和专用条款)、技术规范、图纸和工程量清单，以及必要的附件，如各种保证金的格式。

(4) 使用世界银行发布的标准招标文件，在我国贷款项目强制使用世行标准，财政部编写的招标文件范本可作必要的修改，改动在招标资料表和项目的专用条款中作出，标准条款不能改动。

2. 招标文件的基本内容

国际工程招标文件的基本内容包括："投标邀请函"；"投标人须知"；"投标资料表"；"通用合同条款"；"专用合同条款"；"技术规范"；"投标函格式"；"投标保证金格式"；"工程量清单"；"合同协议书格式"；"履约保证金格式"；"预付款银行保函格式"；"图纸"；"世界银行贷款项目采购提供货物、工程和服务的合格性"。

3. 招标文件的相关人员及主体

建筑师、工程师、工料测量师是国际工程的专业人员，业主、承包商、分包商、供货商是国际工程的法人主体。

4. 招标文件的编制

"工程项目采购标准招标文件"共包括以下内容：投标邀请书、投标者须知、招标资料表、通用合同条件、专用合同条件、技术规范、投标书格式、投标书附录、投标保函格式、工程量清单、协议书格式、履约保证格式、预付款银行保函格式、图纸、说明性注解、资格后审、争端解决程序等。

1.2 国际工程招标方式

国际工程施工的委托方式主要采用招标和投标的方式，选出理想的承包商。国际工程招标方式可归纳为四种情况，即：国际竞争性招标（又称国际公开招标）、国际有限招标、两阶段招标和议标（又称邀请协商）。

1. 国际竞争性招标

国际竞争性招标是指在国际范围内，采用公平竞争方式，定标时按事先规定的原则，对所有具备要求资格的投标商一视同仁，根据其投标报价及评标的所有依据进行评标、定标。采用这种方式可以最大限度地挑起竞争，形成买方市场，使招标人有最充分的挑选余地，获得最有利的成交条件。

2. 国际有限招标

国际有限招标是一种有限竞争招标。较之国际竞争性招标，它有其局限性，即投标人选择有一定的限制，不是任何对发包项目有兴趣的承包商都有资格投标。国际有限招标包括两种方式。

（1）一般限制性招标。一般限制性招标虽然也是在世界范围内，但对投标人选择有一定的限制。其具体做法与国际竞争性招标颇为相似，只是更强调投标人的资信。采用一般限制性招标方式也应该在国内外主要报刊上刊登广告，只是必须注明是有限招标和对投标人选的限制范围。

（2）特邀招标。特邀招标即特别邀请性招标。采用这种方式时，一般不在报刊上刊登广告，而是根据招标人自己积累的经验和资料或由咨询公司提供的承包商名单，由招标人在征得世界银行或其他项目资助机构的同意后对某些承包商发出邀请，经过对应邀人进行资格预审后，再行通知其提出报价，递交投标书。这种招标方式的优点是经过选择的投标商在经验、技术和信誉方面比较可靠，基本上能保证招标的质量和进度。但这种方式也有其缺点，即由于发包人所了解的承包商的数目有限，在邀请时很可能漏掉一些在技术上和报价上有竞争力的承包商。

3. 两阶段招标

两阶段招标实质上是国际竞争性招标和国际有限招标相结合的方式。第一阶段按公开招标方式招标，经过开标和评标后，再邀请其中报价较低的或较合格的 3 家或 4 家投标人进行第二次投标报价。

两阶段招标通常适用以下情况：

（1）招标工程内容属高新技术，需在第一阶段招标中博采众议，进行评价，选出最新最优设计方案，然后在第二阶段中邀请选中方案的投标人进行详细的报价。

（2）在对某些新型的大型项目承包之前，招标人对此项目的建造方案尚未最后确定，这时可以在第一阶段招标中向投标人提出要求，就其最擅长的建造方案进行报价，或者按其建造方案报价。经过评价，选出其中最佳方案的投标人，再进行第二阶段的按其具体方案的详细报价。

（3）一次招标不成功的，即所有报价超出标底 20%以上，只好在现有基础上邀请若干家较低报价者再次报价。

4. 议标

议标亦称邀请协商，是一种非竞争性招标。严格来说，这不算一种招标方式，只是一种“谈判合同”。只是在某些工程项目的造价过低，不值得组织招标，或由于其专业技术为一家或几家垄断，或因工期紧迫不宜采用竞争性招标，或者招标内容是关于专业咨询、设计和指导性服务或属保密工程，或属于政府协议工程等情况，才采用议标方式。

议标通常是在以下情况下采用：

（1）以特殊名义（如执行政府协议）签订承包合同。

（2）按临时签约且在业主监督下执行的合同。

（3）由于技术的需要或重大投资原因只能委托给特定的承包商或制造商实施的合同。

（4）属于研究、试验或实验及有待完善的项目承包合同。

（5）项目已付诸招标，但没有中标者或没有理想的承包商。这种情况下，业主通过议标，另行委托承包商实施工程。

（6）出于紧急情况或急迫需求的项目。

（7）保密工程。

（8）属于国防需要的工程。

（9）已为业主实施过项目，且已取得业主满意的承包商重新承担基本技术相同的工程项目。

1.3　国际工程招标程序

国际上已基本形成了相对固定的招投标程序，可以分为三大步骤，即对投标者的资格预审；投标者得到招标文件和递交投标文件；开标、评标、合同谈判和签订合同。三大步骤依次连接就是整个投标的全过程。

国际工程招投标程序与国内工程招投标程序无多大区别。由于国际工程涉及的主体多，在招投标各阶段的具体工作内容会有所不同。招标是以工程业主为主体进行的活动，投标则是以承包商为主体进行的活动，由于两者是招投标总活动中两个不可分开的侧面，因此将两者的程序合在一起，如图9-1所示。国际上已基本形成了相对固定的招投标程序，从图9-1可以看出，国际工程招投标程序与国内工程招投标程序的差别不大。但由于国际工程涉及较多的主体，其工作内容会在招投标各个阶段有所不同。

1. 资格预审

对于某些大型或复杂的项目，招标的第一个重要步骤就是对投标者进行资格预审。业主发布工程招标资格预审公告之后，对该工程感兴趣的承包商会购买资格预审文件，并按规定填写内容，按要求日期报送业主；业主在对送交资格预审文件的所有承包商进行认真审核后，通知那些业主认为有能力实施本工程项目的承包商前来购买招标文件。

（1）资格预审程序。

1）编制资格预审文件。由业主委托设计单位或咨询公司编制资格预审文件。资格预审文件的主要内容有工程项目简介、对潜在投标人的要求、各种附表。

利用世界银行或其他国际金融组织贷款的项目，资格预审文件编好之后，要经该组织审查批准，才能进行下一步的工作。

2）刊登资格预审公告。资格预审公告应刊登在国内外有影响的、发行面比较广的报纸或刊物上。我国世行贷款国际招标项目的资格预审公告应刊登在“China Daily”“人民日报”和联合国“发展论坛”上。

资格预审公告的内容应包括工程项目名称、资金来源（如国外贷款项目应标明是否已得到贷款还是正在申请贷款），工程规模，工程量，工程分包情况，潜在投标人的合格条件，购买资格预审文件的日期、地点和价格，递交资格预审文件的日期、时间和地点。

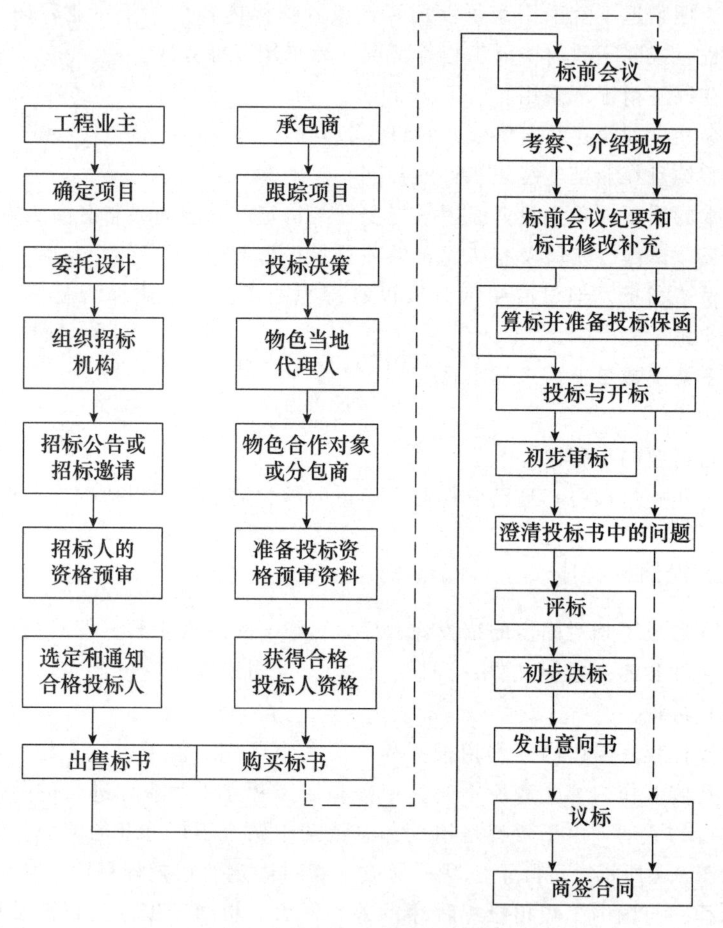

图 9-1　国际工程招投标程序

3）出售资格预审文件。

4）对资格预审文件的答疑。资格预审文件发售后，购买资格预审文件的潜在投标人可能对资格预审文件提出各种质询，这些质询都要以书面形式（包括传真、信件、电子邮件）提交给业主，业主将以书面形式回答并通知所有购买资格预审文件的潜在投标人，但是不指明提出问题的潜在投标人。

5）报送资格预审文件。潜在投标人应在规定的资格预审截止时间之前报送资格预审文件。在截止日期之后，不再接受任何迟到的资格预审文件，也不能对已报的资格预审文件进行修改。

6）澄清资格预审文件。业主在接受潜在投标人报送的资格预审文件后，可以找潜在投标人澄清他提交的资格预审文件中的各种疑点，潜在投标人应按实际情况回答，但不允许修改资格预审文件的实质内容。

7）评审资格预审文件。

8）向潜在投标人通知评审结果。招标单位（或业主）以书面形式向所有参加资格预审者通知评审结果，并在规定的日期、地点向通过资格预审者出售招标文件。

（2）资格预审文件的内容。

1）工程项目总体概况。

2）简要合同规定。

3）资格预审文件说明。

4）投标者填写的表格。

5）工程主要图纸。

2. 资格后审

资格后审的内容与资格预审的内容大致相同，主要包括投标人的组织机构，即公司情况表、财务状况表、拟派往项目工作的人员情况表、工程经验表、设备情况表等。如果有的内容要求投标人在投标文件中填写，则可以不必要求在此重新填写。

3. 确定投标项目

（1）收集项目信息。可以通过以下几种途径收集项目信息：

1）国际金融机构的出版物。

2）公开发行的国际性刊物。

3）借助公共关系提早获取信息。

4）通过驻外使馆、驻外机构、外经贸部、公司驻外机构、国外驻我国机构获取。

5）国际信息网络获取信息。

（2）跟踪招标信息。国际工程承包商从工程项目信息中，选择符合本企业的项目进行跟踪，初步决定是否准备投标，再对项目进行进一步调查研究。跟踪项目或初步确定投标项目的过程是重要的经营决策过程。

（3）准备投标。

1）在工程所在国登记注册。国际上有些国家允许外国公司参加该国的建筑工程的投标活动，但必须在该国注册登记，取得该国的营业执照。一种注册是先投标，经评标获得工程合同后才允许该公司注册；另一种是外国公司欲参与该国投标，必须先注册登记，在该国取得法人地位后，正式投标。公司注册通常通过当地律师协助办理，承包商提供公司章程、所属国家颁发的营业证书、原注册地、日期、董事会在该国建立分支机构的决议、对分支机构负责人的授权证书。

2）雇用当地代理人。有些国家法律明确规定，任何外国公司必须指定当地代理人，才能参加所在国建设项目的投标承包。国际工程承包业务的80%都是通过代理人和中介机构完成的，他们的活动有利于承包商和业主一起促进当地建设发展。

3）选择合作伙伴。有些国家要求外国承包商在本地投标时，要尽量与本地承包商合作，承包商最好是先从以前的合作者中选择两三家公司进行询价，可以采取联营体合作，也可以在中标前后选择分包。

4）成立投标小组。投标小组由经验丰富、有组织协调能力、善于分析形势和有决策能力的人员担任领导，要有熟悉各专业施工技术和现场组织管理的工程师，还要有熟悉工程量核算和价格编制的工程估算师。另外，还要有精通投标文件文字的人员，最好是工程技术人员和估价师能使用该语言工作，还要有一位专职翻译，以保证投标文件的准确性。

（4）参加资格预审。首先进行填报前的准备工作，在填报前应首先将各方面的原始资料准备齐全。内容应包括财务、人员、施工设备和施工经验等资料。在填报资格预审文件时应按照业主提出的资格预审文件要求，逐项填写清楚，针对所投工程项目的特点，有重点地填写，要强调本公司的优势，实事求是地反映本公司的实力。一套完整的资格预审文件一般包括资格预审须知、项目介绍以及一套资格预审表格。资格预审须知中说明对参加资格预审公司的国别限制、公司等级、资格预审截止日期、参加资格预审的注意事项以及申请书的评审等；项目介绍则简要介绍招标项目的基本情况，使承包商对项目有一个总体的认识和了解；资格预审表格是由业主和工程师编制的一系列表格，不同项目资格预审表格的内容大致相同。

（5）编制正式的投标文件。在报价确定后，就可以编制正式的投标文件。投标文件又称标函或标书，应按业主招标文件规定的格式和要求编制。

1）投标书的填写。投标书的内容与格式由业主拟定，一般由正文与附件两部分组成。

2）复核标价和填写。

3）投标文件的汇总装订。

4）内部标书的编制。

国际投标报价的一般程序如图 9-2 所示。

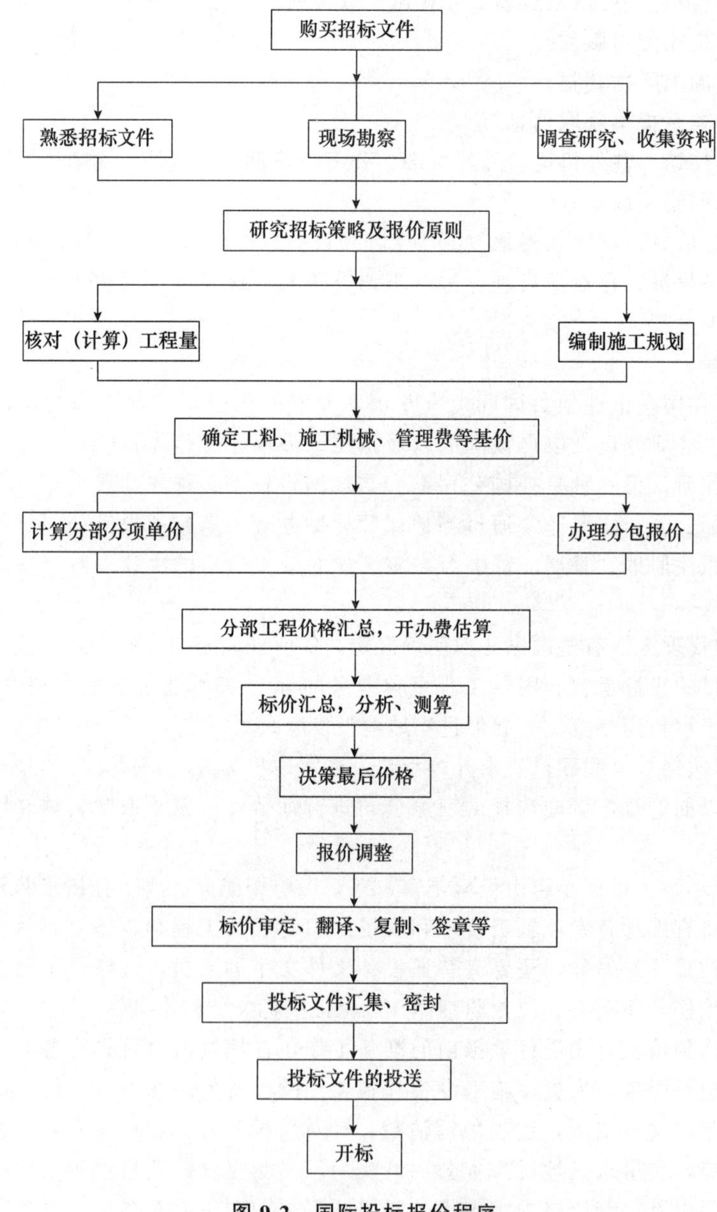

图 9-2　国际投标报价程序

1.4 世界不同地区的工程项目招投标习惯做法

1. 世界银行推行的做法

世界银行作为一个权威性的国际多边援助机构，具有雄厚的资本和丰富的组织工程承发包的经验。世界银行以其处理事务公平合理和组织实施项目强调经济实效而享有良好的信誉和绝对的权威。

世界银行已积累了40多年的投资与工程招投标经验，制定了一套完整而系统的有关工程承发包的规定，且被许多多边援助机构尤其是国际工业发展组织和许多金融机构及一些国家政府援助机构视为模式，世界银行规定的招标方式适用于所有由世界银行参与投资或贷款的项目。世界银行推行的招标方式主要突出三个基本观点：项目实施必须强调经济效益；对所有会员国及瑞士的所有合格企业给予同等的竞争机会；通过在招标和签署合同时采取优惠措施，鼓励借款国发展本国制造商和承包商（评标时，借款国的承包商享受7.5%的优惠）。

凡有世界银行参与投资或提供优惠贷款的项目，通常采用以下方式发包：国际竞争性招标（亦称国际公开招标）；国际有限招标（包括特邀招标）；国内竞争性招标；国际或国内选购；直接采购；政府承包或自营方式。

世界银行推行的国际竞争性招标要求业主方面公正表述拟建工程的技术要求，以保证不同国家的合格企业能够广泛参与投标。如引用的设备、材料必须符合业主所在国家的标准，在技术说明书中必须陈述也可以接受其他相等的标准。这样可以消除一些国家的保护主义给招标的工程笼罩的阴影。另外，技术说明书必须以实施的要求为依据。

世界银行作为招标工程的资助者，从项目的选择直至整个实施过程都有权参与意见，在许多关键问题上如招标条件、采用的招标方式、遵循的工程管理条款等都享有决定性发言权。

凡按世界银行规定的方式进行国际竞争性招标的工程，必须以国际咨询工程师联合会（FIDIC）制定的合同条件为管理项目的指导原则，而且承发包双方还要执行由世界银行颁发的三个文件，即世界银行采购指南、国际土木工程施工合同条件、世界银行监理指南。

世界银行推行的做法已被世界大多数国家奉为模式，无论是世界银行贷款的项目，还是非世界银行贷款的项目，都越来越广泛地效仿这种模式。

除了推行国际竞争性招标方式外，在有充足理由或特殊原因下，世界银行也同意甚至主张受援国政府采用国际有限招标方式委托实施工程。这种招标方式主要适用于工程额度不大，投标人数目有限，及其他不采用国际竞争性招标理由的情况，但要求招标人必须接受足够多的承包商的投标报价，以保证有竞争力的价格。另外，对于某些大而复杂的工业项目，如石油化项目，可能的投标者很少，准备投标的成本很高，为了节省时间又能取得较好的报价，同样可以采取国际有限招标。除了上述两种国际性招标外，有些不宜或无须进行国际招标的工程，世界银行也同意采用国内竞争性招标、国际或国内选购、直接签约采购、政府承包或自营等方式。

2. 英联邦地区的做法

英联邦地区（包括原为英属殖民地的国家）的许多涉外工程的承包，基本上按照英国做法。

从经济发展角度看，大部分英联邦成员国属于发展中国家，这些国家的大型工程通常求援于世界银行或国际多边援助机构，也就是说，要按世界银行的做法发包工程，但是他们始终保留英联邦地区的传统特色，即以改良的方式实行国际竞争性招标。他们在发行招标文件时，通常将已发给文件的承包商数目通知投标人，使其心里有数，避免盲目投标。

英国土木工程师学会（ICE）合同条件常设委员会认为：国际竞争性招标浪费时间和资金，

效率低下，常常以无结果而告终，导致很多承包商白白浪费钱财和人力。他们不欣赏这种公开的招标，相比之下，选择性招标即国际有限招标则在各方面都能产生最高效益和经济效益。因此英联邦地区所实行的主要招标方式是国际有限招标。

国际有限招标通常按照以下步骤进行：

（1）对承包商进行资格预审，以编制一份有资格接受邀请书的公司名单。被邀请参加预审的公司提交其适用该类工程所在地区周围环境的有关经验的详情，尤其是承包商的财务状况、技术和组织能力及一般经验和履行合同的记录。

（2）招标部门常备一份经批准的承包商名单。这份常备名单并非一成不变，可根据实践中对新老承包商了解的加深不断更新，这样可使业主在拟定委托项目时心中有数。

（3）规定预选投标人的数目。一般情况下，被邀请的投标人数目为4～8家，项目规模越大，邀请的投标人越少，在投标竞争中要强调完全公平的原则。

（4）初步调查。在发出标书之前，先对其保留的名单上的拟邀请的承包商进行调查，一旦发现某家承包商无意投标，应立即换上名单中的另一家作为代替，以保证所要求投标人的数目。英国土木工程师协会认为承包商谢绝邀请是负责任的表现，这一举动并不会影响其将来的投标机会。在初步调查过程中，招标单位应对工程进行详细介绍，使可能的投标人能够了解工程的规模和估算造价概算，所提供的信息应包括场地位置、工程性质、预期开工日、主要工程量，并提供所有的具体特征的细节。

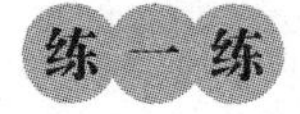

扫描下方二维码完成练习。

学习笔记

任务2　国际工程合同条件

2.1　国际工程合同的含义

工程合同就是为“工程项目”而签订的合同，即以“工程项目”为合同的交易标的。国际工程合同就是以“国际工程项目”为交易标的来设立当事人的权利和义务。对工程业主而言，签订合同是为了完成并获得自己期望的某一工程设施；对工程承包商而言，签订合同是为了通过实施并完成工程项目，获得业主的支付。但由于工程本身的规模很大，因此，对一个工程项目而言，有时可能被分解为很多工作内容，如施工、设计、采购、技术与管理咨询服务等，涉及一个工程项目并不一定是一个合同。因此，狭义的工程合同通常指土建、安装或工程总承包合同；而广义的工程合同包括工程建设中所涉及的所有主要工作的合同。另外，工程项目是一个动态过程，时间跨度较大，因此在此过程中需要双方按一定的管理程序实施。

综上所述，我们可以将国际工程合同定义为：合同的当事人为了实现某一国际工程项目的全部或部分交易而订立的关于各方权利与义务、责任以及相关管理程序的协议。

1. 国际工程合同是参与主体参与合同订立的法律行为

合同关系必须是双方（或多方）当事人的法律行为，而不能是单方面的法律行为。当事人之间具备“合意”，合同才能成立。在国际工程参与主体订立合同的过程中，国际工程合同为合同双方规定了权利与义务。这种权利、义务的相互关系并不是一种道义上的关系，而是一种法律关系。双方签订的合同要受到有关缔约方国家的法律或国际惯例的制约、保护与监督。合同一经签字，双方必须履行合同规定的条款。违约一方要承担由此而造成的各种损失。

2. 国际工程合同是一种非法律性惯例

国际工程咨询和承包在国际上有上百年历史，经过不断总结经验，在国际上已经有了一批比较完善的合同范本，如 FIDIC 合同条件、ICE 合同条件、NEC 合同条件、AIA 合同条件等。这些国际工程承包合同示范文本内容全面，多包括合同协议书、投标书、中标函、合同条件、技术规范、图纸、工程量表等多个文件。这些范本还在不断地修订和完善，可供学习和借鉴。

3. 国际工程合同管理是工程项目管理的核心

国际工程合同从前期准备、招投标、谈判、修改、签订到实施，都是国际工程中十分重要的环节。合同有关任何一方都不能粗心大意，只有订立好一个完善的合同才能保证项目的顺利实施。

综上所述，合同的制定和管理是做好国际工程承包项目的关键，工程承包项目管理包括进度管理、成本管理和质量管理，而这些管理均是以合同要求和规定为依据的。项目任何一方都应配备专业人员认真研究合同，做好合同管理工作，以满足国际工程合同管理的需要。

2.2　国际工程合同的形式和类别

在工程建设领域，按不同标准划分，国际工程市场上通常会出现如下合同类型。

1. 按工作或服务范围划分

（1）土建施工合同（Contract for Civil Construction）：这类合同主要涉及土建方面的工作，

如道路、桥梁等基础设施。广义地讲，这类合同也常常被认为包括房建合同（Building Contract）。但在实践中，土建施工合同也常常含有少量的机电安装工作，承包商也有可能做一些配套的设计深化（Design Development）服务工作。

（2）机电安装合同（Contract for Electrical and Mechanical Works）：这类合同主要涉及机电安装方面的工作，如输变电工程、工业生产线安装等。但在实践中，机电安装合同也常常含有少量的土建工作。与土建施工合同类似，此类合同中承包商也有可能做一些配套的设计深化服务工作，如车间图（Shop Drawings）。

（3）工程总承包合同（EPC/Turnkey Contract Design Build Contract）：这类合同所包含的工作，不仅有施工和安装，也包括设计、工程设备采购，甚至项目试运行、培训等工作。在国际工程中，这类总承包合同在工业项目中常常被称为"EPC交钥匙合同"（EPC/Turnkey Contract），在土建项目中通常被称为"设计—建造合同"（Design-build Contract）。

（4）供货合同（Supply Contract）：由于国际工程项目中需要大量的材料、设备等，业主、承包商、分包商都有可能签订大量的采购物资的合同，这类合同常被称为供货合同。也有从采购者角度出发，称为采购合同的。随着国际工程的发展，对于一些供应大型设备的合同，有时供货商还需要提供针对该设备的安装指导服务、运行培训服务等。

（5）PPP项目合同：这是种广义的合同类型，就工程领域而言，其最典型的具体合同形式就是建造—运营—转让（BOT）合同。除此之外，还有BOOT、BOO、BT、DBO等变型合同。这类合同指的是公共部门与私营部门共同参与工程项目建设和运营的合同。在此类合同类型中，又包括若干具体的合同类型，如特许经营协议（Concession Agreement）、融资合同（Financing Contract）、EPC合同、运营合同（Operation Contract）、承购合同（Off-take Contract）等。

（6）融资合同（Financing Contract）：融资合同是业主或承包商为了项目的执行，从相关金融机构获得项目贷款的合同。若采用项目融资方式，则融资方一般将项目收益作为担保，向金融机构贷款。在此类方式下，金融机构往往对贷款只有有限追索权（Limited Recourse），即仅仅以项目收益为限。若业主通过承包商所在的国家融资，并且作为融资主体，则融资的具体形式为买方信贷（Buyer's Credit），承包商一般协助业主取得此类贷款，但不负责还款责任。若承包商作为融资主体，则此类融资形式为卖方信贷（Seller's Credit），承包商根据融资合同负责向金融机构还款。

（7）咨询服务合同（Contract for Consulting Service）：由于工程项目的交易很复杂，业主往往请相关专业公司为其提供专业咨询服务，这类合同为咨询服务合同。咨询服务的内容可以很广，其范围可以包括可行性研究、招标评标、工程监理、项目后评价，甚至有部分设计工作。有时咨询服务合同包括的服务内容又很窄，如可能仅仅对一项技术方案提供专家意见。

（8）设计合同（Design Contract）：这类合同指的是为了提供设计服务，业主与设计事务所所签订的一种服务合同。

（9）项目管理服务合同（Project Management Contract，PMC）：这是近年来出现的一种新型合同，是从咨询服务合同中演变出来的一种合同类型，也可以认为是咨询服务合同中的一种。这类合同主要强调的是，项目管理公司按合同为业主提供关于整个项目的一揽子的管理服务，服务内容包括对整个工程项目的设计、采购、施工、安装、试运行等过程进行项目管理，保证业主项目目标的实现。这种合同往往是当业主自身没有项目管理资源从而对外聘用专业项目管理公司时所签订的合同。

（10）保险合同（Insurance Contract）：工程建设过程充满风险，为了转移风险，业主或承包商与保险公司签订保险合同，约定在发生某些风险导致工程损失时获得赔付。

(11) 设备租赁合同（Equipment Lease Contract)：工程实施需要大量设备，承包商往往从市场上租赁设备来实施工程。承包商为租赁设备与设备租赁人签订的合同称为设备租赁合同。

2. 按支付方式划分

按支付方式可将国际工程合同分为总价合同、单价合同及成本补偿合同三大类。

2.3　合同、惯例与法律的相互关系

(1) 法律是合同签订的必要依据。当事人的合同行为必须遵照国家法律、法规和政策规定。合同内容必须合法，只有这样，合同才能受到国家法律的承认和保护，否则，合同行为将按无效合同认定和处理。

(2) 国际惯例与合同条款之间存在解释与被解释、补充与被补充的关系。国际惯例可明示或默示地约束合同当事人，可以解释或补充合同条款的不足。合同条款可以明示地排除国际惯例的适用；合同条款可以明示地接受、修改、排除一项国际惯例。二者发生矛盾时，以合同条款为准。

(3) 国际惯例在一定条件下具有法律效力。当国家法律以明示或默示方式承认惯例可以产生法律效益，或国际惯例与法律不相抵触（即法律或国家参与或缔结的条约对某一事项无具体规定时）以及不违背一国的社会公众利益，且不与合同明示条款冲突时，惯例可以填补法律空缺，才可获得法律效力。国际惯例不是法律的组成部分，国际惯例部分或全部内容在被吸收为制定法律或国际条约之后，对于该法律的制定国或参与国际条约的国家而言，该国际惯例不复存在。

2.4　国际工程合同的法律基础

1. 国际工程合同适用的国际法律

(1) 国际公法。国际公法亦称国际法，主要是国家之间的法律，它是主要调整国家之间关系的有法律约束力的原则、规则和规章、制度的总体。在当今世界上，存在着190多个国家和数百个国际组织，随着它们之间的交往，将产生相互承认，领土、领海、领空的归属，公海和南、北极的法律地位，居民国籍的认定和在别国的地位以及外交使、领馆的建立和其享有的特权，相互争端的解决等一系列必须调整的关系，调整这些关系的原则、规则和规章制度即为国际法。而这些关系都是国家间的公共的关系，所以国际法又称为国际公法。

(2) 国际私法。国际交往中所产生的涉外民事法律关系，如物权、债权、知识产权、婚姻、家庭、继承等法律关系，都属于私人之间关系，则由国际私法及国际经济法来加以调整。

(3) 国际经济法。国际经济法是调整不同国家和国际经济组织及不同国家的个人和法人之间经济关系的法律规范的总称。它是一个独立的、综合的法律部门。它是随着国际经济关系的发展，为建立各国在国际经济贸易活动中的经济秩序而产生和发展的。国际经济法既调整个人与法人间的经济关系，也调整国家及国际经济组织之间的经济关系。

2. 建筑技术标准及规范

建筑技术标准及规范中，影响最大的当属“统一建筑法规”（Uniform Building Code，UBC)。该法规由国际建筑工作者联合会、国际卫生工程、机械工程工作者协会和国际电气检查人员协会联合制定；该法规本身不具有法律效力。各州、市、县都可以根据本地的实际情况对其进行修改和补充；当建筑物在建造和使用过程中出现问题时，统一建筑法规是进行调解、仲

裁和诉讼判决的重要依据。

统一建筑法规的主要内容包括建筑管理、建筑物的使用和占有、一般的建筑限制、建造类型、防火材料及防火系统、出口设计、内部环境、能源储备、外部墙面、房屋结构、结构负荷、结构实验及检查、基础和承重墙、水泥、玻璃、钢材、木材、塑料、轻重金属、电力管线设备和系统、管道系统、电梯系统等方面的标准和管理规定。

扫描下方二维码完成练习。

任务3　国际工程通用的合同条件

3.1　FIDIC合同条件

1. FIDIC简介

FIDIC是指国际咨询工程师联合会（Fédération Internationale Des Ingénieurs Conseils），是该联合会法文名称的缩写，在国内一般译为“菲迪克”。该联合会是被世界银行认可的咨询服务机构，是国际上具有权威性的咨询工程师组织，总部设在瑞士洛桑。联合会成员在每个国家只有一个，至今已包括80多个国家和地区，我国在1996年10月正式加入。

FIDIC下设五个长期性的专业委员会：业主咨询工程师关系委员会（CCRC）、土木工程合同委员会（CECC）、风险管理委员会（RMC）、质量管理委员会（QMC）和环境委员会（ENVC）。

2. FIDIC合同条件体系

FIDIC合同条件（FIDIC+木工程施工合同条件）是国际上公认的标准合同范本之一。由于FIDIC合同条件具有科学性和公正性，而被许多国家的雇主和承包商接受，又被一些国家政府和国际性金融组织认可，被称作国际通用合同条件。FIDIC合同条件是由国际工程师联合会和欧洲建筑工程委员会在英国土木工程师学会编制的合同条件基础上制定的。FIDIC出版的合同条件包括：

（1）《土木工程施工合同条件》（1987年第4版，1992年修订版）（红皮书）。

（2）《电气与机械工程合同条件》（1988年第2版）（黄皮书）。

（3）《土木工程施工分包合同条件》（1994年第1版）（与红皮书配套使用）。

（4）《设计—建造与交钥匙工程合同条件》（1995年版）（橘皮书）。

（5）《施工合同条件》（1999年第1版）。

（6）《生产设备和设计—施工合同条件》（1999年第1版）。

（7）《设计采购施工（EPC）/交钥匙工程合同条件》（1999年第1版）。

（8）《简明合同格式》（1999年第1版）。

（9）多边开发银行统一版《施工合同条件》（2005年版）等。

上述合同条件中，“红皮书”的影响较大，素有“土木工程合同的圣经”之誉。

3. 四种新版的合同条件及其适用范围

FIDIC于1999年出版的四种新版的合同条件，是在继承了以往合同条件的优点的基础上，在内容、结构和措辞等方面作了较大修改，进行了重大的调整。

（1）《施工合同条件》。《施工合同条件》（Conditions of Contract for Construction）简称“新红皮书”。FIDIC在《土木工程施工合同条件》基础上编制的《施工合同条件》不仅适用于建筑工程施工，也可以用于安装工程施工。该文件推荐用于有雇主或其代表——工程师设计的建筑或工程项目，主要用于单价合同。在这种合同形式下，通常由工程师负责监理，由承包商按照雇主提供的设计施工，但也可以包含由承包商设计的土木、机械、电气和构筑物的某些部分。这是目前正在使用的合同条件版本。

（2）《生产设备和设计—施工合同条件》。《生产设备和设计—施工合同条件》（Conditions of Contract for Plant and Design Build）简称“新黄皮书”。该文件推荐用于电气和（或）机械设备供货和建筑或工程的设计与施工，通常采用总价合同。由承包商按照雇主的要求，设计和提供生产设备或其他工程，可以包括土木、机械、电气和建筑物的任何组合，进行工程总承包，但也可以对部分工程采用单价合同。

（3）《设计采购施工（EPC）/交钥匙工程合同条件》。《设计采购施工（EPC）/交钥匙工程合同条件》（Conditions of Contract for EPC/Turnkey Projects），简称“银皮书”。该文件可适用于以交钥匙的方式提供工厂或类似设施的加工或动力设备、基础设施项目或其他类型的开发项目，采用总价合同。这种合同条件下，项目的最终价格和要求的工期具有更大程度的确定性；由承包商承担项目实施的全部责任，雇主很少介入，即由承包商进行所有的设计、采购和施工，最后提供一个设施配备完整、可以投产运行的项目。

（4）《简明合同格式》。《简明合同格式》（Short Form of Contract）简称“绿皮书”。该文件适用于投资金额较小的建筑或工程项目。根据工程的类型和具体情况，这种合同格式也可用于投资金额较大的工程，特别是较简单的或重复性的或工期短的工程。在此合同格式下，一般由承包商按照雇主或其代表、工程师提供的设计实施工程，但对于部分或完全由承包商设计的土木、机械、电气和（或）构筑物的工程，此合同也适用。

4. FIDIC 合同条件的构成

FIDIC 合同条件由通用合同条件和专用合同条件两部分构成。

（1）FIDIC 通用合同条件。FIDIC 通用合同条件是固定不变的，工程建设项目只要是属于土木工程施工，如工民建工程、水电工程、路桥工程、港口工程等建设项目，都可适用。

（2）FIDIC 专用合同条件。通用合同条件是适合所有建筑工程施工的总体条件和原则，专用合同条件则是针对具体的建筑工程而制定的特别条款。由于建筑工程具有单件性的特点，其施工过程不可能完全相同，因而，在工程项目施工合同签订时，当事人双方必须综合考虑工程项目本身的特征，具体明确各自的责任、权利和义务。

5. FIDIC 合同条件下合同文件的组成及优先次序

在 FIDIC 合同条件下，合同文件除合同条件外，还包括其他对业主、承包商都有约束力的文件。构成合同的这些文件应该是互相说明、互相补充的，但是这些文件有时会产生冲突或含义不清。此时，应由工程师进行解释，其解释应按照文件构成的先后次序进行：合同协议书；中标函；投标书；合同条件第二部分（专用合同条件）；合同条件第一部分（通用合同条件）、规范、图纸、明细表和构成合同组成部分的其他文件。

3.2　FIDIC《施工合同条件》主要内容

FIDIC《施工合同条件》主要分为七大类条款。

1. 一般性条款

一般性条款包括下述内容：

（1）招标程序。招标程序包括合同条件、规范、图纸、工程量表、投标书、投标者须知、评标、授予合同、合同协议、程序流程图、合同各方人员、监理工程师等。

（2）合同文件中的名词定义及解释。

（3）工程师及工程师代表和他们各自的职责与权利。

（4）合同文件的组成、优先顺序和有关图纸的规定。

（5）招投标及履约期间的通知形式与发往地址。

（6）有关证书的要求。

（7）合同使用语言。

（8）合同协议书。

2. 法律条款

法律条款主要涉及：合同适用的法律、劳务人员及职员的聘用、工资标准、食宿条件和社会保险等方面的法规；合同的争议、仲裁和工程师的裁决、解除履约、保密要求、防止行贿；设备进口及再出口，强制保险，专利权及特许权，合同的转让与工程分包；税收、提前竣工与延误工期；施工用材料的采购地等内容。

3. 商务条款

商务条款是指与承包工程的一切财务、财产所有权密切相关的条款，主要包括：承包商的设备、临时工程和材料的归属，重新归属及撤离；设备材料的保管及损坏或损失责任；设备的租用条件、暂定金额、支付条款、预付款的支付与扣回；保函，包括投标保函、预付款保函、履约保函等，合同终止时的工程及材料估价、解除限约时的付款、合同终止时的付款、提前竣工奖金的计算、误期罚款的计算、费用的增减条款、价格调整条款、支付的货币种类及比例、汇率及保值条款。

4. 技术条款

技术条款是针对承包工程的施工质量要求、材料检验及施工监督、检验测量及验收等环节而设立的条款，包括：对承包商的设施要求、施工应遵循的规范、现场作业和施工方法、现场视察、资料的查阅、投标书的完备性、施工制约、工程进度、放线要求、安全与环境保护、工地的照管、材料或工程设备的运输、保持现场的整洁；材料、设备的质量要求及检验；工程覆盖前的检查、工程覆盖后的检查、进度控制、缺陷维修、工程量的计量和测量方法、紧急补救等工作。

5. 权利与义务条款

权利与义务条款包括承包商、业主和监理工程师三者的权利和义务。

（1）承包商的权利。承包商的权利包括有权得到提前竣工奖金；收款权；索赔权；因工程变更超过合同规定的限值而享有补偿权；暂停施工或延缓工程进度速度；停工或终止受雇：不承担业主的风险；反对或拒不接受指定的分包商；特定情况下的合同转让与工程分包；特定情况下有权要求延长工期；特定情况下有权要求补偿损失；有权要求进行合同价格调整；有权要求工程师书面确认口头指示；有权反对业主随意更换监理工程师。

（2）承包商的义务。承包商的义务包括遵守合同文件规定，保质保量、按时完成工程任务，并负责保修期内的各种维修；提交各种要求的担保；遵守各项投标规定；提交工程进度计划；提交现金流量估算；负责工地的安全和材料的看管；对其由承包商负责完成的设计图纸中的任何错误和遗漏负责；遵守有关法规；为其他承包商提供机会和方便；保持现场整洁；保证施工人员的安全健康；执行工程师的指令；向业主赔付应付款项（包括归还预付款）；承担第三国的风险；为业主保守机密；按时缴纳税金；按时投保各种强制险；按时参加各种检查和验收。

（3）业主的权利。业主的权利包括业主有权不接受最低标；有权指定分包商；在一定条件下直接付款给指定分包商；有权决定工程暂停或复工；在承包商违约时，业主有权接管工程或没收各种保函或保证金；有权决定在一定的幅度内增减工程量；不承担承包商因发生在工程所在国以外的任何地方的不可抗力事件所遭受的损失（因炮弹、导弹等所造成的损失例外）；在理由充分的情况下有权拒绝承包商分包或转让工程。

（4）业主的义务。业主的义务包括向承包商提供完整、准确、可靠的信息资料和图纸，并对这些资料的准确性负完全责任；承担由业主风险所产生的损失或损坏；确保承包商免于承担属于承包商义务以外情况的一切索赔、诉讼，损害赔偿费、诉讼费、指控费及其他费用；在多家独立的承包商受雇于同一工程或属于分阶段移交的工程情况下，业主负责办理保险；按时支付承包商应得的款项，包括预付款；为承包商办理各种许可，如现场占用许可、道路通行许可、材料设备进口许可、劳务进口许可等；承担疏浚工程竣工移交后的任何调查费用；支付超过一定限度的工程变更所导致的费用增加部分；承担在工程所在国发生的特殊风险以及任何其他地区因炮弹、导弹对承包商造成的损失的赔偿和补偿；承担因后继法规所导致的工程费用增加额。

（5）监理工程师的权利。监理工程师可以行使合同规定的或合同中必然隐含的权利，主要有：有权拒绝承包商的代表；有权要求承包商撤走不称职人员；有权决定工程量的增减及相关费用；有权决定增加工程成本或延长工期；有权确定费率；有权下达开工令、停工令、复工令（因业主违约而导致承包商停工情况除外）；有权对工程的各个阶段进行检查，包括已掩埋覆盖的隐蔽工程；如果发现施工不合格，监理工程师有权要求承包商如期修复缺陷或拒绝验收工程；城堡上的设备、材料必须经监理工程师检查，监理工程师有权拒绝接受不符合规定标准的材料和设备；在紧急情况下，监理工程师有权要求承包商采取紧急措施；审核批准承包商的工程报表的权利属于监理工程师，付款证书由监理工程师开出；当业主与承包商发生争端时，监理工程师有权裁决，虽然其决定不是最终的。

（6）监理工程师的义务。监理工程师作为业主聘用的工程技术负责人，除了必须履行其与业主签订的服务协议书中规定的义务外，还必须履行其作为承包商的工程监理人而尽的职责，FIDIC 条款针对监理工程师在建设与安装施工合同中的职责规定了以下义务：必须根据服务协议书委托的权利进行工作；行为必须公正，处事公平合理，不能偏听偏信；应虚心听取业主和承包商两方面的意见，基于事实作出决定；发出的指示应该是书面的，特殊情况下来不及发出书面指示时，可以发出口头指示，但随后以书面形式予以确认；应认真履行职责，根据承包商的要求及时对已完工程进行检查或验收，对承包商的工程报表及时进行审核。如因技术问题需同分包商打交道时，须征得总承包商同意，并将处理结果告之总承包商。

6. 违约惩罚与索赔条款

违约惩罚与索赔是 FIDIC 条款的一项重要内容，也是国际承包工程得以圆满实施的有效手段，采用工程承发包制实施工程的效果之所以明显优于其他方法，根本原因就在于按照这种制度，当事人各方责任明确，赏罚分明。FIDIC 条款中的违约条款包括两部分，即业主对承包商的惩罚措施和承包商对业主拥有的索赔权。

7. 附件和补充条款

FIDIC 条款还规定了作为招标文件的文件内容和格式以及在各种具体合同中可能出现的补充条款。

（1）附件条款：包括投标书及其附件、合同协议书。

（2）补充条款：包括防止贿赂、保密要求、支出限制、联合承包情况下的各承包人的各自责任及连带责任、关税和税收的特别规定等内容。

3.3 FIDIC合同在我国的应用

随着我国企业参与国际工程承发包市场进程的深入，越来越多的建设项目，特别是项目业主为外商的建设项目，开始选择适用FIDIC合同文本。我国的建筑施工企业开始被迫地接触这上百页合同文本中的工程师、投标保函、履约保函、业主支付保函、预付款保函、工程保险、接收证书、缺陷责任期等国际工程建设的新概念，从北京城建集团接触第一个FIDIC合同文本开始，逐步在越来越多的工程建设中得到推广和适用，并与我国建设市场改革开放相对接，对我国的建设体制产生影响和冲击，最典型的体现就是原建设部发布的《建筑工程施工合同（示范文本）》(GF－1999－0201)，抛弃了多年来沿用的模式，变为和FIDIC框架一致的通用条款与专用条款，并采用工程师，而2013年7月1日起新修订的《建筑工程工程量清单计价规范》(GB 50500—2013)，更是对旧的量价合一的造价体系的告别。中国的建设市场在大踏步地和国际建设市场融为一体。

FIDIC合同强调“工程师”的作用，提倡对“工程师”进行充分授权，让其“独立公正”地工作。目前，建设单位对作为“工程师”的第三方工程咨询/监理方信任不够充分，对“工程师”往往授权不足，多方掣肘，这使得FIDIC合同条款的特色难以发挥。此外，在脱胎于FIDIC合同机制的我国建设监理制度下，我国的监理工程师难以发挥FIDIC条件下的“工程师”作用。

采用工程量清单进行计价和结算，是FIDIC合同的另一重大特色，我国工程项目采用工程量清单的法律障碍并不存在，但技术和管理方面的障碍十分凸显。

FIDIC合同下的风险分担及保险安排有其特点，相对来说也比较公平，在我国公众保险意识相对淡薄、保险市场尚不发达的情况下，建设单位往往不恰当地限制自己的风险，并将有关风险强加给承包商。

在FIDIC合同下，工程担保是很重要的，涉及投标保函、履约保函、取舍款保函、工程保留金保函、免税进口材料物资及税收保函、工程款支付保函，内地工程项目较常涉及的是投标保函、履约保函。在工程担保上，目前问题比较突出的是担保不平衡。从长远角度看，这种不平衡将妨碍建设市场的健康发展。

在FIDIC条款下，承包商的工程款受偿比较有保障，问题在于，建设单位经常将FIDIC合同条款通用条件有关工程款支付的安排系数推翻，以极具中国特色的拖欠工程款相关内容代之。如今，高达数千万元的巨额工程拖欠款已成为施工企业和政府主管部门的一大心病。

新版FIDIC合同中不可抗力条款与中国法律中有关不可抗力的规定基本上不存在冲突。由于中国法律中有关不可抗力的规定比较笼统，为在中国适用FIDIC合同的当事人自行约定留下了充足的空间。尽管FIDIC合同通用条件下不可抗力条款约定得较为明确，但在中国适用时仍然有必要作适当修改。在不违反中国法律的情况，中国企业在采用FIDIC施工合同条件时，可以在合同通用条件第19条的基础上更加详细、明确地约定不可抗力条款。

3.4 亚洲地区使用的合同

1. 日本的建筑工程承包合同

日本的建筑工程承包合同的内容规定在《日本建设业法》中。该法的第三章“建筑工程承包合同”规定，建筑工程承包合同包括以下内容：工程内容；承包价款数额及支付；工程及工期变更的经济损失的计算方法；工程交工日期及工程完工后承包价款的支付日期和方法；当事人之间合同纠纷的解决方法等。

2. 韩国的建筑工程承包合同

韩国的建筑工程承包合同的内容也规定在国家颁布的法律即《韩国建设业法》(1994年1月7日颁布实施)中。该法第三章“承包合同”规定，承包合同有以下内容：建筑工程承包的限值；承包额的核定；承包资格限制的禁止；概算限制；建筑工程承包合同的原则；承包人的质量保障责任；分包的限制；分包人的地位，分包价款的支付，分包人变更的要求，工程的检查和交接等。

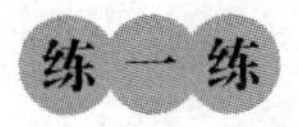

扫描下方二维码完成练习。

学习笔记

实 训

案例一

某省交通厅利用亚洲开发银行贷款用于修建该省两个中心城市间的高速公路，亚行项目官员是一位来自南亚某国曾经从事铁道建设工作10余年的资深工程师。

此省交通厅和中国××国际招标公司向亚行项目评估团提交了项目分包打捆计划书，该计划书中列明从A市到B市拟建的高速公路的主要建筑工程包括2座特大桥、3个特长隧洞、178千米的路基、路面及结构物的实施完成和缺陷修复。中国××国际招标公司提出的分包计划是把A市到B市的高速公路项目分为17个合同段（包括2座特大桥合同和3个特长隧洞合同）。

亚行项目官员否定了中国××国际招标公司提出的分包计划，提出了新的分包计划，即2座特大桥作为1个合同（该2桥位置相邻），3个特长隧洞作为2个合同（其中相邻的2个隧洞为一个合同），其他路段的路基分为5个合同，所有路面分为2个合同，这样，从A市到B市的高速公路共分10个合同，见表9-1。

表9-1 分包合同计划表

工程名称	特大桥	隧洞	路基	路面	合计
合同数	1	2	5	2	10

亚行官员将路基与路面分别打包的理由是可以让更多的专业化筑路队伍参加竞标，以此降低工程造价，将17个合同段压缩为10个合同段的目的是提高每个合同段的合同金额，以利于吸引大公司参加投标。招标以及项目执行的最终结果与亚行官员的愿望是不一致的。

【问题】

在此次国家工程招标过程中有哪些欠妥之处？请提出来并进行论述。

案例二

××市供热项目于2019年12月采用国际竞争性招标方式采购水管及其配件。招标文件规定投标商可以选择钢管或石棉水泥管进行投标，并公布了详细的技术规范。截止到开标当天，共有6家投标商递交了投标文件，其中三家通过了商务评议和技术评议。这三家投标人的报价见表9-2。

表9-2 三家投标单位报价表

投标商名称	标价
投标者1（钢管）	4 300 000.00元人民币
投标者2（钢管）	4 500 000.00元人民币
投标者3（石棉水泥管）	4 600 000.00元人民币

在评标过程，项目办的负责人认为如果使用钢管，则应添加阴离子保护器。这样在计算投标者1和投标者2的评标价时，就应加入阴离子保护器的价格。尽管在标书上既没有要求标价

中加入阴离子保护器的价格，也没有把这个因素作为评估因素之一。项目办的负责人是以招标文件中这样一句话而作出定论的："确定最低响应标，运行和维护费用也是要考虑的"。

在完成评标价计算过程后，投标者3的价格成为最低价格。于是，项目办把此合同授予投标者3。该评标报告被亚行拒绝批准。

【问题】

该评标报告被亚行拒绝批准的原因是什么？请说明。

参考文献

[1] 刘黎虹，赵丽丽，伏玉．建设工程招投标与合同管理［M］．北京：化学工业出版社，2018.
[2] 李洪军，杨志刚，源军，等．工程项目招投标与合同管理［M］．3 版．北京：北京大学出版社，2018.
[3] 胡六星，陆婷．建设工程招投标与合同管理［M］．北京：清华大学出版社，2019.
[4] 庞业涛，文真．建设工程招投标与合同管理［M］．成都：西南交通大学出版社，2020.
[5] 李静，张丽丽．BIM 工程招投标与合同管理［M］．重庆：重庆大学出版社，2022.